U0616518

21世纪高等职业技术教育规划教材

兽医实用消毒技术

主　编　陈文贤

副主编　王金明　　倪兴军　　王玉明

参　编　张建明　　张　磊

西南交通大学出版社

·成　都·

图书在版编目（CIP）数据

兽医实用消毒技术 / 陈文贤主编. — 成都：西南
交通大学出版社，2014.8（2022.8 重印）
21 世纪高等职业技术教育规划教材
ISBN 978-7-5643-3340-9

Ⅰ.①兽… Ⅱ.①陈… Ⅲ.①兽疫－消毒－高等职业
教育－教材 Ⅳ.①S851.36

中国版本图书馆 CIP 数据核字（2014）第 196600 号

21 世纪高等职业技术教育规划教材
兽医实用消毒技术
主编　陈文贤

责 任 编 辑	陈　斌
封 面 设 计	原谋书装
出 版 发 行	西南交通大学出版社
	（四川省成都市金牛区二环路北一段 111 号
	西南交通大学创新大厦 21 楼）
发行部电话	028-87600564　　028-87600533
邮 政 编 码	610031
网　　　址	http://www.xnjdcbs.com
印　　　刷	四川煤田地质制图印刷厂
成 品 尺 寸	185 mm × 260 mm
印　　　张	15
字　　　数	373 千字
版　　　次	2014 年 8 月第 1 版
印　　　次	2022 年 8 月第 3 次
书　　　号	ISBN 978-7-5643-3340-9
定　　　价	35.00 元

前　言

畜牧业作为我国农业结构中的一大支柱产业，对于调整农业产业结构、促进农村经济发展、增加农民收入和改善人们的膳食结构发挥着巨大的作用。但是，疾病特别是传染病成为制约我国养殖业发展的"瓶颈"，给养殖业带来了巨大的损失。传染病的种类不断增多，病原体不断变异、毒力增强，细菌的耐药性增强，多重感染、继发感染和综合症病例增加，使得疾病控制的难度越来越大。与此同时，地区、国家之间的交往及畜禽贸易日益频繁，各种动物疫病的传播途径越来越复杂，由养殖业带来的环境污染也日趋严重，这对动物卫生防疫工作也提出了新的更高要求。净化环境，消灭病原微生物，给畜禽创造一个干净舒适的生存条件，减少畜禽体内药物污染，保障畜禽健康生长已成为当前我国畜牧业发展的必然趋势，也是保护人类自身健康的需要。

然而由于消毒知识普及不够，我国很多养殖场（户）缺乏对消毒工作重要性的认识。对消毒方法缺乏了解和正确应用，对消毒药物的选择搭配不科学，缺乏对消毒效果的有效评价，消毒方法不合理等因素，直接影响了消毒效果。

为了提高广大养殖场（户）对消毒的认识并进行科学、有效的消毒，减少传染病的发生，我们借鉴国内外有关文献资料，从兽医消毒工作的实际出发，编写了这本《兽医实用消毒技术》。本书共分五章，分别是消毒概述、消毒方法、养殖场常规消毒技术、规模化养殖场消毒技术、提高消毒效果的措施。其中：第一章、第二章以及第三章第八至十四节由陈文贤编写，第三章第一至七节以及第四章、第五章由王金明编写，技能训练一至七由倪兴军编写，技能训练八至十由张磊编写，技能训练十一至十五由张建明编写，技能训练十二至十九由王玉明编写。全书由王金明、王玉明、倪兴军进行了统稿。

本书参考了大量专业书籍、期刊、网上资料，并得到了酒泉宏丰科技养殖园、酒泉市畜牧兽医局等单位和专家的支持，在此一并深表感谢。

本书内容全面，实践性强，通俗易懂，既可作为广大养殖场（户）工作人员的技术指导手册，又可作为大中专学校畜牧兽医专业教学指导用书，还可以作为畜牧兽医行业职业技能培训教材。

由于时间仓促，编者水平有限，加之消毒技术的发展日新月异，书中难免有疏漏和不足之处，敬请读者批评指正。

编　者

2014 年 6 月

目　　录

第一章　消毒概述

【知识目标】

1. 了解消毒的基本知识，掌握消毒及消毒剂、灭菌及灭菌剂等有关概念。
2. 了解消毒的种类和作用。
3. 了解消毒工作中存在的主要问题或误区。
4. 了解影响消毒效果的因素。

【技能目标】

1. 能够正确分析当前养殖生产中消毒工作存在的主要问题。
2. 能够正确分析影响消毒效果的因素，并初步确定消毒方案。
3. 借助参考资料掌握传染病的流行病学诊断、病菌检测技术等。

> 传染病的发生给养殖业带来了巨大的损失，成为制约养殖业发展的一大瓶颈。传染病的流行和发生是由于病原体（病原微生物）存在。要消灭和根除病原体，防止人畜感染，减少病原体的传播，应做好诊疗时的消毒工作。消毒、灭菌和预防感染是兽医诊疗和养殖工作中的重要环节，特别是在养殖业规模化、集约化和舍内高密度饲养的条件下，消毒工作显得更加重要。

第一节　消毒的有关概念

一、消毒和消毒剂

（一）消毒（disinfection）

消毒是指用物理、化学和生物学的方法清除或杀灭外环境（各种物体、场所、饲料、饮水及畜禽体表皮肤、黏膜及浅表体）中病原微生物及其他有害微生物，使其达到无害化的处理。

消毒的含义包含两点：一方面，消毒是针对病原微生物和其他有害微生物的，并不要求清除或杀灭所有微生物；另一方面，消毒是相对的而不是绝对的，不一定达到无菌的要求。它只要求将病原微生物和其他有害微生物的数量减少到无害程度，而并不要求把所有病原微生物和其他有害微生物全部杀灭。

（二）消毒剂（sterilant）

消毒剂是指可杀灭一切微生物（包括细菌芽孢）使其达到消毒要求的制剂。消毒剂根据其杀灭细菌的程度可分为三种。

1. 高效消毒剂（high-efficacy disinfectant）

指可杀灭一切细菌繁殖体（包括分枝杆菌）、病毒、真菌及其孢子等，对细菌芽孢（致病性芽孢菌）也有一定杀灭作用，达到高水平消毒要求的制剂。包括含氯消毒剂、臭氧、醛类、过氧乙酸、双链季铵盐等。

2. 中效消毒剂（intermediate-efficacy disinfectant）

指可杀灭除细菌芽孢以外的分枝杆菌、真菌、病毒及细菌繁殖体等微生物，达到消毒要求的制剂。包括含碘消毒剂、醇类消毒剂、酚类消毒剂等。

3. 低效消毒剂（low-efficacy disinfectant）

不能杀灭细菌芽孢、真菌和结核杆菌，也不能杀灭如肝炎病毒等抗力强的病毒和细菌繁殖体，仅可杀灭抵抗力比较弱的细菌繁殖体和亲脂病毒，达到消毒要求的制剂。包括苯扎溴铵等季铵盐类消毒剂、洗必泰等二胍类消毒剂，汞、银、铜等金属离子类消毒剂和中草药消毒剂等。

二、灭菌和灭菌剂

（一）灭菌（sterilization）

灭菌是指用物理的或化学的方法杀死物体及环境中一切活的微生物的处理。"一切活的微生物"包括致病性微生物和非致病性微生物及其芽孢、霉菌孢子等。

（二）灭菌剂（sterilant）

灭菌剂是指可杀灭一切微生物（包括细菌芽孢），使其达到灭菌要求的制剂。包括甲醛、戊二醛、环氧乙烷、过氧乙酸、过氧化氢、二氧化氯等。

三、防腐和防腐剂

（一）防腐（antisepsis）

阻止或抑制微生物（含致病的和非致病性微生物）的生长繁殖，以防止活体组织受到感染或其他生物制品、食品、药品等发生腐败的措施。防腐仅能抑制微生物的生长繁殖，而并非必须杀灭微生物，与消毒的区别只是效力强弱的差异或抑菌、杀灭强度上的差异。

（二）防腐剂（preservative）

用于防腐的化学药品称为防腐剂或抑菌剂。一般常用的消毒剂在低浓度时就能起防腐剂的作用。

四、抗菌作用和过滤除菌

（一）抗菌作用（antibacterial）

抑菌作用和杀菌作用统称为抗菌作用。

（1）抑菌作用：是指抑制或阻碍微生物生长繁殖的作用。

（2）杀菌作用：是指能使菌体致死的作用。如某些理化因素能使菌体变形、肿大，甚至破裂、溶解，或使菌体蛋白质变性、凝固，或由于阻碍菌体蛋白质、核酸的合成而导致微生物死亡等情况。

（3）抗病毒作用：某些药物具有杀灭病毒的能力，称为抗病毒作用。

（二）过滤除菌（filter sterilization）

是指液体或空气通过过滤作用除去其中所存在的细菌。

五、无菌、无菌法和无害化

（一）无菌（sterile）

无菌是指没有活的微生物。

灭菌和无菌的含义是相对的，灭菌是指完全破坏或杀灭所有的微生物，但是，要做到完全无菌是困难的，在工业灭菌上可接受的标准为百万分之一，即在100万个试验对象中，可有1个以下的样品有菌生长。灭菌广泛用于制药工业、食品工业、微生物实验室及医学临床和兽医学研究等。如对手术器械、敷料、药品、注射器材、养殖业的疫源地及舍、槽、饮水设备等，细菌、芽孢和某些抵抗力强的病毒，采用一般的消毒措施不能将其杀灭，对这些病原体污染的物品，需要采取灭菌措施。

（二）无菌法（sterile method）

无菌法指在实际操作过程中防止任何微生物进入动物机体或物体的方法。以无菌法操作时称为无菌技术或无菌操作。

（三）无害化（harmless）

无害化是指不仅消灭病原微生物，而且要消灭它分泌排出的有生物活性的毒素，同时消除对人畜具有危害的化学物质。

六、化学指示物和生物指示物

（一）化学指示物（chemical indicator）

利用某些化学物质对某一杀菌因子的敏感性，使其发生颜色或形态改变，以指示杀菌因子的强度（或浓度）和/或作用时间是否符合消毒或灭菌处理要求的制品。

（二）生物指示物（biological indicator）

将适当载体染以一定量的特定微生物，用于指示消毒或灭菌效果的制品。

七、有效氯（available chlorine）

有效氯是衡量含氯消毒剂氧化能力的标志，是指与含氯消毒剂氧化能力相当的氯量（非指消毒剂所含氯量），其含量用 mg/L 或 % 浓度表示（有效碘及有效溴的定义和表示法与有效氯对应）。

八、中和剂和中和产物

（一）中和剂（neutralizer）

在微生物杀灭试验中，用以消除试验微生物与消毒剂的混悬液中和微生物表面上残留的消毒剂，使其失去对微生物抑制和杀灭作用的试剂。

（二）中和产物（product of neutralization）

指中和剂与消毒剂作用后的产物。

九、菌落形成单位和自然菌

（一）菌落形成单位（colony forming unit，cfu）

在活菌培养计数时，由单个菌体或聚集成团的多个菌体在固体培养基上生长繁殖所形成的集落，称为菌落形成单位，以其表达活菌的数量。

（二）自然菌（natural bacteria）

在消毒试验中，指存在于某一试验对象上非人工污染的细菌。

十、存活时间和杀灭时间

（一）存活时间（survival time，ST）

用于生物指示物抗力鉴定时，指受试指示物样本，经杀菌因子作用后全部样本有菌生长的最长作用时间（min）。

（二）杀灭时间（killing time，KT）

用于生物指示物抗力鉴定时，指受试指示物样本，经杀菌因子作用后全部样本无菌生长的最短作用时间（min）。

1. D 值（D value）

杀灭微生物数量达 90% 所需的时间（min）。

2. 杀灭对数值（killing log value）

当微生物数量以对数表示时，指消毒前后微生物减少的对数值。

3. 杀灭率（killing rate，KR）

在微生物杀灭试验中，用百分率表示微生物数量减少的值。

4. 灭菌保证水平（sterility assurance level，SAL）

指灭菌处理后单位产品上存在活微生物的概率。SAL 通常表示为 10^{-n}。如设定 SAL 为 10^{-6}，即经灭菌处理后在一百万件物品中最多只允许有一件物品存在活微生物。

十一、抗菌和抑菌

（一）抗菌（antibacterial）

采用化学或物理方法杀灭细菌或妨碍细菌生长繁殖及其活性的过程。

（二）抑菌（bacteriostasis）

采用化学或物理方法抑制或妨碍细菌生长繁殖及其活性的过程。

十二、无菌检验和人员卫生处理

（一）无菌检验（sterility testing）

证明灭菌后的物品中是否存在活微生物所进行的试验。

（二）人员卫生处理（personnel decontamination）

对污染或可能被污染人员进行人体、着装、随身物品等的消毒与清洗等除污染处理。

第二节　消毒的种类

消毒的种类多种多样，按照消毒目的划分可分为预防消毒、紧急消毒和终末消毒。

一、预防消毒（定期消毒）

为了预防传染病的发生，对畜禽圈舍、畜禽场环境、用具、饮水等所进行的常规的、定期消毒工作。健康的动物群体或隐性感染的群体，在没有被发现有某种传染病或其他疫病的病原体感染或存在的情况下，对可能受到某些病原微生物或其他有害微生物污染的畜禽饲养的场所和环境物品也要进行预防性消毒。畜禽养殖场的附属部门，如兽医站、门卫，提供饮水、饲料、运输车等的部门以及畜牧生产和兽医诊疗中对种蛋、孵化室、诊疗室器械等进行的消毒亦属于预防性消毒。预防消毒是畜禽场的常规工作之一，也是预防畜禽传染病的重要措施之一。

二、紧急消毒

在疫情发生期间，对畜禽场、圈舍、排泄物、分泌物及污染的场所和用具等及时进行的消毒，又称临时消毒、随时消毒或控制消毒。其目的是为了消灭传染源排泄在外界环境中的病原体，切断传染途径，防止传染病的扩散蔓延，把传染病控制在最小范围。或当疫源地内有传染源存在时，如正流行某一传染病时的猪鸡群、舍或其他正在发病的动物群体及畜舍所进行的消毒，主要是及时杀灭或消除感染或发病动物排出的病原体。紧急消毒应根据传染病的种类及消毒对象选择合适的消毒方法和消毒剂，尽早进行。

三、终末消毒

指在发生传染病以后，患病动物解除隔离、痊愈或死亡后，或者在疫区解除封锁前，为了彻底地消灭传染病的病原体而对疫源地进行的最后一次消毒。终末消毒通常只进行一次，待全部病畜禽处理完毕，即当畜群痊愈或最后一只病畜禽死亡后，经过 2 周再没有新的病例发生，在疫区解除封锁之前，为了消灭疫区内可能残留的病原体所进行的全面彻底的消毒。终末消毒不仅对患病动物周围的一切物品、畜禽舍等进行消毒，有时对痊愈的畜禽体表也要进行消毒。如发病的动物体或因死亡、扑杀等方法清理后，对被这些发病动物所污染的环境（病畜禽停留的场所、圈舍、剩余饲料及饮水、管理用具、周围空气等整个被传染源所污染的外环境及其分泌物或排泄物）也要进行全面彻底的消毒。对由条件性致病菌和在外界环境中存活力不强的微生物引起的疾病可以不进行终末消毒。

紧急消毒和终末消毒又并称为疫源地消毒，都是指在发生动物传染病时，对疫源地内患病动物及其污染物的消毒。

第三节　消毒的作用

从理论上讲，消毒能够完全控制家畜传染病的发生，因为消毒即是杀灭病原微生物，切断了疫病的传播途径，没有了病原微生物，要发生疫病也就不可能。但是任何事物并非绝对的，消毒能够杀死病原微生物，但由于实际条件的限制，我们不可能将养殖环境中的病原微生物100%的杀死。但是，大量的实践证明，定期正确消毒，可以使一个养殖场的疫病发生率降低50%～80%以上。概括起来，消毒具有以下几个方面的作用。

一、防止动物传染病的发生和传播

在动物传染病的防治方面，消毒的主要环节是切断传播途径。传染病的传播途径是指病原微生物从传染源排出后侵入新的动物体之前，在外界环境停留、转移所经历的全过程。不同的传染病其传播途径不尽相同，消毒工作的重点也就不同。

经消化道传播的传染病，如仔猪副伤寒、禽霍乱、大肠杆菌引起的肠炎、炭疽、猪瘟、鸡新城疫、病毒性胃肠炎等，是通过被传染性微生物污染的饲料、饮水、饲养工具等传播的，搞好环境卫生，加强饲料、饮水和饲养工具的消毒，在预防这类传染病上有重要的作用。

经呼吸道传播的传染病，如鸡传染性气管炎、猪气喘病、猪流行性感冒、结核病、腺病毒感染、疱疹病毒感染等，患病动物在呼吸、咳嗽、喷嚏时将病原微生物排入空气中，并污染环境物体的表面，然后通过飞沫和空气传播给健康动物，为了预防这类传染病，对污染的畜禽舍内空气和物体进行表面消毒，具有重要意义。

一些接触性传染病，如狂犬病等，主要是通过病毒和健康的动物皮肤、黏膜的直接接触传播的，控制这类传染病可通过对动物皮肤、黏膜和有关工具的消毒来预防。

由昆虫及一些节肢动物传播的传染病，如乙型脑炎、马传染性贫血等，这些传染病的预防必须采取杀虫等综合性措施。

二、预防发病和交叉感染

消毒可以有效预防非传染性疾病发生。目前已知的动物传染病有100多种，但这并不是由病原微生物引起和与微生物有关的全部疾病，尚有一部分疾病是由病微生物本身或其毒素引起的，并不在传染病的范畴内。例如，人或动物的手术感染、由微生物激发的肿瘤病或其他原因引起的肿瘤、泌尿系统感染、神经系统感染以及由病毒或细菌等微生物引起的变态反应或免疫复合物疾病和免疫缺陷病等。这些疾病虽然没有明确的传染源，但其病原体都来自于外界环境、自身体表、腔道以及黏膜等，为预防这类感染和疾病的发生，对外界环境、畜禽体表及腔道、畜牧生产和兽医诊疗的各个环节采取预防性消毒和防腐措施，也是非常必要的。当这些疾病发生时，对于病畜禽排出的病原微生物更应及时进行彻底的消毒。

消毒可以有效防止畜禽群体及个体的交叉感染。一般来说，病原微生物感染具有种的特异性。因此，同种间的交叉感染是传染病发生、流行的主要途径。如新城疫只能在禽类中流行，一般不会引起其他动物发病；而猪的某些传染病仅能在猪群内流行。但也有些传染病可以在不同种群间流行，如结核病、禽流感不仅可引起鸟类、畜类共患，甚至可以感染人。布氏杆菌病不仅可感染牛、羊，也可感染人，被称为人畜共患病或畜禽共患病。有些人畜共患病，如炭疽、狂犬病等不仅严重危害动物，而且严重危害人类的生命和健康。在畜禽养殖过程中，防止交叉感染是保证养殖业健康发展和人类健康的重要措施，消毒就是防止畜禽个体和群体间交叉感染的主要手段。另外，动物医院、门诊部、兽医站等又是病原微生物集中的地方，做好这些单位或部门的消毒工作，对防止动物群体之间传染病的流行具有重要意义。因此，所有动物医院、门诊部、兽医站点均应建立常规消毒制度。

三、保护畜牧业经济发展

动物传染病给畜牧业造成的经济损失是十分巨大的，有些传染病如牛瘟、鸡新城疫、猪瘟、禽流感等常引起动物毁灭性的死亡。据记载，欧洲各国在18世纪由于牛瘟猖獗流行，仅法国自1713—1764年就死亡10 100万头。新中国成立前，牛瘟给我国养牛业造成的损失也是极为严重的，仅1938—1941年青海、甘肃、四川诸省的一次大流行，均造成惨重的经济损失。

某些动物传染病的死亡率虽不高，但能使家畜、家禽发育迟滞，生产性能降低，同样给畜牧业经济造成严重损失，如口蹄疫等所造成的经济损失并不次于某些毁灭性传染病。因此，做好消毒工作，采取综合防制措施，预防和控制各种传染病，对减少因传染病的发生和流行所造成的经济损失，保护畜牧业生产的发展，提高畜牧业经济效益有着极其重要的作用。

四、维护公共安全，保障人民身体健康

养殖业给人类提供了大量的、优质的高蛋白食品，但养殖环境不卫生，病原微生物种类多，含量高，不仅能引起畜禽发生传染病，而且直接影响到畜禽产品的质量，从而危害人的健康。人畜共患病一方面给动物造成危害，另一方面严重影响人类的健康。过去流行过的一些传染病，包括鼠疫、霍乱、流感和SARS都给人类带来了巨大的损失和灾难。据报道，一般情况下，人类炭疽的病原体来自家畜，每发现1 000头炭疽家畜的同时，就能发现200个左右的炭疽病人，这些病人大多为畜产品处理、加工的工人及与病畜接触的人员。另据调查，在42.8%的结核病人中发现有牛型结核杆菌。其他如布鲁氏菌病、口蹄疫、狂犬病等疾病的病人，绝大部分都有与患有相应疫病病畜接触的病史。只要做好兽医消毒工作，通过全面彻底的消毒，加强人类自身保护，就可以阻止人畜共患病的流行，减少对人类的危害，保障人民身体健康。从这个意义上讲，兽医消毒工作在医学和公共卫生学上也有重要的作用。

第四节　消毒工作存在的问题和误区

一、消毒存在的问题

（一）消毒观念不强

疾病一旦发生，造成损失在所难免，控制疾病特别是疫病发生，必须采取综合防治措施，如隔离卫生、消毒、免疫接种、药物防治以及增强机体抵抗力等。由于对于疾病防治知识的

缺乏或受传统观念的影响，在疾病防治方面比较重视免疫接种和药物使用，而忽视消毒工作。从控制传染病的角度来讲，免疫接种和药物防治都存在较大的局限性，而消毒属于消灭传染源和切断传播途径，有事半功倍的效果。缺乏消毒意识，就不能进行有效的消毒。所以许多养殖场消毒设施缺乏或不配套，即使设置了较为完备的消毒设施，也不按规范使用，并没有实际投入运用；还有些养殖场没有制定完善的消毒制度，消毒管理不严格，这些都直接影响到传染病的有效控制。

（二）消毒的盲目性大

消毒工作是一项系统的、经常性的工作，而且消毒的效果又受到多种因素的影响，如果没有一个完善的制度并严格管理，很难收到良好的效果。许多养殖场没有制定消毒方案，或有的制定有消毒程序，但没有落实到位，管理不严格，起不到应有的效果；有的养殖场只在受到某种疫病威胁，或已发生疫情时，才进行消毒；有的只注意舍内小环境的消毒，而忽视平时对场区、门口、畜禽舍进出口、人员往来等大环境的消毒等；有的即使舍内消毒也只是简单喷洒一番，往往忽略了天棚、门窗、供水系统及排污沟等死角，使这些地方变成了病原微生物繁殖的场所，给养殖场埋下隐患；有时没有发生疫情就认为可以不消毒，这些都是生产中的盲目现象，严重影响养殖业健康发展。

（三）消毒操作不规范

化学药物消毒是生产中常用的消毒方法，在化学消毒前进行物理清除，有助于发挥化学消毒的巨大作用。因为消毒药物作用的发挥，必须使药物接触到病原微生物。但是被消毒的现场会存在大量的有机物，如粪便、饲料残渣、污水等，这些有机物中藏匿有大量病原微生物。消毒药物与这些有机物有不同程度的亲和力，可结合成为不溶性的化合物，影响消毒药物作用的发挥。

（四）消毒管理不善

许多养殖场没有设计合理的消毒室、消毒池和其他消毒设施，影响到消毒工作的进行；有的养殖场虽在生产区门口及各畜禽舍前建有消毒室和消毒池，但消毒池内没有放置消毒药液或药液长期不更换，消毒室内没有紫外线灯或安装不合理等，致使进出养殖场的车辆及人员不能进行有效消毒；有的贪图省事，消毒池中堆放厚厚的生石灰，实际上生石灰没有消毒作用；有的为了节约，从市场购进"三无"假冒伪劣消毒剂用于消毒，不仅根本起不到防疫消毒目的，反而造成更大的经济损失。

（五）消毒药物选用不当

药物选择盲目性大，不知道如何根据消毒对象选用消毒药物。有的长期使用一种或两种消毒药物进行消毒，不定期更换，致使病原微生物产生耐药性，影响了消毒效果；有的仍在使用对某些病毒效果不显著的消毒剂；在配制消毒药液时，任意增减浓度，配好后又放置时间过长，甚至两种药物混合或同时在同一地点使用，这样不科学、不正规的配制与使用方法，大大降低了药物的消毒效果。

二、生产中存在的消毒误区

（一）未发生疫情可不消毒或随意消毒

消毒工作是净化环境、切断传染源的一个最重要和行之有效的办法。在畜禽养殖中，尽管有时没有发生疫病，但外界环境存在传染源，传染源会释放出病原体。如果没有严密的消毒措施，病原体就会通过空气、饲料、饮水等途径入侵易感畜禽，引起疫病的发生。如果不及时消毒，净化环境，环境中的病原体就会越积越多，达到一定程度时，就会引发疫病流行。另外，消毒次数和消毒强度不够，不能进行定期预防性消毒，就不能有效减少和控制饲养环境中病原微生物的数量，就有可能暴发疫病。所以，未发生疫情也应做好消毒工作。

（二）已经做好消毒工作就不会再发生传染病

消毒预防是疫病防治的关键措施之一，但不是唯一措施。有许多消毒工作存在消毒盲区，即使再严密的消毒措施也很难彻底消灭病原微生物，切断传播途径，病原体仍可以通过空气、飞禽、老鼠等媒介进行传播，此外，传染病都具有复发性。因此，除了进行严密的消毒和反复消毒外，还要有计划地进行免疫接种、药物预防、放虫防鼠。

（三）随便使用消毒剂

消毒效果的好坏与使用的消毒剂有直接关系。许多消毒剂都有不同程度的消毒缺陷，要么不稳定，消毒作用时间短，要么杀菌能力强，但对病毒无效。如广泛使用的季铵盐类消毒剂虽然有很强的杀菌能力，但因为没有杀病毒的能力，因而成为有缺陷的消毒剂。所以，在进行消毒时，要根据不同的消毒对象和消毒目的选择不同的消毒剂。

（四）消毒剂浓度越高，消毒效果越好

消毒剂浓度是决定杀菌（毒）力的首要因素，但也不是唯一因素，并不是浓度越高越好。消毒剂对动物健康多少有影响，浓度越高对动物越不安全，做好消毒工作的同时还应时刻关注动物的安全。只要保证推荐浓度和使用剂量，就能保证消毒效果。在使用合理消毒浓度的同时，还应让消毒剂充分地浸润被消毒的物体，才能保证消毒效果。

（五）多种消毒药混合使用，消毒能力会增强

采取一些组合消毒办法可以使消毒能力增强，如复合酚类和季铵盐类的消毒剂配合使用，消毒效果会增强，戊二醛类的消毒剂在碱性环境中的消毒能力大大增强。但不科学地混合使用消毒剂，或消毒剂与清洁剂合用，消毒效果反而差。应根据具体情况选择不同的消毒剂组合。

（六）高浓度或长期饮水消毒，动物肠道疾病会减少

适当地采用饮水消毒对预防动物肠道疾病有一定的作用，但高浓度或长期使用饮水消毒，会打破动物肠道正常菌群的微生态平衡，导致消化机能紊乱，甚至导致畜禽中毒，得不偿失。

（七）消毒前可不做清洗

彻底清洗和清扫被消毒物体是有效消毒的前提，否则粪、尿、血液、体液等有机物的存在，必然会影响消毒效果。并且彻底清洗和清扫会大大降低消毒剂的使用量，降低消毒成本，减少消毒盲区，达到彻底消毒的目的。

（八）空栏消毒是关键，带畜（体）消毒可有可无，人体就更不用消毒

动物体自身是排出、附着、储存、传播病原微生物的根源，只消毒圈舍和设备，不消毒动物体，就难以净化饲养环境。消毒留有死角，也就控制不住疫病的传播。人体带毒包括鞋底带毒也是一个重要的传染源，因此进入畜禽圈舍的人包括饲养员进入畜禽舍时，都必须更换工作服、鞋帽和进行消毒。

（九）长期使用单一消毒剂

养殖场长期使用单一品种的消毒剂，往往会导致消毒剂的消毒效果降低。应该是有计划地交叉使用不同类型的消毒剂。

第五节　影响消毒效果的因素

消毒效果受许多因素的影响，了解和掌握这些因素，可以指导我们正确进行消毒工作，提高消毒效果。反之，处理不当，只会影响消毒效果，导致消毒失败。影响消毒效果的因素很多，概括起来主要有以下几个方面。

一、消毒剂的种类

针对所要消毒的病原菌特点，选择恰当的消毒剂很关键，如果要杀灭细菌芽孢或非囊膜病毒，则必须选用灭菌剂或高效消毒剂，也可选用物理灭菌法，才能取得可靠的消毒效果。若使用酚制剂或季铵盐类消毒剂则效果很差，因为季铵盐类是阳离子表面活性剂，有杀菌作用的阳离子具有亲脂性，杀革兰氏阳性菌和囊膜病毒效果较好，但对非囊膜病毒就无能为力了。所以为了取得理想的消毒效果，必须根据消毒对象及消毒剂本身的特点科学地进行选择，采取合适的消毒方法使其达到最佳消毒效果。

二、消毒剂的配方

良好的配方能显著提高消毒的效果。如用 70%（W/W）乙醇配制季铵盐类消毒剂比用水配制穿透力强，杀菌效果更好；酚若制成甲酚的肥皂溶液就可杀死大多数繁殖体微生物；超声波和戊二醛、环氧乙烷联合应用，具有协同效应，可提高消毒效力。另外，用具有杀菌作用的溶剂，如甲醇、丙二醇等配制消毒液时，常可增强消毒效果。当然，消毒药之间也会产生颉颃作用，如

酚类不宜与碱类消毒剂混合，阳离子表面活性剂不宜与阴离子表面活性剂（肥皂等）及碱类物质混合，它们彼此会发生中和反应，产生不溶性物质，从而降低消毒效果。次氯酸盐和过氧乙酸会被硫代硫酸钠中和。因此，消毒剂不能随意混合使用，但可考虑选择几种产品轮换使用。

三、消毒剂的浓度

任何一种消毒剂的消毒效果都取决于其与微生物接触的有效浓度。同一种消毒剂的浓度不同，其消毒效果也不一样。大多数消毒剂的消毒效果与其浓度成正比，但也有些消毒剂随着浓度的增大消毒效果反而下降。每一消毒剂都有它的最低有效浓度，要选择有效而又对人畜安全并对设备无腐蚀的杀菌浓度。若浓度过高，不仅对消毒对象不利（腐蚀性、刺激性或毒性），而且增加消毒成本，造成浪费。

四、作用时间

消毒剂接触微生物后，要经过一定时间后才能杀死病原，只有少数能立即产生消毒作用，所以要保证消毒剂有一定的作用时间，消毒剂与微生物接触时间越长消毒效果越好，接触时间太短往往达不到消毒效果。被消毒物上微生物数量越多，完全灭菌所需时间就越长。此外，大部分消毒剂在干燥后就失去消毒作用，溶液型消毒剂只有在溶液中才能有效地发挥作用。

五、环境温度

通常温度升高消毒速度会加快，药物的渗透能力也会增强，可显著提高消毒效果，消毒所需要的时间也可以缩短。一般温度按等差级数增加，则消毒剂杀菌效果按几何级数增加。许多消毒剂在温度低时，反应速度缓慢，影响消毒效果，甚至不能发挥消毒作用。如甲醛在室温 15 ℃ 以下用于消毒时，即使用其有效浓度，也不能达到很好的消毒效果，但室温在 20 ℃ 以上时，则消毒效果很好。

六、环境湿度

湿度对许多气体消毒剂的作用有显著影响。这种影响来自两方面：一是消毒对象的湿度，它直接影响微生物的含水量。如用环氧乙烷消毒时，细菌含水量太多，则需要延长消毒时间；细菌含水量太少，消毒效果亦明显降低。二是消毒环境的相对湿度。每种气体消毒剂都有其适宜的相对湿度范围，如甲醛以相对湿度大于 60% 为宜，用过氧乙酸消毒时要求相对湿度不低于 40%，以 60%～80% 为宜。直接喷洒消毒剂干粉处理地面时，需要有较高的相对湿度，使药物潮解后才能发挥作用。而紫外线消毒时，相对湿度增高，反而影响穿透力，不利于消毒处理。

七、环境酸碱度（pH）

pH 可从两方面影响消毒效果：一是对消毒的作用，pH 变化可改变其溶解度、离解度和分子结构；二是对微生物的影响，病原微生物的适宜 pH 在 6～8，过高或过低的 pH 有利于杀灭病原微生物。酚类、次氯酸等以非离解形式起杀菌作用，所以在酸性环境中杀灭微生物的作用较强，碱性环境就差。在偏碱性时，细菌带负电荷多，有利于阳离子型消毒剂作用；而对阴离子消毒剂来说，酸性条件下消毒效果更好些。新型的消毒剂常含有缓冲剂等成分，可以减少 pH 对消毒效果的直接影响。

八、表面活性和稀释用水的水质

非离子表面活性剂和大分子聚合物可以降低季铵盐类消毒剂的作用；阴离子表面活性剂会影响季铵盐类的消毒作用，因此在用表面活性剂消毒时应格外小心。由于水中金属离子（如 Ca^{2+} 和 Mg^{2+}）对消毒效果也有影响，所以，在稀释消毒剂时，必须考虑稀释用水的硬度问题。如季铵盐类消毒剂在硬水环境中消毒效果不好，最好选用蒸馏水进行稀释。一种好的消毒剂应该能耐受各种不同的水质，不管是硬水还是软水，消毒效果都不受影响。

九、有机物的存在

消毒现场通常会遇到各种有机物，如血液、血清、培养基、分泌物、脓液、饲料残渣、泥土及粪便等，这些有机物的存在会严重干扰消毒剂的消毒效果。因为有机物覆盖在病原微生物表面，妨碍消毒剂与病原直接接触而延迟消毒反应，以至于对病原杀不死、杀不全。部分有机物可与消毒剂发生反应生成溶解度更低或杀菌能力更弱的物质，甚至产生的不溶性物质反过来与其他组分一起对病原微生物起到机械保护作用，阻碍消毒过程的顺利进行。同时有机物消耗部分消毒剂，降低了对病原微生物的作用浓度。如蛋白质能消耗大量的酸性或碱性消毒剂；阳离子表面活性剂等易被脂肪、磷脂类有机物所溶解吸收。因此，在消毒前要先清洁再消毒。当然，各种消毒剂受有机物影响程度有所不同。在有机物存在的情况下，氯制剂消毒效果显著降低；季铵盐类、过氧化物类等消毒作用也明显地受有机物影响；但烷基化类、戊二醛类及碘伏类消毒剂则受有机物影响就比较小些。对大多数消毒剂来说，当有有机物影响时，需要适当加大处理剂量或延长作用时间。

十、微生物的类型和数量

不同类型的微生物对消毒剂的敏感性不同，而且每种消毒剂有各自的特点，因此消毒时应根据具体情况科学地选用消毒剂。

为便于消毒工作的进行，往往将病原微生物对杀菌因子抗力分为若干级以作为选择消毒方法的依据。过去，在致病微生物中多以细菌芽孢的抗力最强，分枝杆菌其次，细菌繁殖体最弱。但根据近年来对微生物抗力的研究，微生物对化学因子抗力的排序依次为：感染性蛋白因子（牛海绵状脑病病原体）、细菌芽孢（炭疽杆菌、梭状芽孢杆菌、枯草杆菌等芽孢）、分枝杆菌（结核杆菌）、革兰阴性菌（大肠杆菌、沙门氏菌等）、真菌（念珠菌、曲霉菌等）、无囊膜病毒（亲水病毒）或小型病毒（口蹄疫病毒、猪水疱病病毒、传染性法氏囊病毒、小鹅瘟病毒、腺病毒等）、革兰氏阳性菌繁殖体（金黄色葡萄球菌、绿脓杆菌等）、囊膜病毒（亲脂病毒、憎水病毒）或中型病毒（猪瘟病毒、新城疫病毒、禽流感病毒等）。其中，抗力最强的不再是细菌芽孢，而是最小的感染性蛋白因子（朊粒）。因此，在选择消毒剂时，应根据这些新的排序加以考虑。

目前所知，对感染性蛋白因子（朊粒）的灭活只有 3 种方法效果较好：一是长时间的压力蒸汽处理，132 ℃（下排气），30 min 或 134～138 ℃（预真空），18 min；二是浸泡于 1 mol/L 氢氧化钠溶液作用 15 min，或含 8.25% 有效氯的次氯酸钠溶液作用 30 min；三是先浸泡于 1 mol/L 氢氧化钠溶液内作用 1 h 后以 121 ℃ 压力蒸汽，处理 60 min。杀芽孢类消毒剂目前公认的主要有戊二醛、甲醛、环氧乙烷及氯制剂和碘伏等。酚类制剂、阳离子表面活性剂、季铵盐类等消毒剂对畜禽常见囊膜病毒有很好的消毒效果，但其对无囊膜病毒的效果就很差；无囊膜病毒必须用碱类、过氧化物类、醛类、氯制剂和碘伏类等高效消毒剂才能确保有效杀灭。

消毒对象的病原微生物污染数量越多，则消毒越困难。因此，对严重污染物品或高危区域，如产仔房、配种室、孵化室及伤口等破损处应加强消毒，加大消毒剂的用量，延长消毒剂作用时间，并适当增加消毒次数，这样才能达到良好的消毒效果。

【知识与技能检测】

1. 名词解释：消毒、灭菌、防腐、无菌、无害化、抗菌、抑菌。
2. 根据消毒的时机和目的的不同，消毒分几类？
3. 为什么要对养殖场进行消毒处理？
4. 简述消毒过程中存在的问题和常见的误区？
5. 影响消毒效果的因素有哪些？

第二章 消毒方法

【知识目标】

1. 掌握消毒方法的分类。

2. 了解温度、辐射、干燥、声波、滤过等物理因素对微生物的影响。

3. 了解物理消毒常用设备，掌握其使用方法。

4. 了解 pH 值、渗透压及其他化学因素对微生物的影响。

5. 掌握洗刷、浸泡、喷洒、熏蒸、擦拭及气雾等常用化学消毒方法。

6. 了解常用化学消毒剂的种类及作用机制。

7. 了解化学消毒常用设备，掌握其使用方法。

8. 了解影响微生物的生物因素，掌握常用生物消毒方法。

【技能目标】

1. 掌握自然净化、机械清除、热力消毒、电离辐射、紫外线消毒等物理消毒的方法。

2. 掌握常用物理消毒设备及使用方法。

3. 掌握洗刷、浸泡、喷洒、熏蒸、擦拭及气雾等常用化学消毒方法。

4. 掌握常用化学消毒剂的配制方法。

5. 掌握常用化学消毒剂有效成分的测定方法。

6. 掌握常用标准溶液的配制与标定方法。

7. 掌握常用的生物消毒方法。

> 根据微生物种类、所处环境、作用方式、抵抗力大小以及消毒对象和消毒目的不同，需要选择不同的消毒方法。消毒方法主要分为物理消毒法、化学消毒法和生物学消毒法三大类。生产实践中以物理消毒法和化学消毒法最常见，尤以化学消毒法使用最广，但是三种消毒方法对畜禽养殖业同等重要，彼此密切相关，缺一不可，共同构成养殖业消毒防疫体系的重要内容。

第一节 物理消毒技术

一、物理因素对微生物的影响

对微生物影响较大的物理因素包括：温度、辐射、干燥、声波、微波、滤过等。

（一）温度对微生物的影响

不同温度对微生物生命活动呈现不同的作用。适当的温度有利于微生物的生长发育，但温度过高或过低都会影响微生物的新陈代谢，生长发育受到抑制，甚至使之死亡。

1. 低温对微生物的影响

大多数微生物对低温具有很强的抵抗力，如伤寒沙门氏菌置于液氮中其活力不受破坏，许多细菌在 – 20 ℃ 甚至 – 50 ℃ 下仍能存活；细菌芽孢和霉菌孢子可在 – 195.8 ℃ 下存活半年。温度愈低，病毒存活的时间也愈长。当微生物处于最低生长温度以下时，其代谢活动降低到最低水平，生长繁殖停止，但仍可长时间保持活力。所以，常在 5 ~ 10 ℃ 下来保存细菌。也有些细菌如脑膜炎奈瑟菌［简称为脑膜炎球菌（meningococcus），是流行性脑脊髓膜炎（简称流脑）的病原菌］、流感嗜血杆菌等对低温特别敏感，在冰箱内保存比在室温下保存死亡更快。

冷冻保存细菌时，温度必须迅速降低。若温度缓慢降低接近冰点时，细胞浆内的水分容易形成冰晶，可破坏细胞浆的胶体状态并机械地损伤胞浆膜和细胞壁，造成细胞内物质外逸；同时，菌体细胞外的冰晶可使菌体内水分外渗引起电解质的浓缩与蛋白质变性。而迅速冷冻时，细胞浆内的水分结成均匀的玻璃样状态，损害作用不大，并在迅速融化时，此种菌体内的玻璃样水分，也不形成冰晶。因此，为了减少细菌在冷冻时的死亡，可于菌液内加入 10% 左右的甘油、蔗糖或脱脂乳。长期冷冻保存细菌和真菌仍是不适宜的，最终必将导致其死亡。尤其是反复冷冻与融化对任何微生物都具有很大的破坏力，因此保存菌种时应尽力避免反复冻融。

冷冻真空干燥（冻干）法是保存菌种、毒种、疫苗、补体、血清等的良好方法，可保存微生物及生物制剂数月甚至数年而不丧失其活力。其采用迅速冷冻和真空除水的原理，将保存物置于玻璃容器内，迅速冷冻使溶液中和菌体内的水分不形成冰晶，然后抽去容器内的空气，使冷冻物中的水分在真空下因升华作用而逐渐干燥，最后在真空状态下对玻璃容器严密封口。

2. 高温对微生物的影响

高温对微生物具有明显的致死作用，因此常用于消毒和灭菌。用高温处理微生物时，可对菌体蛋白质、核酸、酶系统等产生直接破坏作用，热力可使蛋白质中的氢键破坏使之变性或凝固，使双股 DNA 分开为单股，受热而活化的核酸酶使单股的 DNA 断裂，导致菌体死亡。

（二）辐射对微生物的影响

辐射包括电磁波辐射和粒子辐射。电磁波辐射是由赫兹电波、红外线、可见光、紫外线、x 射线、γ 射线、宇宙线辐射构成；粒子辐射由 α 射线、β 射线以及高能质子、中子等组成。α 射线是带正电的质子，β 射线是带负电的电子。

辐射是能量通过空间传递的一种物理现象。能量可借波动或粒子高速行进而传播，辐射除可被一些产色素细菌利用作为能源外，对多数细菌有损害作用。辐射对细菌的影响，随其性质、强度、波长、作用的距离、时间而不同，但必须被细菌吸收，才能影响细菌的代谢。辐射对微生物的灭活作用可分为电离辐射和非电离辐射两种。

1. 电离辐射

电离辐射包括 α 射线、β 射线、x 射线、γ 射线以及高能质子和中子。它们可将被照射物质原子核周围的电子击出，引起电离，故称之为电离辐射。在实际工作中主要是 x、γ 和 β 射线，用于消毒、食品保藏和育种等方面。α 射线、高能质子、中子等因缺乏穿透力而不实用。一般认为，电离辐射可导致包括 DNA 在内的细胞内部物质分解，使细菌死亡或发生突变。

2. 非电离辐射

非电离辐射包括可见光、日光、紫外线。

（1）可见光线。

可见光线是指在红外线和紫外线之间的肉眼可见的光线，其波长 400 ~ 800 nm。可见光线对微生物一般无多大影响，但长时间作用也能妨碍微生物的新陈代谢与繁殖，故培养细菌和保存菌种，均应置于阴暗之处。

（2）直射日光。

直射日光有强烈的杀菌作用，是天然的杀菌因素。许多微生物在直射日光的照射下，半小时到数小时即可死亡。芽孢对日光照射的抵抗力比繁殖体大得多，往往需经 20 h 才死亡。日光的杀菌效力因地、因时及微生物所处环境不同而异，烟尘严重污染的空气、玻璃、有机物的存在都能减弱日光的杀菌力。此外，空气中水分的多少、温度的高低以及微生物本身的抵抗力强弱等均影响日光杀菌作用。在实际生活中，日光对被污染的土壤、牧场、畜舍、用具等的消毒以及江河的自净作用均具有重要的意义。

（3）紫外线。

紫外线中波长 200 ~ 300 nm 部分具有杀菌作用，其中以 250 ~ 270 nm 段的杀菌力最强，这与 DNA 的吸收光谱范围一致。实验室通常使用的紫外线杀菌灯，其紫外线波长为 253.7 nm，杀菌力强而稳定。紫外线的穿透力不强，即使是很薄的玻璃也不能透过，所以只能用紫外线杀菌灯消毒物体表面，常用于微生物实验室、无菌室、手术室、传染病房、种蛋室等的空气消毒，或用于不能用高温或化学药品消毒的物品表面消毒。

（三）干燥

微生物在干燥的环境中失去大量水分，新陈代谢便会发生障碍，甚至引起菌体蛋白质变性和由于盐类浓度的增高而逐渐导致死亡。不同种类的微生物对干燥的抵抗力差异很大。巴氏杆菌、嗜血杆菌、鼻疽杆菌在干燥的环境中仅能存活几天，而结核杆菌能耐受干燥 90 d。细菌的芽孢对干燥有强大的抵抗力，如炭疽杆菌和破伤风梭菌的芽孢在干燥条件下可存活几年甚至数十年以上。霉菌的孢子对干燥也有强大的抵抗力。

由于微生物不能在干燥环境中生长繁殖，因此常用干燥法来保存食品、饲料、谷类、皮张、药材等。利用高浓度的盐溶液或糖溶液保存食品，是由于高浓度的溶液吸取菌体内的水分，造成微生物细胞的生理性干燥而达到抑菌的目的。

（四）超声波

频率在 20 000 ~ 200 000 Hz 的声波称为超声波。细菌和酵母菌在超声波作用下于几十分钟内死亡，大多数噬菌体和病毒对超声波也有一定的敏感性，但小型病毒对超声波不敏感，细菌的芽孢对超声波具有抵抗力。超声波处理虽可使菌体裂解死亡，但往往有残存者，又因超声波费用颇大，故未应用于消毒灭菌。目前主要用于裂解细胞，提取细胞组分，研究其抗原、酶类、细胞壁的化学性质以及从组织内提取病毒等。

（五）微波

从几百兆赫兹至几十万兆赫兹频率的无线电波称为微波。微波灭菌，主要是利用微波的加热作用完成。当把灭菌的物品放在微波照射的交变电场中时，物品内部的分子随着电场的变化而相应地旋转振动起来，电场变化快，分子振动也就跟着快。但是，由于分子间的相互作用力即产生摩擦力，因此分子克服其摩擦力而产生热量，使整个物品热起来，起到了摩擦加热灭菌的作用。这种灭菌法所需时间短、加热均匀是其显著的优点。

微波加热的应用范围很广，除可用来对医药用品及其他物体进行灭菌外，还可用于加快免疫化学反应如 ELISA 以及物品脱水等。

（六）滤过

滤过除菌是通过机械阻留作用将液体或空气中的细菌等微生物除去的方法。但滤过除菌常不能除去病毒、霉形体以及细菌 L 型等小颗粒。

糖培养液、各种特殊的培养基、血清、毒素、抗毒素、抗生素、维生素、氨基酸等不能加热灭菌的液体常用滤器过滤除菌。过去多用蔡氏滤器等，近年来常用可更换滤膜的滤器或一次性滤器，滤膜孔经常用 45 μm 及 20 μm 两种。另外，还可用于病毒的分离培养。利用空气过滤器可进行超净工作台、无菌隔离器、无菌操作室、实验动物室以及疫苗、药品、食品等生产中洁净厂房的空气过滤除菌。

二、物理消毒方法

物理消毒法是指利用物理的方法杀灭或清除病原微生物及其他有害微生物的方法，主要包括自然净化、机械除菌、热力消毒灭菌、电离辐射消毒、紫外线消毒、微波消毒、超声波消毒、等离子体灭菌、过滤除菌等。物理消毒是简便经济而较常用的一种消毒方法，常用于养殖场的场地、设施设备、卫生防疫器具和用具的消毒。

（一）自然净化作用

自然净化是指污染大气、地面、物体表面和水体的病原微生物，经日晒、雨淋、风吹、干燥、高温、湿度、空气中杀菌性化合物、水的稀释作用、pH 的变化、水中微生物的颉颃作用等自然因素，逐步达到无害化的程度。自然净化的作用有限，且使用范围有一定的局限性。

（二）机械除菌

机械除菌是指通过清扫、冲洗、洗擦和通风换气等机械的方法除去病原体的消毒方法，是最常用的一种消毒方法，也是日常卫生工作之一。

1. 清扫、清除

畜牧场的场地、畜禽舍、设备用具上存在有大量的污物和尘埃，其中含有大量的病原微生物。用清扫、铲刮、冲洗等机械方法清除降尘、污物及沾染的墙壁、地面以及设备上的粪尿、残余的饲料、废物、垃圾等，这样可除掉 70% 的病原体，并为药物消毒创造条件。对清扫不彻底的畜禽舍进行化学消毒，即使用高于规定剂量的消毒剂，效果也不显著，因为消毒剂即使接触少量的有机物也会迅速丧失杀菌力。必要时舍内外的表层土也一起清除，减少场地和畜舍病原微生物的数量。据试验，采用清扫方法，可使鸡舍内的细菌数减少 21.5%，如果清扫后再用清水冲洗，则鸡舍内细菌可减少 54% ~ 60%，清扫、冲洗后再用药物喷洒，鸡舍内的细菌数可减少 90%。在清除之前，应先用清水或某些化学消毒剂喷洒，以免打扫时尘土飞扬，造成病原体散播，影响人畜健康。清扫的污染物要进行发酵、掩埋、焚烧或其他药物处理。机械性清除只能使病原微生物减少，不能杀死病原体，所以要配合其他消毒法进行。如发生传染病，特别是烈性传染病时，需与其他消毒方法共同配合，先用药物消毒，然后再用机械清除。

2. 通风换气

通风换气也是机械除菌的一种。由于畜禽的活动（如咳嗽、鸣叫）及饲养管理过程（如清扫地面、分发饲料和通风除臭）等机械设备运行和舍内畜禽的饮水、排泄及饲养管理过程用水等导致舍内空气含有大量的尘埃、水汽，微生物容易附着，特别是疫情发生时，尤其是经呼吸道传染的疾病发生时，空气中病原微生物的含量会更高。所以适当通风，借助通风经常排出污秽气体和水汽，特别是在冬、春季，通风可在短时间内迅速降低舍内病原微生物的数量，加快舍内水分蒸发，保持干燥，可使除芽孢、虫卵以外的病原失活起到消毒作用。但排出的污浊空气容易污染场区和其他畜舍，为减少或避免这种污染，最好采用纵向通风系统，风机安装在排污道一侧，畜禽舍之间保持 40 ~ 50 m 的卫生间距。有条件的畜禽场，可以在通风口安装过滤器，过滤空气中的微粒和杀灭空气中微生物，把经过过滤的舍外空气送入舍内，有利于舍内空气的新鲜洁净。

如使用电除尘器来净化畜舍空气中的尘埃和微生物效果更好。据在产蛋鸡舍中的试验：当气流速度 $v = 2.2$ m/s 和 $v = 1.0$ m/s 时，每小时通过电除尘器的空气为 $L = 2\,200$ m^3，测定过滤除尘前后空气中的微粒和微生物的数量，结果见表 2-1 和 2-2。

表 2-1　过滤除尘前后空气中微粒的数量

除尘前微粒含量（mg/m^3）	除尘后微粒含量（mg/m^3）	净化率（%）	除尘前微粒含量（mg/m^3）	除尘后微粒含量（mg/m^3）	净化率（%）
$v = 2.2$ m/s			$v = 1.0$ m/s		
10.8	1.10	89.8	3.87	0.08	98
5.6	0.62	89	2.80	0.25	93
3.6	0.50	86.1	1.03	0.08	92
1.5	0.25	83.3	—	—	—

如表所示，采用除尘器后，空气中微粒的净化率平均达到 88.5%（$v = 2.2$ m/s）和 94.3%（$v = 1.0$ m/s）。

表 2-2　除尘前后的禽舍内微粒的数量

除尘净化前（百万单位/m³）	除尘净化后（百万单位/m³）	净化率（%）
104 100±2 500	25 500±970	79.5
112 800±3 200	22 900±890	83.9
121 500±2 400	22 050±90	82

3. 机械除菌的操作步骤

（1）器具与防护用品准备。主要器具有扫帚、铁锹、污物筒、喷壶、水管或喷雾器等。主要防护用品有高筒靴、工作服、口罩、橡皮手套、毛巾、肥皂等。

（2）穿戴防护用品。

（3）清扫。用清扫工具清除畜禽舍、场地、环境、道路等的粪便、垫料、剩余饲料、尘土、各种废弃物等污物。清扫前喷洒清水或消毒液，避免病原微生物随尘土飞扬。应按顺序清扫棚顶、墙壁、地面，先畜舍内，后畜舍外。清扫要全面彻底，不留死角。

（4）洗刷。用清水或消毒溶液对地面、墙壁、饲槽、水槽、用具或动物体表等进行洗刷，或用高压水龙头冲洗，随着污物的清除，也清除了大量的病原微生物。冲洗要全面彻底。

（5）通风。一般采取开启门窗、天窗，启动排风换气扇等方法进行通风。通风可排出畜舍内污秽的气体和水汽，在短时间内使舍内空气清洁、新鲜，减少空气中病原体数量，对预防经空气传播的传染病有一定的意义。

（6）过滤。在畜禽舍的门窗、通风口处安置过滤网，阻止粉尘、病原微生物进入动物舍内。

4. 机械除菌注意事项

（1）清扫、冲洗畜禽舍应先上后下（棚顶、墙壁、地面），先内后外（先畜舍内，后畜舍外）。清扫时，为避免病原微生物随尘土飞扬，可采用湿式清扫法，即在清扫前先对清扫对象喷洒清水或消毒液，再进行清扫。

（2）清扫出来的污物，应根据可能含有病原微生物的抵抗力，进行堆积发酵、掩埋、焚烧或其他方法进行无害化处理。

（3）圈舍应当纵向或正压、过滤通风，避免圈舍排出的污秽气体、尘埃危害相邻的圈舍。

（三）高温消毒灭菌

高温消毒灭菌是一种应用最早、效果最可靠、使用最广泛的方法。高温对微生物有明显的致死作用，高温可以灭活包括细菌及繁殖体、真菌、病毒和抵抗力较强的细菌芽孢在内的一切微生物。所以，应用高温进行灭菌是比较确实可靠而且也是常用的物理方法。高温消毒灭菌可分为湿热与干热两大类，干热法比湿热法需要更高的温度与较长的时间。

高温杀灭微生物的基本机制是使微生物的蛋白质和酶变性或凝固，破坏微生物蛋白质、核酸的活性，引起微生物新陈代谢发生障碍，导致微生物的死亡。蛋白质构成微生物的结构蛋白和功能蛋白。结构蛋白主要包括构成微生物细胞壁、细胞膜和细胞浆内含物等。功能蛋白构成细菌的酶类。湿热使蛋白质分子运动加速，互相撞击，致使肽链连接的副键断裂，使其分子由有规律的紧密结构变为无秩序的散漫结构，大量的疏水基暴露于分子表面，并互相结合成为较大的聚合体而凝固、沉淀。干热灭菌主要通过热对细菌细胞蛋白质的氧化作用，并不是蛋白质的凝固，因为干燥的蛋白质加热到 100 ℃ 也不会凝固。细菌在高温下死亡加速是由于氧化速率增加的缘故。无论是干热还是湿热，均对细菌和病毒的核酸有破坏作用，加热可使 RNA 单链的磷酸二酯键断裂；而单股 DNA 的灭活是通过脱嘌呤。实验证明，单股 RNA 的敏感性高于单股的 DNA 对热的敏感性，但都随温度的升高而灭活速率加快。

1. 干热消毒灭菌

（1）焚烧。

焚烧是一种简单、迅速、彻底的消毒方法。因对物品的破坏性大，故只限于处理传染病动物尸体、污染的垫料、垃圾等。焚烧应在专用的焚烧炉内进行。焚烧时要注意安全，须远离易燃易爆物品，如氧气、汽油、乙醇等。燃烧过程中不得添加乙醇，以免引起火焰上窜而致灼伤或火灾。

（2）烧灼。

烧灼是直接用火焰杀死微生物，也称火焰灭菌法。此法适用于一些耐高温的器械（金属、搪瓷类）及不易燃烧的圈舍地面、墙壁、金属笼具、接种用具（接种针、刀、剪、环）的消毒。圈舍地面、墙壁、金属笼具必须借助火焰灭菌器进行，接种针、刀、剪、环可以在酒精灯火焰上直接灼烧消毒。在急用或无条件用其他方法消毒时可采用此法，将器械放在火焰上烧灼 1~2 min。烧灼效果可靠，但对消毒对象有一定的破坏性。应用火焰消毒时必须注意房舍物品和周围环境的安全。

其操作步骤如下：

➢ 器械与防护用品准备。器械包括火焰喷灯、火焰消毒机等；防护用品包括工作服、口罩、帽子、手套等。

➢ 穿戴防护用品。

➢ 清扫（洗）消毒对象。清扫畜舍水泥地面、金属栏和笼具等上面的污物。

➢ 准备消毒用具。仔细检查火焰喷灯或火焰消毒机，添加燃油，试燃。

➢ 消毒。按一定顺序，用火焰喷灯或火焰消毒机进行火焰消毒。

操作时应注意：

对金属栏和笼具等金属物品进行火焰消毒时不要喷烧过久，以免将被消毒物品烧坏。消毒时要按顺序进行，以免发生遗漏。火焰消毒时注意防火。

（3）热空气灭菌。

热空气灭菌（通常指干热消毒灭菌法）是指利用烤箱的相对湿度在 20% 以下的热空气消毒灭菌。烤箱通电加热后的空气在一定空间不断对流，产生均匀的热空气直接穿透物体。一般繁殖体在干热 80~100 ℃ 中经 1 h 可以杀死，芽孢、病毒需 160~170 ℃ 经 2 h 方可杀死。此法主要用于干燥的玻璃器皿、瓷器、烧瓶、吸管、试管、离心管、培养皿、玻璃注射器、针头以及明胶海绵、液体石蜡、滑石粉、各种粉剂、软膏等。干热消毒灭菌法是在特别的电热干烤箱内进行的。

2. 湿热消毒灭菌

湿热消毒灭菌是由空气和水蒸气导热，传热快、穿透力强，湿热灭菌法比干热灭菌法所需温度低、时间短。

（1）煮沸法。

将水煮沸至 100 ℃，保持 5 ~ 15 min 可杀灭一般细菌的繁殖体，许多芽孢需经煮沸 5 ~ 6 h 才死亡。在水中加入碳酸氢钠至 1% ~ 2% 浓度时，沸点可达 105 ℃，既可促进芽孢的杀灭，又能防止金属器皿生锈。在高原地区气压低、沸点低的情况下，要延长消毒时间（海拔每增高 300 m，需延长消毒时间 2 min）。此法适用于饮水和不怕潮湿耐高温的搪瓷、金属、玻璃、橡胶类物品的消毒。

煮沸前应将物品刷洗干净，打开轴节或盖子，将其全部浸入水中。锐利、细小、易损物品用纱布包裹，以免撞击或散落。玻璃、搪瓷类放入冷水或温水中煮；金属橡胶类则待水沸后放入。消毒时间均从水沸后开始计时。若中途再加入物品，则重新计时，消毒后及时取出物品。

（2）流通蒸汽消毒法。

一般采用流通蒸汽消毒器（其原理相当于家庭用的蒸笼），利用 100 ℃ 左右的水蒸气，加热 30 min，可杀死细菌繁殖体。消毒物品的包装不宜过大、过紧，以利于蒸汽穿透。流通蒸汽消毒的作用时间应从水沸后有蒸汽冒出时开始计时。

流通蒸汽也可采用间歇灭菌，利用反复多次的流通蒸汽，以达到灭菌的目的。一般第一天用 100 ℃ 加热 15 ~ 30 min，取出后放入 37 ℃ 孵箱过夜，使芽孢发育成繁殖体，次日再蒸一次，如此连续 3 次以上。本法适用于不耐高温的含糖、血清、牛奶等培养基的灭菌。对不具备芽孢发芽条件的物品，则不能使用此法灭菌。

（3）巴氏消毒法。

利用热力杀死液体中的病原菌或一般的杂菌，同时不致严重损害其质量的消毒方法。常用于消毒牛奶和酒类等。牛奶的巴氏消毒法有两种：一是加温 62.8 ~ 65.5 ℃，至少保持 30 min，然后迅速冷却至 10 ℃ 以下；二是加热至 71.7 ℃，保持至少 15 s，然后迅速冷却至 10 ℃ 以下。这两种方法也称为冷击法，可使牛奶消毒，也有利于鲜牛奶转入冷库保存。近年来，牛奶消毒也采用超高温巴氏消毒法，即将鲜牛奶通过不低于 132 ℃ 的管道 1 ~ 2 s，然后迅速冷却，从而达到消毒的目的。

（4）高压蒸汽灭菌法。

高压蒸汽灭菌是在专门的高压蒸汽灭菌器中进行的，是利用高压和高热释放的潜热进行灭菌，是热力灭菌中使用最普遍、效果最可靠的一种方法。其优点是穿透力强、灭菌效果可靠、能杀灭所有微生物。高压蒸汽灭菌法适用于敷料、手术器械、药品、玻璃器皿、橡胶制品及细菌培养基等的灭菌。

目前使用的高压灭菌器可分为下排气式和预真空式两类。

手提式高压蒸汽灭菌器是实验室、基层兽医卫生防疫部门常用的小型高压蒸汽灭菌器，为下排气式。使用方法是：在灭菌器中盛水 3 000 mL（4 cm 深）；将拟灭菌的物品随同盛装的桶放入灭菌器内；将盖子上的排气软管插于铝桶内壁的方管中；盖好盖子，对称拧紧螺丝，勿使漏气；加热，水沸后 10 ~ 15 min，打开排气阀门，放出冷空气，至有连续不断的水蒸气排出时，关闭放气阀门，使压力逐渐上升至所需压力，开始计时，维持到预定时间。灭菌结束后，根据灭菌材料性质的不同，采取不同的放气方式。若是需要干燥的固体物品或废弃物品，应采用快放气的方法，待压力恢复至"0"位时，慢慢打开盖子，取出消毒物品。若为液体或密闭容器，则应采用慢放气（间歇性放气）或自然冷却的方法，待压力恢复至"0"位时，慢慢打开盖子，取出消毒物品，以防因减压过快造成液体剧烈沸腾而使液体外溢和容器爆裂。

卧式高压蒸汽灭菌器的结构原理同手提式高压蒸汽灭菌器，为下排气式。因其体积大，一次可灭菌大量物品。

预真空高压蒸汽灭菌器除有下排气式所具备的灭菌系统、蒸汽输送系统、控制系统、安全系统和仪表监测指示系统外，增加抽负压系统和空气过滤系统。预真空式高压蒸汽灭菌器温度可达 132~135 ℃，具有灭菌周期快、效率高，完成整个灭菌周期只需 25 min，节省人力、时间和能源；冷空气排除较可靠与彻底；对物品的包装、排放要求较宽，而且具有真空状态下物品不易氧化损坏的特点。但设备费、维修费较高，对柜体密封性要求较高。存在小装量效应，即欲灭菌物品放得过少，灭菌效果反而较差，因此，瓶装液体不用此法灭菌。

干热与湿热灭菌虽然都是利用热的作用杀菌，但由于本身的性质与传导介质不同，所以其灭菌的特点亦不一样。干热与湿热各有特点，互相很难完全取代，但总的说来，湿热的消毒效果较干热好，所以使用也普遍。

3. 影响高温消毒和灭菌的因素

（1）微生物方面。

① 微生物的类型。由于不同的微生物具有不同的生物学与理化特性，故不同的微生物对热的抵抗力不同，如嗜热菌由于长期生活在较高的温度条件下，故其对高温的抵抗力较强；无芽孢细菌、真菌和细菌的繁殖体以及病毒对高温抵抗力较弱，一般在 60~70 ℃ 下短时间内即可死亡。细菌的芽孢和真菌的孢子均比其繁殖体耐高温，细菌芽孢常常可耐受较长时间的煮沸，如肉毒梭菌孢子能耐受 6 h 的煮沸；破伤风杆菌芽孢能耐受 3 h 的煮沸。

② 细菌的菌龄及发育时的温度。在对数生长期的细菌对热的抵抗力相对较小，老龄菌的抵抗力较大。一般在最适温度下形成的芽孢比其在最高或最低温度下产生的芽孢抵抗高温的能力要大。如肉毒梭菌在 24~37 ℃ 范围内，随着培养温度的升高，其芽孢对热的抵抗力逐渐加强，但在 41 ℃ 时所形成的芽孢对热的抵抗力较 37 ℃ 时形成的芽孢的抵抗力为低。

③ 细菌的浓度。细菌和芽孢在加热时，并不是在同一时间内全部被杀灭，一般来说，细菌的浓度愈大，杀死最后的细菌所需要的时间越长。

（2）介质水的特性。

水作为消毒杀菌的介质，在一定范围内，其含量越多，杀菌所需要的温度越低，这是由于水分具有良好的传热性能，能促进加热时菌体蛋白的凝固，使细菌死亡。芽孢之所以耐热，是由于它含水分比繁殖体要少。若水中加入 2%~4% 的石炭酸可增强杀菌力。细菌在非水的介质中比水作为介质时对热的抵抗力大。如热空气条件下，杀菌所需温度要高，时间要长。在浓糖和盐溶液中细菌脱水，对热的抵抗力增强。

（3）加热的温度和时间。

许多无芽孢杆菌（如伤寒杆菌、结核杆菌等）在 62~63 ℃ 下，20~30 min 死亡。大多数病原微生物的繁殖体在 60 ~ 70 ℃ 条件下 0.5 h 内死亡；一般细菌的繁殖体在 100 ℃ 下数分钟内死亡。

（四）紫外线消毒法

1. 紫外线应用范围

紫外线是一种低能量的电磁辐射,将消毒的物品放在日光下曝晒或放在人工紫外线灯下,利用紫外线灼热以及干燥等作用使病原微生物灭活而达到消毒的目的。此法较适用于畜禽圈舍的垫草、用具、进出的人员以及物体表面、空气、手术室、无菌室等,亦可用于不耐热物品表面消毒,对被污染的土壤、牧场、场地表层的消毒均具有重要意义。紫外线具有杀菌谱广、对消毒物品无损害、无残留毒性、使用方便、价格低廉、安全可靠、适用范围广等优点。

2. 紫外线作用机理

紫外线是一种肉眼看不见的辐射线,可划分为三个波段：UV-A（长波段）,波长 320 ~ 400 nm；UV-B（中波段）,波长 280 ~ 320 nm；UV-C（短波段）,波长 100 ~ 280 nm。强大的杀菌作用由短波段 UV-C 提供。由于 100 ~ 280 nm 具有较高的光子能量,当它照射微生物时,就能穿透微生物的细胞膜和细胞核,破坏其 DNA 的分子键,使其失去复制能力或失去活性而死亡。空气中的氧在紫外线的作用下可产生部分臭氧(O_3),当 O_3 的浓度达到 10 ~ 15 mL/m³ 时也有一定的杀菌作用。

紫外线可以杀灭各种微生物,包括细菌、真菌、病毒和立克次体等。一般说来,革兰阴性菌对紫外线最敏感,其次为革兰氏阳性球菌,细菌芽孢和真菌孢子抵抗力最强。病毒也可被紫外线灭活,其抵抗力介于细菌繁殖体与芽孢之间。Russl 综合了一些研究者的工作,将微生物分为对紫外线高度抗性、中度抗性和低度抗性 3 类。高度抗性者有枯草杆菌、枯草杆菌芽孢、耐辐射微球菌和橙黄八叠球菌；中度抗性者有微球菌、鼠伤寒沙门菌、乳链球菌、酵母菌属和原虫；低度抗性者有牛痘病毒、大肠杆菌、金黄色葡萄球菌、普通变形杆菌、军团菌、布鲁尔酵母菌和大肠杆菌噬菌体。

3. 紫外线消毒（杀菌）设备

目前使用的紫外线杀菌设备主要是紫外线杀菌灯,常见紫外线杀菌灯有热阴极低压汞紫外线杀菌灯、冷阴极低压汞紫外线杀菌灯及高压汞紫外线杀菌灯三种类型,其中热阴极低压汞紫外线杀菌灯中的直管式紫外线杀菌灯,是最经典的紫外线杀菌灯。在 C 波段的 253.7 nm 处有一强线谱,用石英制成灯管,两端各有一对钨丝自燃氧化电极。电极上镀有钡和锶的碳酸盐,管内有少量的汞和氩气。紫外灯开启时,电极放出电子,冲击汞气分子,从而放出大量波长 253.7 nm 的紫外线。常用的紫外线灯管有 15 W、20 W、30 W、40 W 四种,可采用悬吊式、移动式灯架照射,或紫外线消毒箱内照射。紫外线灯配用抛光铝板作反向罩,可增强消毒效果。

用于物品消毒时,如选用 30 W 紫外线灯管,有效照射距离为 25 ~ 60 cm,时间为 25 ~ 30 min。用于空气消毒时,相对湿度最好在 60% 以下,室内每 10 m² 安装 30 W 紫外线灯管 1 支,有效距离不超过 2 m。照射时间为 30 ~ 60 min,照射前清扫尘埃,照射时关闭门窗,停止人员走动。

4. 紫外线消毒的优势

（1）高效率杀菌。紫外线对细菌、病毒的杀菌率一般在 1～2 s 即可达到 99%～99.9%。

（2）广谱性杀菌。紫外线杀菌的广谱性是最高的，它对几乎所有的细菌、病毒都能高效率杀灭。对于传统消毒办法无法杀灭的寄生虫，紫外线也具有有效的杀灭性。

（3）无二次污染。紫外线杀菌不加入任何化学药剂，因此它不会对周围环境产生二次污染，不改变被消毒物的理化性状。

（4）运行安全可靠。传统的消毒技术如采用氯化物或臭氧，其消毒剂本身就是属于剧毒、易燃的物质，且对被消毒物有腐蚀作用。而紫外线消毒系统不存在这样的安全隐患。

（5）节约成本，操作简便。紫外线杀菌设备占地小，构筑物要求简单，因此总投资较少，在运行方面成本也较低，操作简单易掌握。

5. 使用紫外线灯消毒的注意事项

使用紫外线消毒时应注意保护眼睛、皮肤，以免引起眼炎或皮肤红斑。

紫外线灯管要每隔两周用 95% 酒精擦拭灯管 1 次，保持清洁透亮，否则亦影响消毒效果。

灯管要轻拿轻放，以防爆裂。

关灯后应间隔 3～4 min 后才能再次开启。一次连续使用不超过 4 h。

紫外线的杀菌力取决于紫外线输出量的大小，灯管的输出强度随使用时间的增加而减弱。故日常消毒多采用紫外线强度计进行监测，新管（30 W）不低于 $100~\mu W/cm^2$；使用中的旧管在 $50～70~\mu W/cm^2$，则需延长消毒时间；低于 $50~\mu W/cm^2$ 者必须更换。

定期进行空气细菌培养，以检查杀菌效果。

为保持电压的稳定，在电压不稳定的地区，应使用稳压器。

保持消毒室的环境卫生，保持干燥，尽量减少灰尘和微生物的数量。

对新购买的紫外灯应进行检测。目前国内生产紫外灯的厂家很多，鱼龙混杂，质量不一。新灯管的照射强度应在 $100～200~W \cdot m^2$。但对于绝大多数养殖场，不可能进行检测。因此只能尽量购买能确保产品质量、知名厂家的产品，看清说明书，是否达到强度标准。

紫外线不能穿透不透明物体和普通玻璃，因此，受照物应在紫外灯的直射光线下，衣物等应尽量展开。

6. 紫外线消毒的应用技术

（1）对空气的消毒。

紫外线灯的安装可采取固定式，用于房间（禽、畜的笼、舍和超净工作台）消毒。将紫外线灯吊装在天花板或墙壁上，离地面 2.5 m 左右，灯管安装金属反光板，使紫外线照射在与水平面成 30°～80° 角。这样使全部空气受到紫外线照射，而当上下层空气对流产生时，整个空气都会受到消毒。通常以每 6～15 m^3 空间用 1 支 15 W 紫外线灯。在直接照射时，普通地面照射以 3.3 W/m^2，9 m^2 地面需 1 支 30 W 紫外线灯；如果是超净工作台，以 5～8 W/m^2。移动式照射主要应用于传染病病房的空气消毒，畜禽养殖场较少应用。在建筑物的出入口安装带有反光罩的紫外线灯，可在出入口形成一道紫外线的屏障。一个出入口安装 5 支 20 W 紫外线灯管，这种装置可用于烈性菌实验室的防护，空气经过这一屏幕，细菌数量减少 90% 以上。

（2）对水的消毒。

紫外线水液消毒器集光学、微生物学、机械、化学、电子、流体力学等综合科学为一体，采用特殊设计的高效率、高强度和长寿命的紫外 UV-C 光发生装置产生的强紫外 UV-C 光照射流水。当水中的细菌、病毒等受到一定剂量的紫外线 UV-C 光（波长 253.7 nm）照射后，其细胞 DNA 及结构被破坏，细胞再生无法进行，从而达到水的消毒和净化。而波长 185 nm 的谱线还可以分解水中的有机物分子，产生氢基自由基并将水中有机物分子氧化为二氧化碳，达到去除总有机碳（TOC）的目的。

紫外线在水中的穿透力随深度的增加而降低，但受水中杂质的影响，杂质越多紫外线的穿透力越差。紫外线对水中常见细菌病毒的杀菌效率见表 2-3。

表 2-3　紫外线对水中常见细菌病毒的杀菌效率（紫外线辐射强度 30 mW/cm^2）

种类	名称	100% 杀灭所需时间（s）	种类	名称	100% 杀灭所需时间（s）
细菌类	炭疽杆菌	0.30	细菌类	结核（分支）杆菌	0.41
	白喉杆菌	0.25		霍乱弧菌	0.64
	破伤风杆菌	0.33		假单胞杆菌属	0.37
	肉毒梭菌	0.80		沙门氏菌属	0.51
	痢疾杆菌	0.15		肠道发烧菌属	0.41
	大肠杆菌	0.36		鼠伤寒杆菌	0.53
病毒类	腺病毒	0.10	病毒类	流感病毒	0.23
	噬菌胞病毒	0.20		脊髓灰质炎病毒	0.80
	柯萨奇病毒	0.08		轮状病毒	0.52
	爱柯病毒	0.73		烟草花叶病毒	16
	爱柯病毒 I 型	0.75		乙肝病毒	0.73
霉菌孢子	黑曲霉	6.67	霉菌孢子	软孢子	0.33
	曲霉属	0.73 ～ 8.80		青霉菌属	0.87 ～ 2.93
	大粪真菌	8.0		产毒青霉	2.0 ～ 3.33
	毛霉菌属	0.23 ～ 4.67		青霉其他菌类	0.87
水藻类	蓝绿藻	10 ～ 40	水藻类	草履虫属	7.30
	小球藻属	0.93		绿藻	1.22
	线虫卵	3.40		原生动物属类	4 ～ 6.70
鱼类病	Fung1 病	1.60	鱼类病	感染性胰坏死病	4.0
	白斑病	2.67		病毒性出血病	1.6

（3）对污染表面的消毒。

紫外线对固体物质的穿透力和可见光一样，不能穿透固体物体，只能对固体物质的表面进行消毒。照射时，灯管距离污染表面不宜超过 1 m，所需时间 30 min 左右，消毒有效区为灯管周围 1.5 ～ 2 m。

7. 影响紫外灯辐射强度和灭菌效果的因素

紫外灯辐射强度和灭菌效果受多种因素的影响，常见的影响因素主要有电压、温度、湿度、距离、角度、空气含尘率、紫外灯的质量、照射时间和微生物数量等，紫外线辐射强度越大，消毒效果越好。

（1）电压对紫外灯辐射强度的影响。

国产紫外灯的标准电压为 220 V。电压不足时，紫外灯的辐射强度大大降低。陈宋义等人研究电压对紫外灯辐射强度的影响，结果当电压为 180 V 时，其辐射强度只有标准电压的一半。

（2）温度对紫外灯辐射强度的影响。

室温在 10～30 ℃ 时，紫外灯辐射强度变化不大。室温低于 10 ℃，则辐射强度显著下降。陈宋义等人的研究结果，其他条件不变，0 ℃ 时辐射强度只有 10 ℃ 时的 70%，只有 30 ℃ 时的 60%。

（3）湿度对紫外灯辐射强度的影响。

相对湿度不超过 50%，对紫外灯辐射强度的影响不大。随着室内相对湿度的增加，紫外灯辐射强度呈下降的趋势。当相对湿度达到 80%～90% 时，紫外灯辐射强度和杀菌效果降低 30%～40%。

（4）距离对紫外灯辐射强度的影响。

受照物与紫外灯的距离越远，辐射强度越低。30 W 石英紫外灯距离与辐射强度的关系见表 2-4。

表 2-4　距离与紫外灯辐射强度的关系

距离（cm）	辐射强度（W/m²）	距离（cm）	辐射强度（W/m²）
10	1 290.00 ± 3.62	80	125.00 ± 4.37
20	930.00 ± 3.65	90	105.00 ± 4.07
40	300.00 ± 4.05	100	92.00 ± 1.49
60	175.00 ± 4.08		

（5）角度对紫外灯辐射强度的影响。

紫外灯辐射强度与投射角也有很大的关系。直射光线的辐射强度远大于散射光线，消毒效果也优于散射光线。

（6）寿命对紫外灯辐射强度的影响。

紫外灯用久后即衰老，影响辐射强度。一般寿命为 4 000 h 左右。使用 1 年后，紫外灯的辐射强度会下降 10%～20%。因此，紫外灯使用 2～3 年后应及时更新。

（7）空气微尘对紫外灯灭菌效果的影响。

灰尘中的微生物比水滴中的微生物对紫外线的耐受力高。空气含尘率越高，紫外灯灭菌效果越差。每 1 mL 空气中含有 800～900 个微粒时，可降低灭菌率 20%～30%。

（8）照射时间对紫外灯灭菌效果的影响。

每种微生物都有其特定的紫外线照射下的死亡剂量阈值。杀菌剂量（K）是辐射强度（I）

和照射时间（ t ）的乘积（即 $K = It$ ）。可见，照射时间越长，灭菌的效果越好。

8. 养殖场紫外灯的合理使用

影响紫外灯消毒效果的因素是多方面的。养殖场应该根据各自不同的情况，因地制宜，因时制宜，合理配置、安装和使用紫外灯，才能达到灭菌消毒的效果。

（1）紫外灯的配置和安装。

养殖场入口消毒室宜按照不低于 $1 \, W/m^3$ 配置相应功率的紫外灯。例如：消毒室面积 $25 \, m^2$ ，高度为 $2.5 \, m$ ，其空间为 $37.5 \, m^3$ ，则宜配置 40 W 紫外灯 1 支，或 20 W 紫外灯 2 支。而最好的是配置 20 W 紫外灯 2 支。紫外灯安装的高度应距天棚有一定的距离，使被照物与紫外灯之间的直线距离在 1 m 左右。有的将紫外灯安装紧贴天棚，有的将紫外灯安装在墙角，这些都影响紫外灯的辐射强度和消毒效果。如果整个房间只需安装 1 支紫外灯即可满足要求的功率，则紫外灯应吊装在房间的正中央，与天棚有一定的距离。如果房间需配置 2 支紫外灯，则 2 支紫外灯最好互相垂直安装。

（2）紫外灯的照射时间。

紫外灯的照射时间应根据气温、空气湿度、环境的洁净情况等，决定照射时间的长短。一般情况下，养殖场入口消毒室如按照 $1 \, W/m^3$ 配置紫外灯，其照射的时间应不少于 30 min。如果配置紫外灯的功率大于 $1 \, W/m^3$ ，则照射的时间可适当缩短，但不能低于 20 min。

（3）照射时间与照射强度的选择。

在欲达到相同照射剂量的情况下，高强度照射比延长时间的低强度照射，灭菌效果要好。例如：要使空气中大肠杆菌的灭菌率达到 80%，配置 $100 \, W \cdot cm^2$ 照射强度时，需 60 min；而配置 $150 \, W \cdot cm^2$ 照射强度时，需 30 min；配置 $200 \, W \cdot cm^2$ 照射强度时，则只需不到 10 min。

紫外线能有效地杀灭微生物，但过多照射对人体也是有害的。同时，对于人员严格控制照射时间，在有些情况下也很难做到。目前紫外线照射消毒作为养殖场入口消毒比较常用。养殖场入口消毒又非常重要，所以有关部门和科研单位应就消毒室的设计、紫外灯的配置、安装乃至型号和生产厂家的选择、消毒程序、不同季节照射时间等开展调查研究，制定相应的规范，并加强技术培训，必将对养殖场的防疫和安全生产发挥重要的作用。

（五）电离辐射消毒

利用 γ 射线、x 射线或电子辐射处理物品，杀死其中的微生物的消毒方法称为电离辐射消毒。电离辐射具有较高的能量与穿透力，可在常温下对不耐热的物品灭菌，不发生热的交换、压力差别和扩散层干扰，故又称"冷灭菌"。所以，适用于怕热的灭菌物品，可用于一次性应用的医疗器材和导管、密封包装后需长期储存的器材、精密医疗器材和仪器，亦用于食品消毒而不破坏其营养成分。电离辐射消毒具有优于化学消毒、热力消毒等其他消毒灭菌方法的许多优点，也是在医疗、制药、卫生、食品、养殖业应用广泛的消毒灭菌方法。因此，早在 20 世纪 50 年代国外就开始应用，我国起步较晚，但随着国民经济的发展和科学技术的进步，电离辐射灭菌技术在我国制药、食品、医疗器械及海关检验等各领域广泛应用，并将越来越受到各行各业的重视，特别是在养殖业的饲料消毒灭菌和肉蛋成品的消毒灭菌应用日益广泛。

（六）微波消毒法

微波是一种波长为 1 mm 到 1 m 左右的高频电磁波，可穿透玻璃、塑料薄膜及陶瓷等物质，但不能穿透金属表面。微波能使介质内杂乱无章的极性分子在微波磁场的作用下，按波的频率往返运动，互相冲撞和摩擦而产生热，介质的温度可随之升高，因而在较低的温度下能起到消毒作用。微波可以杀灭各种微生物，不仅可以杀灭细菌繁殖体，也可以杀灭真菌、病毒和细菌芽孢。一般认为其杀菌机理除热效应以外，还有电磁共振效应、场力效应等的作用。消毒中常用的微波有 2 450 兆赫与 915 兆赫两种。微波消毒操作方便，速度快，加热均匀，湿度不高，对物品损害小，消毒效果稳定可靠。目前已广泛应用于食品、药品的消毒，在医院、卫生防疫及实验室用品消毒中也逐渐开展研究并应用。若物品先经 1% 过氧乙酸或 0.5% 新洁尔灭湿化处理后，可起协同杀菌作用。

（七）超声波消毒法

超声波消毒法是利用频率在 20～200 千赫的声波作用下，使细菌细胞机械破裂和原生质迅速游离，达到消毒目的。微生物对强度高的超声波很敏感，其中以革兰阴性菌最敏感，而葡萄球菌、链球菌抵抗最强。虽然超声波对微生物的作用在理论上已获得较为满意的解释，但在实际应用上还存在一些问题。如超声波对水、空气的消毒效果较差，很难达到消毒作用。因此，目前主要用超声波与其他消毒方法协同作用，来提高消毒效果。如超声波与紫外线结合，对细菌的杀灭率增加；超声波与热协同，能明显提高对链球菌的杀灭率；超声波与化学消毒剂（戊二醛、环氧乙烷）合用，对芽孢的杀灭明显增效。

（八）等离子体消毒法

等离子体为高度电离的气体云，是气体在加热或强电磁场作用下电离而产生的，主要有中性分子、原子、离子、电子、活性自由基及射线等。等离子最典型的现象就是北极光。该设备已由美国食品药物管理局批准用于医疗卫生系统。灭菌在柜室内进行，先抽空 10 min，通入过氧化氢气体（6 mg/L），扩散 50 min，使在等离子体内停留 15 min（< 50 ℃）即可。等离子体对微生物有良好的杀灭作用，杀灭效果也很好，可用于金属、塑料制作的器材，包括导管（直径 > 6mm，长度 <31 cm）以及多芯电导线和光导纤维的处理，但不适用于纺织物和液体。经检测，等离子体空气消毒净化机对空气中金黄色葡萄球菌杀灭率为 99%，对白色念珠菌杀灭率为 99.96%。同时等离子体杀菌无须人回避，也不会对环境和人类健康造成危害。

（九）过滤除菌法

过滤除菌是将将要消毒的液体或空气通过致密的过滤材料，以物理阻留的原理，去除其中的微生物，但不能将其杀灭。主要用于一些不耐热的血清、毒素、抗生素、酶、细胞培养液及空气等除菌。其除菌效果取决于过滤材料的结构、特性、滤孔大小等因素，过滤除菌应选择孔径小于 1 μm 的滤器，如图 2-1 所示。一般不能除去病毒、支原体和细菌的 L 型。滤器的种类很多，常用的有：

（1）液体滤器。根据滤器制作材料的不同，可分为以下几类：

① 素磁滤器（张伯朗氏滤器）：是用磁体和白陶土混合物烧制而成。按孔径大小分 L1、L2、L3…L13 等，L1 滤孔最大，L3 以后孔径较小。这种滤器目前不常用。

② 硅藻土滤器（伯克非尔氏滤器）：是用含有硅石的硅藻碎片，以稀盐酸净化、水洗后煅制而成。按滤孔的大小分为粗、中、细三种规格，粗号（V）孔径为 8 ~ 12 μm，中号（N）孔径为 5 ~ 7 μm，细号（W）孔径为 2 ~ 3 μm。目前这种滤器也不常用。

③ 石棉板滤器（蔡氏滤器）：是用金属制成，中间夹石棉滤板。以"K"为编号的滤器孔径规格，K1、K3、K5、K7、K10、EK 分别为 7、6、5、3、2、1（μm）；以"S"为编号的滤器孔径规格 S1、S2 分别为 0.3 ~ 0.5 μm 和 0.1 μm，EK、S1、S2 可用于过滤除菌。

④ 垂熔玻璃滤器（玻璃滤器）：是用玻璃细砂加热压成小碟，嵌于玻璃漏斗中。一般为 G1、G2、G3、G4、G5、G6 六种，其中 G6 孔径小于 1.5 μm，可用于过滤除菌。

⑤ 滤膜滤器：由硝基纤维素或高分子聚合物制成薄膜，装于滤器上，其孔径大小不一，大的可达 14 μm，小的只有 0.01 μm，常用于除菌的为 0.22 μm。如图 2-2 所示。

（2）空气滤器。目前空气过滤器的结构与形式很多，大致有以下几种：

① 单元式空气过滤器：是将滤材安装在一定的框架内，构成一个单元过滤器，使用时将一个或多个单元过滤器装到通风管或通风柜里。

② 自动卷绕式空气过滤器：是将滤材制成卷状，如履带式从一端连续或间断地输送到另一端卷绕。

③ 超高效过滤器：是用 1 ~ 5 μm 纤维直径制成的滤材，折叠成手风琴状，滤材之间插入波纹形隔板。

实验室等处应用的超净工作台，就是利用过滤除菌的原理去除进入工作台空气中的细菌。

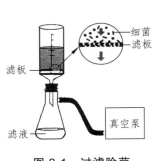

图 2-1　过滤除菌

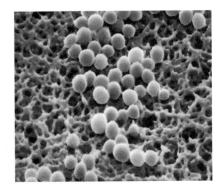

图 2-2　滤膜与细菌

三、物理消毒常用设备

依照消毒的对象、环节不同，养殖场物理消毒需要配备相应的消毒设备，并掌握使用方法。

（一）高压清洗机

高压清洗机的用途主要是冲洗养殖场场地、畜舍建筑、养殖场设施、设备、车辆等。高压清洗机设计上应非常紧凑，电机与泵体可采用一体化设计。现以最大喷洒量为 450 L/h 的产品为例对主要技术指标和使用方法进行介绍。它主要由带高压管及喷枪柄、喷枪杆、三孔喷头、洗涤剂液箱以及系列控制调节件组成。内藏式压力表置于枪柄上；三孔喷头药液喷洒可在强力、扇形、低压三种喷嘴状态下进行。操作时可做连续可调压力和流量，同时设备带有溢流装置及带有流量调节阀的清洁剂入口，使整个设备坚固耐用，方便操作。

（二）紫外线灯

紫外线灯的用途是进行空气及物体表面的消毒。工作基本原理：通过紫外线对微生物进行一定时间的照射，用以维持细菌或病毒生命的核蛋白核酸分子因大量吸收紫外线而发生变性，从而破坏其生理活性，使其吸收的能量达到致死量，细菌或病毒便大量死亡。紫外线杀菌效率与其能量的波长有关，一般能量在波长为 250～260 nm 范围内的紫外线杀菌效率最高。

常用的是热阴极低压汞灯，是用钨制成双螺旋灯丝，涂上碳酸盐混合物，通电后发热的电极使碳酸盐混合物分解，产生相应的氧化物，并发射电子，电子轰击灯管内的汞蒸气原子，使其激发产生波长为 253.7 nm 的紫外线。普通紫外线灯管由于照射时辐射部分 184.9 nm 波长的紫外线，故可产生臭氧，也称臭氧紫外线灯（低臭氧紫外线灯的灯管玻璃中含有可吸收波长小于 200 nm 紫外线的氧化钛，所以产生的臭氧量很小；高臭氧紫外线灯在照射时可辐射较大比例 184.9 nm 波长的紫外线，所以产生较高浓度的臭氧）。目前市售的紫外线灯有多种形式，如直管形、H 形、U 形等，功率从几瓦到几十瓦不等，使用寿命在 300 h 左右。

生产实际中有两种使用方式：一种是固定式照射。将紫外线灯悬挂，固定在天花板或墙壁上，向下或侧向照射。该方式多用于需要经常进行空气消毒的场所，如兽医室、进场大门消毒室、无菌室等。另一种是移动式照射。将紫外线灯管装于活动式灯架下，适于不需要经常进行消毒或不便于安装紫外线灯管的场所。

（三）干热灭菌设备

1. 热空气灭菌设备

主要有电热鼓风干燥箱，用途是对玻璃仪器如烧杯、烧瓶、试管、吸管、培养皿、玻璃注射器、针头、滑石粉、凡士林以及液体石蜡等按照兽医室规模进行配置灭菌。

使用中注意，在干热的情况下，由于热的穿透力低，灭菌时间要掌握好。灭菌时也可将待灭菌的物品放进电热鼓风干燥箱内，使温度逐渐上升到 160～180 ℃，热穿透至被消毒物品中心，经 2～3 h 可杀死全部细菌及芽孢。

干热消毒灭菌时应注意以下几点：

第一，不同物品器具热空气灭菌的时间和温度不同，表 2-5 列出了不同物品器具干热灭菌的温度和时间。

表 2-5　不同物品器具干热灭菌的温度和时间

物品类别	温度（℃）	时间（min）
金属器材（刀、剪、镊、麻醉缸等）	150	60
注射油剂、口服油剂（甘油、石蜡等）	150	120
凡士林、粉剂	160	60
玻璃器材（试管、吸管、注射器、量筒、量杯等）	160	60
装在金属筒内的玻璃器材	160	120

第二，消毒灭菌器械应洗净后再放入电热鼓风干燥箱内，以防附着在器械上面的污物炭化。玻璃器材灭菌前应洗净并干燥，勿与电热鼓风干燥箱底壁直接接触，灭菌结束后，应待电热鼓风干燥箱温度降至 40℃ 以下再打开烤箱，以防灭菌器具炸裂。

第三，物品包装不宜过大，干热物品体积不能超过电热鼓风干燥箱容积的 2/3，物品之间应留有空隙，有利于热空气流通。粉剂和油剂不宜太厚（小于 1.3 cm），有利于热的穿透。

第四，棉织品、合成纤维、塑料制品、橡胶制品、导热差的物品及其他在高温下易损坏的物品，不可用干热灭菌。

第五，灭菌过程中，高温下不得中途打开电热鼓风干燥箱，以免引燃灭菌物品。

第六，灭菌时间计算应从温度达到要求时算起。

2. 火焰灭菌设备

主要是火焰专用型喷灯和喷雾火焰兼用型，直接用火焰灼烧，可以立即杀死存在于消毒对象的全部病原微生物。

火焰喷灯是利用汽油或煤油作燃料的一种工业用喷灯。因喷出的火焰具有很高的温度，所以在实践中常用于消毒各种被病原体污染的金属制品，如管理家畜用的用具、金属笼具等。

喷雾火焰兼用型产品特点是使用轻便，适用于大型机件无法操作的地方；易于携带，适宜室内外、小型及中型面积处理，方便快捷；操作容易；采用全不锈钢，机件坚固耐用。兼用型除上述特点外，还很节省药剂，可根据被使用的场所和目的，用旋转式药剂开关来调节药量；节省人工费用，用 1 台烟雾消毒器能达到 10 台手压式喷雾器的作业效率；消毒器喷出的直径 5~30 μm 的小粒子形成雾状浸透在每个角落，可达到最大的消毒效果。

（四）湿热灭菌设备

1. 煮沸消毒设备

主要是消毒锅，一般采用金属容器。适用于消毒金属、玻璃制品、棉织品等。这种方法简单、实用、杀菌能力强、效果可靠，是最古老的消毒方法之一。煮沸消毒时要求水沸腾 5~15 min。一般水温能达到 100℃，细菌繁殖体、真菌、病毒等可立即死亡。而细菌芽孢需要的时间比较长，要 15~30 min，有的要几个小时才能杀灭。

煮沸消毒时应注意：应清洗被消毒物品后再煮沸消毒；除玻璃制品外，其他消毒物品应在水沸腾后加入；被消毒物品应完全浸于水中，不超过消毒锅总容量的 3/4；消毒时间从水沸腾后计算；消毒过程中如中途加入物品，需待水煮沸后重新计算时间；棉织品的消毒应适当搅拌；消毒注射器材时，针筒、针头等应拆开分放；经煮沸灭菌的物品，"无菌"有效期不超过 6 h；一些塑料制品等不能煮沸消毒。

2. 蒸汽灭菌设备

蒸汽灭菌设备主要是手提式下排气式压力蒸汽灭菌器，是畜牧生产中兽医室、实验室等部门常用的小型高压蒸汽灭菌器。容积约 18 L，重 10 kg 左右，这类灭菌器的下部有个排气孔，用来排放灭菌器内的冷空气。

（1）操作方法。

在容器内盛水约 3 L（如为电热式则加水至覆盖底部电热管）。

将要消毒物品连同灭菌器内桶一起放入灭菌器内，将盖子上的排气软管插于铝桶内壁的方管中。

盖好盖子，拧紧螺丝。

加热，在水沸腾后 1～15 min，打开排气阀门，放出冷空气，待冷气放完关闭排气阀门，使压力逐渐上升至设定值，维持预定时间，停止加热，待压力降至常压时，排气后即可取出被消毒物品。

若消毒液体时，则应慢慢冷却，以防止因减压过快造成液体的猛烈沸腾而冲出瓶外，甚至造成玻璃瓶破裂。

（2）压力蒸汽灭菌的注意事项。

高压蒸汽灭菌虽然具有灭菌速度快、效果可靠、温度高、穿透力强等优点，但如果使用不正确，也会导致灭菌失败。在使用时，应注意以下几点：

① 消毒物品应先进行洗涤等预处理，再用高压灭菌。

② 压力蒸汽灭菌器内空气应充分排除。高压灭菌器内蒸汽的温度不仅和压力有关，而且与蒸汽的饱和度有关。如果高压灭菌器内的空气未排除或未排尽，则蒸汽不能达到饱和，虽然压力表达到了灭菌的压力，而实际上蒸汽的温度并未达到要求的高度，结果导致灭菌失败。高压蒸汽灭菌器内压力和冷空气排出与温度的关系见表 2-6。

表 2-6　高压蒸汽灭菌器内压力和冷空气排出与温度的关系

表　压		排出不同程度冷空气时，高压灭菌器的温度（℃）				
kg/cm²	兆帕	全排出	排出 2/3	排出 1/2	排出 1/3	未排出
0.35	0.034	109	100	94	90	72
0.70	0.069	115	109	105	100	90
1.05	0.1	121	115	112	109	100
1.41	0.14	126	121	118	115	109
1.76	0.17	130	126	121	118	115
2.11	0.21	135	130	128	126	121

③ 合理计算灭菌时间。压力蒸汽灭菌的时间应由灭菌器内达到要求温度时开始计算，至灭菌完成时为止。灭菌时间一般包括以下三个部分：热力穿透时间、微生物热死亡时间、安全时间。热穿透时间即从消毒器内达到灭菌温度至消毒物品中心部分达到灭菌温度所需时间，与物品的性质、包装方法、体积大小、放置状况、灭菌器内空气残留情况等因素有关。微生物热死亡时间即杀灭微生物所需要时间，一般用杀灭嗜热脂肪杆菌芽孢的时间来表示，115 ℃ 为 30 min，121 ℃

为 12 min，132 ℃ 为 2 min。安全时间一般为微生物热死亡时间的一半。一般下排式压力蒸汽灭菌器总共所需灭菌时间是 115 ℃ 为 30 min，112 ℃ 为 20 min，126 ℃ 为 10 min。此处的温度是根据灭菌器上的压力表所示的压力数来确定的，当压力表显示 6.40 kg/6.45 cm²（15 磅/平方英寸），灭菌器内温度为 121 ℃；当压力表显示 9.07 kg/6.45 cm²（20 磅/平方英寸），灭菌器内温度为 126 ℃，各种物品灭菌所需的压力、温度及时间见表 2-7。

表 2-7　各种物品灭菌所需的压力、温度及时间

灭菌物品名称	表示压力（兆帕）	温度（℃）	时间（分钟）
橡胶类、药液类	0.1	121	15 ~ 20
金属器械、玻璃类	0.1	121	20 ~ 30
敷料类	0.14	126	30 ~ 45

④ 消毒物品的包装不能过大，以利于蒸汽的流通，使蒸汽易于穿透物品的内部，使物品内部达到灭菌温度。另外，消毒物品的体积不超过消毒器容积的 85%；消毒包不宜过大（小于 50 cm × 30 cm × 30 cm）、过紧，消毒物品的放置应合理，物品之间应保留适当的空间利于蒸汽的流通，一般垂直放置消毒物品可提高消毒效果。

⑤ 玻璃类物品应放在金属类物品上，否则蒸汽遇冷凝聚成水珠，使包布受潮，阻碍蒸汽进入包裹中央，严重影响灭菌效果。

⑥ 加热速度不能太快。加热速度过快，使温度很快达到要求温度，而物体内部尚未达到要求温度，致使在预定的消毒时间内达不到灭菌要求。

⑦ 注意安全操作。由于要产生高压，所以安全操作非常重要。高压灭菌前应先检查灭菌器是否处于良好的工作状态，尤其是安全阀是否良好；加热必须均匀，开启或关闭送气阀时动作应轻缓；加热和送气前应检查门或盖子是否关紧；灭菌完毕后减压不可过快。

（五）电子消毒器

国外发明了一种利用专门电子仪器气将空气高能离子化的电子消毒器。其工作原理是从离子产生器上发射离子，并迅速向空间传播，这些离子吸住空气中的微粒并使其电极化，导致正负离子微粒相互吸引形成更大的微粒团，重量不断增加而降落并吸附到物体表面上，使空气微粒中的带病微生物、氨气和其他有机微粒显著减少，最终成功地减少气源传播疾病的几率。有试验表明，鸡舍中使用该消毒器以后，空气中氨气含量降低 45%，空气中细菌减少 40% ~ 60%，鸡的死亡降低 36%，鸡的增重加快。

技能训练一　煮沸消毒

【实训目的】

掌握煮沸消毒方法的适用对象、操作步骤和要领。

【实训准备】

（1）试剂：2% 碳酸钠、0.2% 甲醛、0.01% 升汞等。

（2）用具：煮沸消毒器、电热干燥箱、电源接线板、温度计、流通蒸气灭菌器、高压蒸气灭菌器、待消毒器具及物品等。

【操作方法】

煮沸消毒可用有盖煮锅，也可用煮沸消毒器进行。本法因操作简便、经济、实用，因此是最常用的消毒方法之一。一般适用于不怕潮湿、耐高温的器械和物品消毒，如搪瓷、金属手术器械、玻璃器皿、橡胶类制品以及饮水的消毒。

煮沸消毒前应将待消毒物品刷洗干净，打开轴节或盖子；消毒注射器时，针筒、针心、针头都应拆开分放；锐利、细小、易损物品用纱布包裹，防止撞击或散落。

将被消毒物品放入锅内，应全部浸入水中，一次消毒物品不宜过多，一般应少于消毒容器体积的 3/4。一般水沸后再煮 5 ~ 15 min，能杀死细菌的一切繁殖体、真菌、立克次氏体、螺旋体和病毒。

消毒时间应从水煮沸后算起，不同器械煮沸消毒时间不同（见表 2-8）。在高原地区气压低、沸点低的情况下，要延长煮沸时间，一般海拔每增高 300 m，消毒时间需延长 2 min。煮沸过程中不要加入新的消毒物品，若中途加入物品，应重新计时。消毒后及时取出物品。

表 2-8　各类器械煮沸消毒时间参考表

消毒对象	时间（min）
玻璃类器材	20 ~ 30
橡胶类及电木类器材	5 ~ 10
金属类及搪瓷类器材	5 ~ 15
接触过传染病病料的器材	30 以上

许多细菌芽孢的抗煮沸能力较强，有些芽孢需煮沸 5 ~ 6 h 才将其杀灭。为了提高煮沸消毒的效果，可在水中加入增效剂。如加入 1% ~ 2%Na_2CO_3，使溶液偏碱性，沸点达 105 ℃，10 ~ 15 min 可杀灭芽孢，既能增强杀菌力，又可减缓金属氧化，具有一定的防锈作用。若在水中加入 0.2% 甲醛或 0.01% 升汞，80 ℃ 煮 60 min，也可达到灭菌的目的。在选用增效剂时，应注意其对物品是否有腐蚀性。

【实训作业】

现有一批刚注射过疫苗的金属注射器，应如何消毒？

技能训练二　干热空气消毒

【实训目的】

掌握干热空气消毒方法的适用对象、操作步骤和要领。

【实训准备】

用具：电热干燥箱、电源接线板、温度计、待消毒器具及物品等。

【操作方法】

干热空气消毒法在一种特制的电热干燥箱内进行，利用电热干燥箱内相对湿度在20%以下的热空气消毒灭菌。主要用于各种耐热玻璃器皿如试管、吸管、烧瓶及培养皿等实验器材的灭菌，也可用于瓷器以及明胶海绵、液体石蜡、各种粉剂、软膏等的灭菌。

由于干热的穿透力低，一般细菌繁殖体在干热80~100℃中经1h才可以杀死，箱内温度上升至160℃后，经2h可杀死所有的病毒、细菌及其芽孢。

使用时，将待消毒物品适当包装后置干燥箱内，注意不要过分拥挤。接通电源，绿色指示灯亮，表示电源接通，然后旋转温度调节器，设定所需温度。灭菌时，应开启箱顶上的活塞通气孔，使冷空气排出，待升至60℃时，将活塞关闭。

灭菌时，要使温度逐渐升降，切忌太快，要随时注意温度计的指示温度是否与所需温度相同。灭菌温度不能超过170℃，以免棉塞或包扎纸被烤焦，如遇箱内冒烟，温度突然升高，应立即切断电源，关闭排气小孔，箱门四周用湿毛巾堵塞，杜绝氧气进入。灭菌后待温度降至40℃以下，才能开启箱门取出物品，避免玻璃器皿炸裂。灭菌结束后，应随时切断电源，确保安全。

【实训作业】

为什么灭菌时，要使温度逐渐升降，切忌太快？如何正确进行？

技能训练三　常压蒸汽消毒

【实训目的】

掌握常压蒸汽消毒方法的适用对象、操作步骤和要领。

【实训准备】

用具：普通蒸笼或流通蒸汽消毒器、待消毒器具及物品等。

【操作方法】

常压蒸汽消毒法一般采用普通蒸笼或流通蒸汽消毒器，因此又称流动蒸汽消毒法。在一个大气压下，用100℃左右的水蒸气进行消毒。蒸汽可使菌体蛋白质含水量增加，易被热力所凝固，加速微生物的灭活。蒸气能释放大量的潜热，不断进入消毒物品的深部，使其深部也能达到消毒温度。

常压蒸汽消毒法适用的对象为食品、餐具及不耐高温的含糖、血清、牛奶等培养基的灭菌。常压下，蒸汽温度达100℃，维持15~30 min，可杀死细菌的繁殖体。

消毒时先通过流通蒸汽灭菌器进水口注入适量水，然后将消毒物品放入消毒器隔板上，注意包装不宜过大、过紧，消毒物品不宜过挤，以防止阻碍蒸气穿透。吸水物品不要浸湿后放入。消毒时间应从水沸腾后有蒸气冒出时算起，消毒时间同煮沸法。

流通蒸气灭菌也可采用间歇法，即利用反复多次的流通蒸气，以杀死细菌芽孢和霉菌孢子。一般第一次用蒸气灭菌器或蒸笼加热 100 ℃ 维持 15 ~ 30 min（或将待灭菌物品放入高压灭菌器，10 磅 20 min），然后将被灭菌的物品取出置 37 ℃ 温箱内过夜或室温 24 h，使芽孢发育成繁殖体，次日重复灭菌，则可杀死由芽孢生成的繁殖体。为了彻底灭菌，按上法再进行第三次加热，如此则所有的芽孢将被杀灭。

间歇灭菌法适用于一些不宜 100 ℃ 以上温度灭菌，而又需达到杀灭芽孢目的的物质，如含糖、牛乳血清等培养基的灭菌。对不具备芽孢发芽条件的物品，则不能用此法灭菌。

【实训作业】

玻璃平面皿在流动蒸汽中消毒，效果如何？若不理想应如何消毒？

技能训练四　高压蒸汽灭菌

【实训目的】

掌握高压蒸汽灭菌方法的适用对象、操作步骤和要领。

【实训准备】

用具：高压蒸气灭菌器、待消毒器具及物品等。

【操作方法】

高压蒸气灭菌是在专门的高压蒸气灭菌器中，利用高压、高热释放的潜热杀菌。高压灭菌器分为两类：下排气高压灭菌器和预真空高压灭菌器。前者下部设有排气孔，用以排出内部的冷空气，后者连有抽气机，通入蒸汽前先抽真空，以利于蒸气的穿透。

高压蒸气灭菌法是热力灭菌中使用最普遍、效果最可靠的一种灭菌方法。当压力表达到约 1×10^5 Pa（相当于 15 psi）[1]，此时温度达 121 ℃，经 30 min，即可杀灭所有的繁殖体和芽孢。可适用于耐高热的物品，如普通培养基、玻璃器皿、生理盐水、手术器械、敷料、橡胶制品、工作服、实验动物尸体等的灭菌。

实验室、基层兽医站、防疫单位常用手提式高压灭菌器，多为下排气式轻型高压蒸气灭菌器。该灭菌器为一锅炉状双层金属圆筒，两层之间下部盛水，内筒有一活动金属隔板，隔板有许多小孔，使蒸气流通。灭菌器上方有金属厚盖，盖上有压力表、温度计、安全阀和排气阀。盖旁附有螺旋，借以紧闭盖门，使蒸气不能外溢。使用手提式高压灭菌器时，操作人员应按一定的步骤，注意安全操作。

（1）首先对灭菌器进行检查，尤其注意安全阀、压力表是否良好；锅盖是否密封，螺丝是否拧紧。对烈性传染和污染物灭菌时，应在排气孔末端接一细菌滤器，防止微生物随空气冲出形成感染性气溶胶。

---

① psi：压力单位，1 标准大气压 = 14.696 磅/平方英寸 ≈ 15 psi。

（2）在高压锅内加入约 4 cm 深的清水，但不要加水过多而浸湿消毒物品。

（3）将消毒物品放入盛物桶内，注意放入消毒物品的体积一般应不超过灭菌筒容积的 85%。安放消毒物品时应注意相互间留有一定空隙，以利于蒸气的流通。空的容器灭菌时应倒放，以利于冷空气排出。消毒物品过多或安放不当均可影响灭菌效果。

（4）盖上锅盖，将排气软管插入盛物桶壁的方管内；对称地拧紧螺丝，使锅盖密封。

（5）将高压锅放置火源上或接通电源加热，至水沸腾 10 ~ 15 min 后，打开排气阀，放出冷空气，至有蒸气排出时，将排气阀关闭。如果高压锅内的空气未排除或未排尽，则蒸气不能达到饱和，此时虽然压力表达到了灭菌的压力，而实际上蒸气的温度并没有达到要求，这会影响灭菌效果（见表 2-6）。

（6）继续加热，适当控制加热速度，当达到所需压力时，应及时调节热源，在该压力下保持所需的时间。灭菌时间应从高压锅内温度达到要求的数值时开始计算。

（7）到预定的灭菌时间，熄灭火源或关闭电源。对需要干燥的固体物品灭菌时，可打开放气阀，排出蒸气，待压力恢复到 "0" 位时，打开盖子，取出消毒物品；若消毒液体，则应去掉热源，慢慢冷却，以防止因减压过快造成猛烈沸腾使液体外溢或瓶子破裂。

【实训作业】

如何使用高压蒸气灭菌器？

技能训练五　　紫外线消毒

【实训目的】

掌握用紫外线进行空气消毒的操作方法。

【实训准备】

15 ~ 30 W 紫外线灯管、灯架、导线、安装工具各若干套。

【操作方法】

紫外线是一种低能量的电磁波辐射，其波长范围在 100 ~ 400 nm 之间。其杀菌原理是紫外线易被核蛋白吸收，使 DNA 的同一条螺旋体上相邻的碱基形成胸腺嘧啶二聚体，从而干扰 DNA 的复制，导致细菌死亡或变异。由于紫外线所释放的能量比较低，所以它的穿透能力较弱，不能通过普通玻璃、尘埃。紫外线灯常用于手术室、无菌室、实验室的空气消毒。

（1）紫外线灯安装。通常采用固定式安装，即将灯管固定在天花板或墙壁上，离地面 2.5 m 左右。安装在天花板上时，灯管下安装金属反光罩，使紫外线反射到天花板上。安装在墙壁上的，反光罩斜向上方，使紫外线照射与水平面在 30° ~ 80°。这样上部空气可受到紫线的直接照射，用人工或自然的方法使上下层空气对流交换，可使整个空气都能消毒。

（2）紫外线消毒。根据空间大小，按 $1\sim1.5$ W/m³ 计算紫外线灯需要的功率，每次开灯 $1\sim2$ h，间隔 1 h，通风以减少臭氧。在无人情况下，灯的功率可增加到 $2\sim2.5$ W/m³。消毒时，房间内应保持清洁干燥，空气中不应有灰尘或水雾。温度应保持在 20 ℃ 以上，相对湿度不宜超过 $40\%\sim60\%$。在场的工作人员必须穿防护服，做好眼睛防护。

【实训作业】

工作人员可否在紫外线下消毒？

第二节　化学消毒技术

化学消毒就是利用化学药物（或消毒剂）杀灭或清除微生物的方法。生产中，根据消毒的对象，选用不同的药物（消毒剂），进行清洗、或浸泡、或喷洒、或熏蒸，以杀灭病原体。化学消毒具有适用范围广、消毒效果好、无须特殊仪器和设备、操作简便易行等特点，是目前兽医消毒工作中最常用的方法，主要应用于养殖场内外环境，禽畜笼、舍、饲槽，各种物品表面及饮水消毒等。

一、化学因素对微生物的影响

微生物的形态、生长、繁殖、致病力、抗原性等特性都受外界环境因素，特别是化学因素的影响。各种化学因素对微生物的影响是不相同的，有的使菌体蛋白质变性或凝固而呈现杀菌作用，有的可阻碍微生物新陈代谢的某些环节而呈现抑菌作用，即使是同一种化学物质，由于其浓度、作用时的环境温度、作用时间的长短及作用对象等的不同，也表现出不同的作用效果。

（一）pH 值对微生物的影响

1. 微生物对 pH 值的耐受性

微生物的生长所需要的环境都有一定的酸性、碱性或中性。每种微生物的生长所需要的环境都有一个 pH 值范围，也有一个最适合生长的 pH 值。在最适范围内活性最高，如果其他条件适合，微生物的生长速率也最高。大多数细菌、藻类和原生动物的最适 pH 为 $6.5\sim7.5$，在 pH 为 $4\sim10$ 之间也可以生长；放线菌一般在微碱性即 pH 为 $7.5\sim8$ 最适合；酵母菌、霉菌则适合于 pH 为 $5\sim6$ 的酸性环境，但生存范围在 pH 为 $1.5\sim10$ 之间。只有极少数的微生物能够在 pH 值低于 2（强酸性）或 pH 值大于 10（强碱性）的环境中生长，被称之为嗜酸微生物或嗜碱微生物（见表 2-9）。因为它们能够正常生长在一般生物难以生存的环境中，我们把它们看成是极端环境下生长的微生物。

表 2-9　细菌和真菌耐受和适合的 pH 值范围

微生物类型	pH 值范围	说明及微生物举例
嗜酸微生物	2.0～4.0	氧化硫硫杆菌（Thiobacillus thiooxidans）、嗜酸热硫化叶菌（Sulfolobus acidocaldarius）、隐蔽热网菌（Pyrodictium occultum）
耐酸微生物	3.5～6.0	少数细菌耐酸，如醋杆菌属（Acetobacter）、乳杆菌属（Lactobacillus）；多类真菌较喜偏酸性（pH 值为 5 左右）
嗜中性微生物	6.0～8.0	多数微生物在中性 pH 的环境中生长良好，但多数细菌宜偏碱性（pH 值为 8 左右），例如产碱菌属（Alcaligenes）、假单胞菌属（Pseudomonas）、根瘤菌属（Rhizobium）、硝化细菌、放线菌等
嗜碱性微生物	9.0～10.0	少数嗜盐碱杆菌属（Natronobacterium）、外硫红螺菌属（Ectothiorhodospira）、某些芽孢杆菌

2. pH 值对微生物的作用机理

环境中的 pH 值对微生物的生命活动影响很大，主要作用在于：使微生物细胞中 DNA、ATP、蛋白质遭到破坏，引起细胞膜与酶蛋白的电荷变化，从而影响了微生物对营养物质的吸收和催化；影响微生物代谢过程中酶的活性；改变生长环境中营养物质的可给性以及有害物质的毒性；过酸过碱的环境都会使菌体表面蛋白变性，最终导致微生物死亡。所以，强酸和强碱均具有杀菌力。无机酸杀菌力虽强，但腐蚀性大；某些有机酸如苯甲酸可用作防腐剂；强碱可用作杀菌剂，但由于它们的毒性大，其用途局限于排泄物及仓库。

（二）渗透压对微生物的影响

1. 微生物对渗透压的耐受性

水或其他溶剂经过半透性膜而进行扩散的现象就是渗透。在渗透时溶剂通过半透性膜时的压力称为渗透压，其大小与溶液浓度成正比。适宜于微生物生长的渗透压范围较广，而且它们往往对渗透压有一定的适应能力。不同的微生物对渗透压的抵抗力不同。但不论哪种微生物，对渗透压的抵抗力是有一定限度的，超过一定限度则使微生物生长受到抑制，只有在等渗溶液中，微生物才能正常生长、繁殖。对于一般微生物来说，在含盐 5%～30% 或含糖 30%～80% 的高渗条件下不能生长、繁殖，所以糖或盐可以保存食品。有些微生物能在高渗条件下生长，称其为耐高渗微生物。常见的高渗微生物有两种：一种是细菌中的嗜盐菌，能在 15%～30% 的盐溶液中生长，主要分布在盐湖、死海、海水和盐场及腌渍菜中。又分为低嗜盐菌（能在 2%～5% 盐溶液中生长）、中嗜盐菌（5%～20%）和极端嗜盐菌（20%～30%）。另一种是高糖环境下生长的微生物，如花蜜酵母菌和某些霉菌能在 60%～80% 的糖溶液中生长，产甘油的耐高渗酵母能在 20%～40% 的糖蜜中生长。

2. 渗透压对微生物的作用机理

细胞内溶质浓度与细胞外溶液的溶质浓度相等时，为等渗溶液，溶液的溶质浓度高于细胞内溶质浓度为高渗溶液，溶液的溶质浓度低于细胞内溶质浓度为低渗溶液。突然改变渗透压会使微生物失去活性，逐渐改变渗透压，微生物常能适应这种改变。对一般微生物来说，在等渗溶液中，其活动保持正常，细胞外形不变。若置于高渗溶液中，水将通过细胞膜从低浓度的细胞内进入细胞周围的溶液中，造成细胞脱水而引起质壁分离，使细胞生长受抑制或死亡。相反，若将微生物置于低渗溶液或水中，外环境中的水将从溶液进入细胞内引起细胞膨胀，甚至使细胞破裂、死亡。渗透压与溶质的种类及浓度有关：溶质浓度越高，渗透压越大；不同种类的溶质形成的渗透压大小不同，小分子溶液比大分子溶液渗透压大；离子溶液比分子溶液渗透压大；相同含量的盐、糖、蛋白质所形成的溶液渗透压依次为：盐>糖>蛋白质。

（三）其他化学因素对微生物的影响

1. 重金属盐类

重金属离子对微生物有毒害作用。其杀菌机理是与细胞蛋白质结合使之变性，或金属离子与酶 SH 基结合而使酶失去活性。如 $HgCl_2$（升汞），浓度在 $1:500 \sim 1:2\,000$ 对细菌杀菌作用强，但对金属有腐蚀作用，对人与动物有剧毒，因此少用。$AgNO_3$ 是温和的杀菌剂，$0.1\% \sim 1\%$ 可用于消毒皮肤。$CuSO_4$ 对真菌与藻类杀伤力强，供水系统常使用 $CuSO_4$ 杀藻。

2. 氧化剂

氧化剂指本身能放出游离氧或能使其他化合物放出氧的物质。氧化剂能导致微生物细胞物质氧化，代谢紊乱而死亡。如 $0.1\% \sim 0.3\%$ 的高锰酸钾可用于清洁后的物体表面（皮肤、蔬菜及水果等）消毒，酸性下杀菌有效，碱性下产生 MnO_2 沉淀致使杀菌效力减弱。

3. 有机物

酚类为强消毒杀菌剂。$2\% \sim 5\%$ 的苯酚（石碳酸）常作为实验室玻璃器具以及环境等卫生消毒杀菌；醇类杀菌随分子量增加杀菌效果提高。但分子量大的醇对人体有毒害作用，且不易与水结合。$60\% \sim 75\%$ 乙醇是常用消毒剂。碘 + 乙醇（碘酒）杀菌效果更好；$35\% \sim 40\%$ 甲醛水溶液为福尔马林。福尔马林杀死细菌与真菌效能强，是制作动物、植物标本的防腐剂。5% 甲醛可以喷洒、熏蒸，用于空气、接种室等环境的消毒杀菌。

4. 表面活性剂

表面活性剂指具有降低表面张力效应的物质，如肥皂、新洁尔灭等都是皮肤良好的消毒剂。

5. 染料

染料也具有抑菌或杀菌作用，碱性染料杀菌能力强于带负电荷的酸性染料。

6. 氧化还原电位（E 值）

氧化还原电位（E 值）近年来首先用于给排水工程的科学研究与指导废水处理的运转工作中。它反映了微生物生长代谢环境的氧化还原电位。好氧处理系统中如氧不足，电位低，兼性或厌氧微生物生长代谢趋于旺盛，水体处理质量下降。

7. 化学疗剂

能直接干扰病原微生物的生长繁殖并可用于治疗感染性疾病的化学药物即为化学疗剂。它能选择性地作用于病原微生物新陈代谢的某个环节，使其生长受到抑制或致死。但对人体细胞毒性较小，故常用于口服或注射。化学疗剂种类很多，按其作用与性质又分为抗代谢物和抗生素等。

二、常用化学消毒方法

化学消毒是最常用的消毒方法，也是消毒工作的主要内容。常用化学消毒方法根据选用消毒剂的种类、消毒目的和消毒对象分为刷洗、浸泡、喷洒、熏蒸、拌和、撒布、擦拭、气雾法等。

（一）刷洗

用刷子蘸取消毒液进行刷洗，常用于饲槽、饮水槽等设备和用具的消毒。如外科手术前术者的手用洗手刷在 0.1% 新洁尔灭溶液中洗刷消毒。

（二）浸泡

选用杀菌谱广、腐蚀性弱、水溶性消毒剂，将物品浸没于消毒剂内，在标准的浓度和时间内，达到消毒灭菌目的。如将食槽、饮水器等各种器具浸泡在 0.5% ~ 1% 新洁尔灭中消毒。

浸泡消毒时，消毒液连续使用过程中，消毒有效成分不断消耗，因此需要注意有效成分浓度变化，应及时添加或更换消毒液。当使用低效消毒剂浸泡时，需注意消毒液被污染的问题，从而避免疫源性的感染。

对一些器械、用具、衣物等的浸泡，一般应洗涤干净后再浸泡，药液要浸过物体，浸泡时间应长些，水温应高些。养殖场入口和畜禽舍入口处消毒槽内，可用浸泡药物的草垫或草袋对人员的靴鞋消毒。

（三）喷洒

喷洒消毒是指将消毒药配制成一定浓度的溶液，用喷雾器或喷壶对需要消毒的对象（畜舍、墙面、地面、道路等）进行喷洒消毒，如用 5% 来苏儿溶液喷洒消毒畜禽舍地面等。喷洒消毒的步骤如下：

（1）根据消毒对象和消毒目的，配制消毒药。消毒液必须充分溶解并进行过滤，以免药液中不溶性颗粒堵塞喷头，影响喷洒消毒及效果。

（2）清扫消毒对象。

（3）检查喷雾器或喷壶。喷雾器使用前，应先对喷雾器各部位进行仔细检查，尤其应注意橡胶垫圈是否完好、严密，喷头有无堵塞等。喷洒前，先用清水试喷一下，证明一切正常后，将清水倒干，然后再加入配制好的消毒药液。

（4）添加消毒药液，进行喷洒消毒。打气压，当感觉有一定压力时，即可握住喷管，按下开关，边走边喷，还要一边打气加压，一边均匀喷雾。一般按照"先里后外、先上后下"的顺序喷洒为宜，即先对动物舍的最里面、最上面（顶棚或天花板）喷洒，然后再对墙壁、设备和地面仔细喷洒，边喷边退；从里到外逐渐退至门口。

（5）喷洒消毒用药量应视消毒对象结构和性质适当掌握。水泥地面、顶棚、砖混墙壁等，每平方米用药量控制在 800 mL 左右；土地面、土墙或砖土结构等，每平方米用药量在 1 000 ~ 1 200 mL 左右；舍内设备每平方米用药量在 200 ~ 400 mL 左右。

（6）当喷洒结束时，倒出剩余消毒液，再用清水将喷雾器冲洗干净，防止消毒剂对喷雾器的腐蚀，冲洗水要倒在废水池内。把喷雾器冲洗干净后内外擦干，保存于通风干燥处。

（四）熏蒸

通过加热或加入氧化剂，使消毒剂呈气体或烟雾，在标准的浓度和时间里达到消毒灭菌目的。适用于畜禽舍内物品及空气消毒精密贵重仪器和不能蒸、煮、浸泡消毒的物品的消毒。环氧乙烷、甲醛、过氧乙酸以及含氯消毒剂均可通过此种方式进行消毒，熏蒸消毒时环境湿度是影响消毒效果的重要因素。

常用福尔马林配合高锰酸钾进行熏蒸消毒。其优点是消毒较全面，省工省力，消毒后有较浓的刺激气味，动物舍不能立即使用。实际操作中要严格遵守下面的基本要点：畜舍及设备必须清洗干净，因为气体不能渗透到畜禽粪便和污物中去；畜舍要密封，不能漏气。应将进出气口、门窗和排气扇等的缝隙糊严。

（1）配制消毒药品：根据消毒空间大小和消毒目的，准确称量消毒药品。如固体甲醛按每立方米 3.5 g；高锰酸钾与福尔马林混合熏蒸进行畜禽空舍熏蒸消毒时，一般每立方米用福尔马林 14 ~ 42 mL、高锰酸钾 7 ~ 21 g、水 7 ~ 21 mL，熏蒸消毒 7 ~ 24 h。种蛋消毒时用福尔马林 28 mL、高锰酸钾 14 g、水 14 mL，熏蒸消毒 20 min。杀灭芽孢时每立方米需福尔马林 50 mL；过氧乙酸熏蒸使用浓度是 3% ~ 5%，每立方米用 2.5 mL，在相对湿度 60% ~ 80%条件下，熏蒸 1 ~ 2 h。

（2）清扫消毒场所，密闭门窗、排气孔。先将需要熏蒸消毒的场所（畜禽舍、孵化器等）彻底清扫、冲洗干净。关闭门窗和排气孔，防止消毒药物外泄。

（3）进行熏蒸。按照消毒面积大小，将盛装消毒剂的容器均匀地摆放在要消毒的场所内，如动物舍长度超过 50 m，应每隔 20 m 放一个容器。所使用的容器必须是耐燃烧的，通常用陶瓷或搪瓷制品。

（4）熏蒸完毕后，进行通风换气。

（五）拌和

在对粪便等污染物进行消毒时，可用粉剂型消毒药品与其拌和均匀，堆放一定时间，可达到良好的消毒目的。如将漂白粉与粪便以 1∶5 的比例拌和均匀，进行粪便消毒。

（1）称量或估算消毒对象的重量，计算消毒药品的用量，进行称量。

（2）按《兽医卫生防疫法》的要求，选择消毒对象的堆放地址。

（3）将消毒药与消毒对象进行均匀拌和，完成后堆放一定时间即达到消毒目的。

（六）撒布

将粉剂型消毒药品均匀地撒布在消毒对象表面，如用消石灰撒布在阴湿地面、粪池周围及污水沟等处进行消毒。

（七）擦拭

是指用布块或毛刷浸蘸消毒液，在物体表面或动物、人员体表擦拭消毒。如用 0.1% 的新洁尔灭洗手，用布块浸蘸消毒液擦洗母畜乳房；用布块蘸消毒液擦拭门窗、设备、用具和栏、笼等；用脱脂棉球浸湿消毒药液在猪、鸡体表皮肤、黏膜、伤口等处进行涂擦；用碘酊、酒精棉球涂擦消毒术部等，也可用消毒药膏剂涂布在动物体表进行消毒。

（八）气雾法

气雾粒子是悬浮在空气中的气体与液体的微粒，直径小于 200 nm，分子量极小，能悬浮在空气中较长时间，可到处飘移穿透到畜禽舍周围及其空隙。气雾是消毒液倒进气雾发生器后喷射出的雾状微粒，是消灭气携病原微生物的理想办法，畜禽舍的空气消毒和带畜消毒等常用此法。如全面消毒鸡舍空间，每立方米用 5% 的过氧乙酸溶液 25 mL 喷雾。

（九）冲洗法

将配制好的消毒液冲入直肠、瘘管、阴道等部位或冲湿物体表面进行消毒。这种方法消耗大量的消毒液，一般较少使用。

（十）发泡（泡沫）法

发泡消毒是把高浓度的消毒液用专用的发泡机制成泡沫散布在畜禽舍内面及设施表面。主要用于水资源贫乏的地区或为了避免消毒后的污水造成二次污染，一般用水量仅为常规消毒法的 1/10。采用发泡消毒法，对一些形状复杂的器具、设备进行消毒时，由于泡沫能较好地附着在消毒对象的表面，故能得到较为一致的消毒效果，且由于泡沫能较长时间附着在消毒对象表面，延长了消毒剂作用时间。

化学消毒剂的使用方法应依据化学消毒剂的特点、消毒对象的性质及消毒现场的特点等因素合理选择。多数消毒剂既可以浸泡、擦拭消毒，也可以喷雾处理，根据需要选用合适的消毒方法。如只在液体状态下才能发挥出较好消毒效果的消毒剂，一般采用液体喷洒、喷雾、浸泡、擦拭、洗刷、冲洗等方式。对空气或空间进行消毒时，可进行熏蒸。同样消毒方法对不同性质的消毒对象，效果往往也不同。如光滑的表面，喷洒药液不易停留，应以冲洗、擦拭、洗刷为宜。较粗糙表面，易使药液停留，可用喷洒、喷雾消毒。消毒还应考虑现场条件。在密闭性好的室内消毒时，可用熏蒸消毒，密闭性差的则应用消毒液喷洒、喷雾、擦拭、洗刷的方法。

三、化学消毒剂的种类

许多化学药物能够抑制或杀死微生物，已广泛用于消毒、防腐及治疗疾病。消毒剂的分类方法不同，种类不同，按用途分为环境消毒剂和带畜（禽）体表消毒剂（包括饮水、器械等）；按杀菌能力可分为高效消毒剂、中效消毒剂、低效消毒剂等三类；按性状可分为固体消毒剂、液体消毒剂和气体消毒剂三类。按化学性状分为含氯消毒剂、醛类消毒剂、酚类消毒剂、醇类消毒剂等，常用的是按照化学性质划分。

消毒剂的杀菌机制复杂而多样，根据对菌体的作用大致可分为：使菌体蛋白质变性或凝固，例如酚类（高浓度）、醇类、重金属盐类（高浓度）、酸碱类、醛类；损伤胞浆膜，例如酚类（低浓度）、表面活性剂、醇类等脂溶剂；干扰细菌的酶系统和代谢，例如某些氧化剂、重金属盐类（低浓度）；改变核酸的功能，例如染料、烷化剂等。

（一）按杀菌能力分类

1. 高效消毒剂

可杀灭各种细菌繁殖体、病毒、真菌及其孢子等，对细菌芽孢也有一定杀灭作用，达到高水平消毒要求，包括含氯消毒剂、臭氧、甲基乙内酰脲类化合物、双链季铵盐等。其中可使物品达到灭菌要求的高效消毒剂又称为灭菌剂，包括甲醛、戊二醛、环氧乙烷、过氧乙酸、过氧化氢等。

2. 中效消毒剂

能杀灭细菌繁殖体、分枝杆菌、真菌、病毒等微生物，达到消毒要求，包括含碘消毒剂、醇类消毒剂、酚类消毒剂等。

3. 低效消毒剂

仅可杀灭部分细菌繁殖体、真菌和有囊膜病毒，不能杀死结核杆菌、细菌芽孢和较强的真菌和病毒，达到消毒要求，包括苯扎溴铵等季铵盐类消毒剂、氯已定（洗必泰）等双胍类消毒剂，汞、银、铜等金属离子类消毒剂及中草药消毒剂。

（二）按化学性状分类

1. 含氯消毒剂

含氯消毒剂是指在水中能产生杀菌作用的活性次氯酸的一类消毒剂，包括有机含氯消毒剂和无机含氯消毒剂，目前生产中使用较为广泛。

（1）作用机制。

氧化作用：氧化微生物细胞使其丧失生物学活性；氯化作用：与微生物蛋白质形成氮-氯复合物而干扰细胞代谢；新生态氧的杀菌作用：次氯酸分解出具极强氧化性的新生态氧杀灭微生物。一般来说，有效氯浓度越高，作用时间越长，消毒效果越好。

（2）优点。

可杀灭所有类型的微生物。含氯消毒剂对肠杆菌、肠球菌、牛结核分支杆菌、金色葡萄球菌和口蹄疫病毒、猪轮状病毒、猪传染性水疱病毒和胃肠炎病毒及新城疫、法氏囊有较强的杀灭作用；使用方便、价格适宜。

（3）缺点。

对金属有腐蚀性；药效持续时间较短，久贮失效等。

2. 碘类消毒剂

是碘与表面活性剂（载体）及增溶剂等形成稳定的络合物，包括传统的碘制剂如碘水溶液、碘酊（俗称碘酒）、碘甘油和碘伏类制剂。碘伏类制剂又分为非离子型、阳离子型及阴离子型三大类。其中非离子型碘伏是使用最广泛、最安全的碘伏，主要有聚维酮碘（PVP-I）和聚醇醚碘（NR-I），尤其聚维酮碘已被我国及世界各国药典收入。

（1）作用机制。

碘的正离子与酶系统中蛋白质所含的氨基酸起亲电取代反应，使蛋白质失活；碘的正离子具氧化性，能对膜联酶中的硫氢基进行氧化，成为二硫键，破坏酶活性。

（2）优点。

本类消毒剂可杀死细菌、真菌、芽孢、病毒、结核杆菌、阴道毛滴虫、梅毒螺旋体、沙眼衣原体、艾可病病毒和藻类；对金属设施及用具的腐蚀性较低，低浓度时可以进行饮水消毒和带畜（禽）消毒；性能稳定，低浓度时对皮肤无害。

3. 醛类消毒剂

能产生自由醛基，在适当条件下与微生物的蛋白质及某些其他成分发生反应。包括甲醛、戊二醛、聚甲醛等，目前最新的器械用醛消毒剂是邻苯二甲醛 OPA。

（1）作用机理。

可与菌体蛋白质中的氨基结合，使其变性；凝固蛋白质；可以和细胞壁脂蛋白发生交联，和细胞壁磷酸中的酯类形成侧链，封闭细胞壁，阻碍微生物对营养物质的吸收和废物的排出；还可溶解类脂。

（2）优点。

杀菌谱广，可杀灭细菌、芽孢、真菌和病毒；性质稳定，耐储存；受有机物影响小。

（3）缺点。

有一定毒性和刺激性，如对人体皮肤和黏膜有刺激和固化作用，并可使人致敏；有特殊臭味；受湿度影响大。

（4）醛类熏蒸消毒的应用与方法。

甲醛熏蒸消毒可用于密闭的舍、室，或容器内的污染物品消毒，也可用于畜禽舍、仓库及饲养用具、种蛋、孵化机（室）污染表面的消毒。其穿透性差，不能消毒用布、纸或塑料薄膜包装的物品。

① 气体的产生。

消毒时，最好能使气体在短时间内充满整个空间。产生甲醛气体有如下四种方法：

➢ 第一种方法是福尔马林加热法。每立方米空间用福尔马林 25～50 mL，加等量水，然后直接加热，使福尔马林变为气体，舍（室）温度不低于 15 ℃，相对湿度为 60%～80%，消毒时间为 12～24 h。

➢ 第二种方法为福尔马林化学反应法。福尔马林为强有力的还原剂，当与氧化剂反应时，能产生大量的热将甲醛蒸发。常用的氧化剂有高锰酸钾及漂白粉等。

➢ 第三种方法是多聚甲醛加热法。将多聚甲醛干粉放在平底金属容器（或铁板）上，均匀铺开，置于火上加热（150 ℃），即可产生甲醛蒸气。

➢ 第四种方法是多聚甲醛化学反应法。A. 醛氯合剂。将多聚甲醛与二氯异氰尿酸钠干粉按 24∶76 的比例混合，点燃后可产生大量有消毒作用的气体。由于两种药物相混可逐渐自然产生反应，因此本合剂的两种成分平时要用塑料袋分开包装，临用前混合。B. 微胶囊醛氯合剂。将多聚甲醛用聚氯乙烯微胶囊包裹后，与二氯异氰尿酸钠干粉按 10∶90 的比例混合压制成块，使用时用火点燃，杀菌作用与没包装胶囊的合剂相同。此合剂由微胶囊将两种成分隔开，因此虽混在一起也可保存 1 年左右。

② 熏蒸消毒的方法。

甲醛熏蒸消毒，在养殖场可用于畜禽舍、种蛋、孵化机（室）、用具及工作服等的消毒。

消毒时，要充分暴露舍、室及物品的表面，并去除各角落的灰尘和蛋壳上的污物。消毒前须将舍、室密闭，避免漏气。室温保持在 20 ℃ 以上，相对湿度在 70% ~ 90%，必要时加入一定量的水（30 mL/m³），随甲醛蒸发。达到规定消毒时间后，敞开门、窗通风换气，必要时用 25 % 氨水中和残留的甲醛（用量为甲醛的 1/2）。

操作时，先将氧化剂放入容器中，然后注入福尔马林，而不要把高锰酸钾加入福尔马林中。反应开始后药液沸腾，在短时间内即可将甲醛蒸发完毕。由于产生的热较高，容器不要放在木地板上，避免把木地板烧坏，也不要使用易燃、易腐蚀的容器。使用的容器容积要大些（约为药液的 10 倍左右），徐徐加入药液，防止反应过猛药液溢出。为调节空气中的湿度，需要蒸发定量水分时，可直接将水加入福尔马林中，这样还可减弱反应强度。必要时用小棒搅拌药液，可使反应充分进行。

4. 氧化剂类消毒剂

氧化剂是一些含不稳定结合态氧的化合物。

（1）作用机制。

这类化合物遇到有机物和某些酶可释放出初生态氧，破坏菌体蛋白或细菌的酶系统；分解后产生的各种自由基，如疏基、活性氧衍生物等破坏微生物的通透性屏障，最终导致微生物死亡。

（2）优点。

反应迅速，作用时间短；杀菌谱广，用药量小，方法简便。

（3）缺点。

对组织有刺激性、腐蚀性；遇有机物消毒作用减弱；大多不易保存。

5. 酚类消毒剂

酚类消毒剂是消毒剂中种类较多的一类化合物。含酚 41% ~ 49%、醋酸 22% ~ 26% 的复合酚制剂是我国生产的一种新型、广谱、高效的消毒剂。

（1）作用机制。

高浓度下可裂解并穿透细胞壁，与菌体蛋白结合，使微生物原浆蛋白质变性；低浓度下或较高分子的酚类衍生物，可使氧化酶、去氢酶、催化酶等细胞的主要酶系统失去活性；减小溶液表面张力，增加细胞壁的通透性，使菌体内含物泄出；易溶于细胞类脂体中，因而能积存在细胞中，其羟基与蛋白的氨基起反应，破坏细胞的机能；衍生物中的某些羟基与卤素有助于降低表面张力，卤素还可促进衍生物电解以增加溶液的酸性，增强杀菌能力。对细菌、真菌和带囊膜病毒具有灭活作用，对多种寄生虫卵也有一定杀灭作用。

（2）优点。

性质稳定，通常一次用药，药效可以维持 5 ~ 7 d；生产简易；腐蚀性轻微。

（3）缺点。

杀菌力有限，不能作为灭菌剂；本品公认对人畜有害（有明显的致癌、致敏作用，频繁使用可以引起蓄积中毒，损害肝、胃功能以及神经系统），且气味滞留，不能带畜消毒和饮水消毒（宰前可影响肉质风味），常用于空舍消毒；长时间浸泡可破坏纺织品颜色，并能损害橡胶制品；与碱性药物或其他消毒剂混合使用效果差。

6. 表面活性剂（双链季铵酸盐类消毒剂）

表面活性剂又称清洁剂或除污剂，生产中常用阳离子表面活性剂，其抗菌广谱，对细菌、霉菌、真菌、藻类和病毒均具有杀灭作用。

（1）作用机理。

可以吸附到菌体表面，改变细胞渗透性，溶解损伤细胞使菌体破裂，细胞内容物外流；表面活性物在菌体表面浓集，阻碍细菌代谢，使细胞结构紊乱；渗透到菌体内使蛋白质发生变性和沉淀；破坏细菌酶系统。

（2）优点。

性质稳定、安全性好、无刺激性和腐蚀性。对常见病毒如马立克氏病毒、新城疫病毒、猪瘟病毒、法氏囊病毒、口蹄疫病毒均有良好的效果。

（3）缺点。

对无囊膜病毒消毒效果不好。要避免与阴离子活性剂（如肥皂等）共用，也不能与碘、碘化钾、过氧化物等合用，否则降低消毒效果。不适用粪便、污水消毒及芽孢消毒。阳离子和阴离子表面活性剂的作用可互相抵消，因此不可同时使用。

7. 醇类消毒剂

常用的是乙醇、异丙醇等。

（1）作用机理。

使蛋白质变性沉淀；快速渗透过细菌胞壁进入菌体内，溶解破坏细菌细胞；抑制细菌酶系统，阻碍细菌正常代谢。

（2）优点。

可快速杀灭多种微生物，如细菌繁殖体、真菌和多种病毒（单纯疱疹病毒、乙肝病毒、人类免疫缺陷病毒等），近年来研究发现，醇类消毒剂与戊二醛、碘伏等配伍，可以增强其作用。

（3）缺点。

不能杀灭细菌芽孢；易受有机物影响；易挥发，需采用浸泡消毒或反复擦拭以保证消毒时间。

8. 强碱类

包括氢氧化钠、氢氧化钾、生石灰等碱类物质。其作用机理是：由于氢氧根离子可以水解蛋白质和核酸，使微生物的结构和酶系统受到损害，同时可分解菌体中的糖类而杀灭细菌和病毒。尤其是对病毒和革兰氏阴性杆菌的杀灭作用最强，但其腐蚀性也强，生产中比较常用。

9. 重金属

指汞、银、锌等，因其盐类化合物能与细菌蛋白结合，使蛋白质沉淀而发挥杀菌作用。硫柳汞高浓度可杀菌，低浓度时仅有抑菌作用。

10. 酸类

酸类的杀菌作用在于高浓度的酸能使菌体蛋白质变性和水解，低浓度的酸可以改变菌体蛋白两性物质的离解度，抑制细胞膜的通透性，影响细菌的吸收、排泄、代谢和生长。还可以与其他阳离子在菌体表面竞争吸附，妨碍细菌的正常活动。有机酸的抗菌作用比无机酸强。

11. 高效复方消毒剂

在化学消毒剂长期应用的实践中，单方消毒剂使用时存在的不足，已不能满足各行业消毒的需要。近年来，国内外相继有数百种新型复方消毒剂问世，提高了消毒剂的质量、应用范围和使用效果。

（1）复方化学消毒剂配伍类型。

复方化学消毒剂配伍类型主要有两大类（配伍原则）：

① 消毒剂与消毒剂。两种或两种以上消毒剂复配，例如季铵盐类与碘的复配、戊二醛与过氧化氢的复配，其杀菌效果达到协同和增效。

② 消毒剂与辅助剂。一种消毒剂加入适当的稳定剂和缓冲剂、增效剂，以改善消毒剂的综合性能，如稳定性、腐蚀性、杀菌效果等。

（2）常用的复方消毒剂类型。

① 复方含氯消毒剂。

复方含氯消毒剂中，常选的含氯成分主要为次氯酸钠、次氯酸钙、二氯异氰尿酸钠、氯化磷酸三钠、二氯二甲基海因等，配伍成分主要为表面活性剂、助洗剂、防腐剂、稳定剂等。

在复方含氯消毒剂中，二氯异氰尿酸钠有效氯含量较高、易溶于水、杀菌作用受有机物影响较小，溶液的 pH 值不受浓度的影响，故作为主要成分应用最多。如用二氯异氰尿酸钠和多聚甲醛配成醛氯合剂用于室内消毒的烟熏剂，使用时点燃合剂，在 3 g/m^3 剂量时，能杀灭 99.99% 的白色念珠菌；用量提高到 13 g/m^3，作用 3 h 对蜡样芽孢杆菌的杀灭率可达 99.94%。该合剂可长期保存，在室温下 32 个月杀菌效果不变。

② 复方季铵盐类消毒剂。

一般有和蛋白质作用的性质，特别是阳离子表面活性剂的这种作用比较强，具有良好的杀菌作用，因而使用较多。作为复配的季铵盐类消毒剂主要以十二烷基、二甲基乙基苄基氯化铵、二甲基苄基溴化铵为多，其他的季铵盐为二甲乙基苄基氯化铵以及双癸季铵盐，如双癸甲溴化铵、溴化双（十二烷基二甲基）乙甲二铵等。常用的配伍剂主要有醛类（戊二醛、甲醛）、醇类（乙醇、异丙醇）、过氧化物类（二氧化氯、过氧乙酸）以及氯己啶等。另外，尚有两种或两种以上阳离子表面活性剂配伍，如用二甲基苄基氯化铵与二甲基乙基苄基氯化铵配合能增加其杀菌力。

③ 含碘复方消毒剂。

碘液和碘酊是含碘消毒剂中最常用的两种剂型，但并非复配时首选。碘与表面活性剂的不定型络合物碘伏，是碘类复方消毒剂中最常用的剂型。阴离子表面活性剂、阳离子表面活性剂和非离子表面活性剂均可作为碘的载体制成碘伏，但其中以非离子型表面活性剂最稳定，故选用的较多。

常见的为聚乙烯吡咯烷酮、聚乙氧基乙醇等。目前国内外市场推出的碘伏产品有近百种之多，国外的碘伏以聚乙烯吡咯烷酮碘为主，这种碘伏既有消毒杀菌作用，又有洗涤去污作用。我国现有碘伏产品中有聚乙烯吡咯烷酮碘和聚乙二醇碘等。

④ 醛类复方消毒剂。

在醛类消毒复方中应用较多的是戊二醛，这是因为甲醛对人体的毒副作用较大和有致癌作用，限制了甲醛复配的应用。常见的醛类复配形式有戊二醛与洗涤剂的复配，降低了毒性，增强了杀菌作用；戊二醛与过氧化氢的复配，远高于戊二醛和过氧化氢的杀菌效果。

⑤ 醇类复方消毒剂。

醇类消毒剂具有无毒、无色、无特殊气味及较快速杀死细菌繁殖体及分枝杆菌、真菌孢子、亲脂病毒的特性。由于醇的渗透作用，某些杀菌剂溶于醇中有增强杀菌的作用，并可杀死任何高浓度醇类都不能杀死的细菌芽孢。因此，醇与物理因子和化学因子的协同应用逐渐增多。

醇类常用的复配形式中以次氯酸钠与醇的复配为最多，用 50% 甲醇溶液和浓度 2 000 mg/L 有效氯的次氯酸钠溶液复配，其杀菌作用高于甲醇和次氯酸钠水溶液。乙醇与氯己啶复配的产品很多，也可与醛类复配，亦可与碘类复配等。

四、消毒防腐剂

多数化学物质对微生物具有杀灭或抑制其生长的作用。实际上，消毒剂在低浓度时只能抑菌，而防腐剂在高浓度时也能杀菌，它们之间并没有严格的界限，统称为防腐消毒剂。它们的作用与抗生素不同，没有严格的抗菌谱，在杀灭或抑制病原体的浓度下，往往也能损害畜禽机体，故较少作体内用药，主要用于体表（如皮肤、黏膜、伤口等）、器械、排泄物和周围环境的消毒。消毒防腐药为兽医临床上常用的药物。

用于消除宿主体内病原微生物或其他寄生虫的化学药物称为化学治疗剂。消毒剂与化学治疗剂不同，它在杀灭病原微生物的同时，对动物体的组织细胞也有损害作用，所以只能外用或用于环境的消毒，其中少数不被吸收的化学消毒剂亦可用于消化道的消毒；而化学治疗剂对于宿主和病原微生物的作用具有选择性，它们能阻碍微生物代谢的某些环节，使其生命活动受到抑制或使其死亡，而对宿主细胞毒副作用甚小。

（一）酚　类

酚类包括苯酚、麝香草酚、煤酚、六氯酚等。它们可使微生物原浆蛋白质变性、沉淀而起杀菌或抑菌作用。酚类能杀死一般细菌，对芽孢无效，对病毒与真菌无杀灭作用。

1. 苯酚（石碳酸）[Phenol (Carbolic Acid)]

（1）性状。

本品为无色针状结晶或白色晶块，有特异的臭味。与空气接触或久贮，往往微带红色。在 15 °C 水中可溶解 8.5%，在沸水中则能以任何比例混合。能溶于酒精、氯仿、甘油、脂肪油类，难溶于凡士林及液状石蜡。将本品固体加热融化后，加入 8%～10% 的水，使其保持流动性，即得"液化苯酚"，或称"液体石碳酸"。

（2）作用与用途。

苯酚为原浆毒，可使菌体蛋白变性而发挥杀菌作用。可杀灭细菌繁殖体、真菌与某些病毒，常温下对芽孢无杀灭作用。加入 10% 食盐能增强其杀菌作用。

苯酚对组织穿透力较强，局部应用浓度过高，能引起组织损伤甚至坏死。苯酚的稀溶液能使感觉神经末梢麻痹，具有持久的局部麻醉作用，因此能止痒止痛。

（3）用法与用量。

用 2%～5% 水溶液处理污物、消毒用具和外科器械，并可用作环境消毒。1%的水溶液用于皮肤止痒。

（4）应用注意。

本品忌与碘、溴、高锰酸钾、过氧化氢等配伍应用。因毒性较强，不宜用于创伤、皮肤的消毒。

2. 麝香草酚（Thymol）

（1）性状。

本品为无色片状结晶或白色结晶性粉末，有麝香草特殊臭味，辛辣，易挥发。熔点 51.5 ℃，沸点 233.5 ℃，微溶于水，极易溶于乙醇、乙醚、冰醋酸、苯、液状石蜡等有机溶媒中。

（2）作用与用途。

本品具有消毒抗菌作用，既可杀灭细菌又可杀灭真菌。比苯酚有更强的杀菌力，且毒性小，由于其水溶性极低，故应用受到限制。在龈齿腔中具有防腐、局麻和镇痛作用，主要用于口腔除臭剂。外用抗真菌和寄生虫。粉剂和软膏剂用以治疗湿疹、尿布疹、皮肤真菌感染、裂伤、冻疮、痤疮及皮肤寄生虫感染。

（3）用法与用量。

外用，用于皮肤真菌感染，用 1%～2% 乙醇溶液涂擦或 2% 粉剂撒于患处。2% 滴耳剂，用于外耳道真菌病。

（4）应用注意。

对组织有一定刺激性，本品遇蛋白质后抗菌作用减弱。

3. 煤酚（甲酚，来苏儿）[Cresol（Lysol）]

（1）性状。

本品新制得时为无色液体，遇日光则色泽逐渐变深。商品多为浅棕黄色或暗红色的澄明液体，呈中性或弱酸性反应。能溶于酒精及醚，难溶于水，与水混合则成浑浊的乳状液。本品有类似苯酚的臭味。

（2）作用与用途。

煤酚的毒性较苯酚小，其抗菌作用比苯酚约大 3 倍。能杀灭细菌繁殖体，对结核杆菌、真菌有一定的杀灭作用，能杀灭亲脂性病毒。但不能杀灭亲水性病毒，也难以杀灭芽孢。

本品在水中溶解度低，故常以 50% 肥皂溶液（即煤酚皂溶液）用于器械消毒和排泄物处理。稀溶液可用于皮肤的消毒。

（3）制剂、用法与用量。

煤酚皂溶液（来苏儿）为黄棕色至红棕色的浓稠液体，系含煤酚 47%～53% 的煤酚肥皂制剂。1%～2% 煤酚皂溶液用于体表、手指和器械消毒，5% 溶液用于厩舍、污物等消毒。

本品浓溶液或纯品对机体组织有腐蚀作用。稀释成 1% 以下的浓度内服，可治疗肠臌胀、腹泻、便秘等疾病。1 次内服量：马 5～10 mL，牛 5～15 mL，羊 1～3 mL，猪 1～2 mL。

（4）应用注意。

煤酚有特殊臭味，不宜在肉联厂、乳牛厩舍、牛奶加工车间和食品加工厂等应用，以免影响食品质量。由于色泽污染，不宜用于棉、毛织品的消毒。本品对皮肤有刺激性，若用其 1%～2% 溶液消毒手和皮肤，务必精确计量。

4. 松馏油（Pine Tar）

（1）性状。

本品为黑棕色或类黑色的黏稠液体，有似松节油的特异臭味。水中微溶，能与酒精、脂肪油任意混合。

松馏油的主要成分为甲苯、二甲苯、苯酚、愈创木酚、树脂等。

（2）作用与用途。

本品具有防腐、杀虫和刺激感觉神经末梢的作用。低浓度（2%～5%）时，能促进肉芽组织和角质的新生。

（3）用法。

外用涂于患处，治疗蹄叉腐烂等蹄病。对创伤和慢性湿疹，可用软膏剂、擦剂治疗，以促进肉芽生长。

5. 鱼石脂（依克度）［Ichthammol（Ichthyol）］

（1）性状。

本品为赤褐色的黏稠液体，具有焦性沥青样臭味，加热后体积膨胀。能溶于水，呈弱酸性反应，也能溶于醇、醚及甘油。

（2）作用与用途。

本品有缓和的刺激作用，能消炎、消肿、促进肉芽生长。用于治疗慢性皮肤炎、蜂窝织炎、腱炎、腱鞘炎、溃疡及湿疹等。内服有抑酵祛风作用，用于瘤胃臌胀、前胃弛缓、胃肠气胀等。

（3）制剂、用法与用量。

内服，临用时先以倍量的乙醇溶解，然后加水稀释成 3%～5% 溶液灌服。1 次量：马、牛 10～30 g，猪、羊 1～5 g。

软膏剂（10%～30%）：外用局部涂敷。

硫桐脂：由桐油与升华硫加热后，加硫酸磺化，再用氨溶液中和制成。为棕黑色黏稠液，有特异焦臭味，能溶于水，为鱼石脂代用品。用法同鱼石脂。

6. 复合酚（菌毒敌，农乐）（Complex Phenol）

（1）性状。

本品为含酚 41%～49%、醋酸 22%～26% 及十二烷基苯磺酸等的水溶性混合物。为深红褐色黏稠液，有特异臭味。

（2）作用与用途。

本品为国内生产的新型、广谱、高效消毒剂。可杀灭细菌、真菌和病毒，对多种寄生虫卵也有杀灭作用。主要用于畜禽舍、笼具、饲养场地、排泄物的消毒。通常施药1次，药效可维持7日。

（3）用法与用量。

喷洒用0.35%~1%溶液。对严重污染的环境，可适当增加浓度与喷洒次数。浸洗用时，配成1.6%的水溶液。1∶600溶液用于羊的药浴，时间1 min。

（4）应用注意。

稀释用水，温度最好不低于8 ℃。禁止与碱性药物或其他消毒药液混用，严禁使用喷洒过农药的喷雾器喷洒本药。

7. 复方煤焦油酸溶液（农福）（Compound Tar Acid Solution）

（1）性状。

本品为醋酸、混合酚及烷基苯磺酸配制成的水溶液。液体呈深褐色，有醋酸及煤焦油的特异臭味。其中含高沸点煤焦油酸39%~43%，醋酸18.5%~20.5%，十二烷基苯磺酸23.5%~25.5%。

（2）作用与用途。

本品为新型、广谱、高效消毒剂。可杀灭细菌、病毒及霉菌等。用于畜禽舍及器具的消毒。

（3）用法与用量。

畜禽舍消毒，配成1%~1.3%水溶液喷洒；器具、车辆消毒，用1.7%水溶液浸洗。

（4）应用注意。

同复合酚。

8. 甲酚磺酸（煤酚磺酸）（Cresol Sulfonic Acid）

（1）性状。

本品为甲酚经磺化后的一种强力消毒剂。磺化后降低了毒性，提高了水溶性。因水溶性良好，故能配成多种制剂应用。

（2）作用与用途。

本品是一种杀菌力强、毒性较小的杀菌消毒剂，杀菌力较煤酚皂溶液强。据报道，其0.1%溶液的消毒作用与70%乙醇、3%煤酚皂溶液、0.1%过氧乙酸相当。可用于环境消毒及器械、用具的消毒。

（3）制剂、用法与用量。

常用0.1%浓度的甲酚磺酸溶液代替过氧乙酸消毒环境。

甲酚磺酸钠溶液：可代替煤酚皂溶液用于洗手、洗涤和消毒器械及用具等。

甲酚磺酸烷基磺酸钠皂溶液：可用于公共场所消毒，洗涤毛巾，并可代替肥皂清洗动物身上的毛，具有清洁和消毒双重作用。

9. 氯甲酚（Chlorocresol）

（1）性状。

本品为无色或微黄色结晶，有酚的特异臭味，遇光或在空气中色渐变深，水溶液显弱酸性反应。在乙醇中极易溶解，在乙醚、石油醚中溶解，在水中微溶，在碱性溶液中易溶。

（2）作用与用途。

氯甲酚对细菌繁殖体、真菌和结核杆菌均有较强的杀灭作用，但不能有效杀灭细菌芽孢。有机物可减弱其杀菌效能。pH 值较低时，杀菌效果较好。主要用于畜禽舍及环境消毒。

（3）制剂、用法与用量。

10% 氯甲酚溶液，喷洒消毒：配成 0.3%～1% 溶液（以有效成分计）。

（4）应用注意。

本品对皮肤及黏膜有腐蚀性；现用现配，稀释后不宜久贮。

（二）醇　类

醇类广泛用作消毒剂，其中 70% 乙醇最为常用。醇类的杀菌作用，随分子量的增加而增加，如乙醇的杀菌作用比甲醇强 2 倍，丙醇比乙醇强 2.5 倍。但醇分子量再继续增加，水溶性降低，难以使用，所以在临床上广泛使用乙醇。

1. 乙醇（酒精）［Alcohol（Ethyl Alcohol）］

（1）性状。

本品为无色透明液体，易挥发，易燃烧，应在冷暗处避火保存，含乙醇量不得少于 95%。无水乙醇含量在 99% 以上，能与水、醚、甘油、氯仿、挥发油等任意混合。

（2）作用与用途。

本品的杀菌作用是能使菌体蛋白迅速凝固并脱水。以 70%～75% 乙醇杀菌力最强，70% 乙醇相当于 3% 苯酚的作用，可杀死一般繁殖型的病菌，但对芽孢无效。浓度超过 75% 时，消毒作用减弱，是因为菌体表层蛋白质很快凝固而妨碍了乙醇向内渗透，影响杀菌效果。

乙醇对组织有刺激作用，浓度越大刺激性越强。因此，用本品涂擦皮肤，能扩张局部血管，增强血液循环，促进炎性渗出物的吸收，减轻疼痛。用浓酒精涂擦或热敷，可治疗急性关节炎、腱鞘炎、肌炎等。

（3）用法与用量。

70% 乙醇可用于手指、皮肤、注射针头及小件医疗器械等消毒，不仅能迅速杀灭细菌，还具有溶解皮脂、清洁皮肤的作用。

2. 苯氧乙醇（Phenoxyethanol）

（1）性　状。

本品为无色微黏性液体，有芳香气味，微溶于水，易溶于乙醇、乙醚和氢氧化钠溶液。

（2）作用与用途。

本品为局部用的抗菌剂，特别对绿脓杆菌有效，对普通变形杆菌和革兰阴性菌的作用较弱，对革兰氏阳性菌的作用极弱。

（3）用法与用量。

用 2% 溶液或乳剂，治疗绿脓杆菌感染的外伤、烫伤。对于混合感染，可与磺胺、青霉素等药物同时应用。

3. 三氯叔丁醇（Chlorbutol）

（1）性状。

本品为无色结晶，有樟脑臭味，易升华，易溶于热水、乙醇、甘油等。在碱性溶液中不稳定，在酸性溶液中较稳定，在热压时大部分分解。

（2）作用与用途。

本品有杀灭细菌和真菌的作用。在注射液和眼药水中用作防腐剂。具有轻微的镇痛及催眠作用，与水合氯醛相似，但效力及刺激性都较小。

（3）用法与用量。

0.5% 溶液可用作药剂制品中的防腐剂。

（三）醛　类

醛类能使蛋白质变性，杀菌作用较强，其中以甲醛的杀菌作用最强。

1. 甲醛溶液（福尔马林）［Formaldehyde Solution（Formalin）］

（1）性状。

本品为无色或几乎无色的透明液体，含甲醛 40%，有刺激性臭味。能与水或乙醇任意混合。放置在冷处（9 ℃ 以下）因聚合作用而浑浊。比重约为 1.08。常加入 10% ~ 12% 的甲醇或乙醇，可防止甲醛的聚合变性。

（2）作用与用途。

甲醛在气态或溶液状态下，均能凝固蛋白质和溶解类脂，还能与蛋白质的氨基结合而使蛋白变性，因此具有强大的广谱杀菌作用。对细菌繁殖体、芽孢、真菌和病毒均有效。

（3）用法与用量。

5% 甲醛酒精溶液，可用于术部消毒；10% ~ 20% 甲醛溶液可用于治疗蹄叉腐烂；5% ~ 10% 甲醛溶液可用于器械、手套等消毒，浸泡 1 ~ 2 h；10% 溶液（含 4% 甲醛）用于保存尸体及生物标本。

甲醛熏蒸消毒可作为房舍及用具消毒剂。消毒方法是：每立方米空间用甲醛溶液 20 mL，加等量水，然后加热使甲醛变为气体。熏蒸消毒必须有较高的室温和较高的相对湿度，一般室温不低于 15 ℃，相对湿度应为 60% ~ 80%，消毒时间为 8 ~ 10 h。甲醛溶液熏蒸还可采用加入 40% 左右的高锰酸钾相互作用，发生高温使甲醛气体挥散而实现消毒。

操作时先将高锰酸钾放入较深容器中，再缓慢加入甲醛溶液，以防反应过猛，药液外溢。

雏鸡体表熏蒸消毒：每立方米空间用甲醛溶液 7 mL、水 3.5 mL、高锰酸钾 3.5 g，熏蒸 1 h。

种蛋熏蒸消毒：对刚下的种蛋，每立方米空间用甲醛溶液 42 mL、高锰酸钾 21 g、水 7 mL，熏蒸 20 min。对洗涤室、垫料、运雏箱则需熏蒸消毒 30 min。入孵第一日的种蛋用福尔马林 28 mL、高锰酸钾 14 g、水 5 mL，熏蒸 20 min。为调节空气中的湿度，需要加入一定量的水分时，可直接将水加入福尔马林中。必要时用木棍搅拌药液，可使反应充分进行。

甲醛气体消毒的缺点是易在物体表面凝固成薄层，此聚合物没有穿透性杀菌作用。由于甲醛气体有致癌作用（尤其是肺癌），近年已较少用于消毒。

福尔马林治疗鱼病，使用 30 mg/L 水浓度，浸洗 24 h，可杀死车轮虫、舌杯虫，对指环虫、小瓜虫等也有一定效果。250 mg/L 水浓度，浸洗 1 h；100 mg/L 水浓度，浸洗 3 h，可治疗三代虫和某些原虫病。全池泼洒 15 mg/L 水浓度，对治疗鳗鱼水霉病也有疗效。使用甲醛治疗鱼病，水温不应低于 18 ℃。福尔马林被水产业用作驱虫剂和杀虫剂。

福尔马林用于蚕室、贮桑叶室及各种用具消毒，每 100 平方米喷洒 2% 溶液 13 L。

福尔马林可预防蜜蜂病虫害，常用 4% 溶液或蒸气消毒被美洲幼虫腐臭病、欧洲幼虫腐臭病、囊状幼虫病及孢子虫病等所污染的蜂箱和巢脾。

甲醛溶液内服可作为防腐止酵剂，治疗肠臌胀。马 5 ~ 20 mL/次，牛 8 ~ 25 mL/次，羊 1 ~ 5 mL/次，猪 1 ~ 3 mL/次，均加水稀释 20 ~ 30 倍。

2. 聚甲醛（多聚甲醛）（Paraformaldehyde）

（1）性状。

本品为甲醛的聚合物，含甲醛 91% ~ 99%。带甲醛臭味，系白色疏松粉末，熔点 120 ~ 170 ℃。不溶或难溶于水，溶于稀碱和稀酸溶液。

（2）作用与用途。

聚甲醛本身无消毒作用，在常温下缓慢地解聚，放出甲醛，加热至 80 ~ 100 ℃ 时即产生大量甲醛气体，呈现强大的杀菌作用。本品使用方便，但要求温度 18 ℃ 以上，相对湿度 80% ~ 90%（最少不低于 70%）。浓度大于 3 mg/L，水蒸气不足以使甲醛溶解时，易形成多聚甲醛粉末留于物体表面。

（3）用法与用量。

一般熏蒸消毒用量为每立方米 3 ~ 5 g，消毒时间为 10 h。

3. 戊二醛（Glutaral）

（1）性状。

本品为油状液体，沸点 187 ~ 189 ℃，溶于水和乙醇，呈酸性反应。

（2）作用与用途。

本品作为消毒剂，对繁殖型革兰氏阳性菌和阴性菌作用迅速，对耐酸菌、芽孢、某些真菌和病毒也有作用。在酸性溶液中较为稳定，但在 pH 值 7.5 ~ 8.5 时作用最强。

（3）用法与用量。

常用 2% 碱性溶液（加 0.3% 碳酸氢钠），用于不能加热灭菌的医疗器械，如温度计、橡胶和塑料制品等的消毒。将物品完全浸泡在溶液中，15 ~ 20 min 即可达到完全消毒的效果。

本品对皮肤和黏膜的刺激性较弱，但稳定性较差，在碱性溶液中 2 周后即失效。

4. 露它净溶液（Lotagen Solution）

（1）性状。

本品为磺酸间甲酚与甲醛缩合物混合的红棕色澄清水溶液，几乎无味，易溶于水、乙醇和丙酮。

（2）作用与用途。

本品为外用防腐消毒剂，对多种细菌及真菌均有杀灭作用，在 0.15 ~ 0.2 mg/mL 浓度下，几乎能杀灭所有病原微生物。主要用于牛的慢性子宫内膜炎、子宫颈炎、阴道炎及因此而造成的不孕症，育成猪直肠脱出和创伤、烧伤等。

（3）制剂、用法与用量。

36%露它净溶液用于冲洗、涂擦患处。直接用于黏膜处时可稀释成 1%～1.5% 的溶液，其他患处可直接应用本品。子宫内灌注时，稀释成 4% 溶液，牛 100～200 mL，马 200～400 mL，猪 150～250 mL。

（4）应用注意。

本品水溶液稳定，可与抗生素和磺胺类药物同时应用。不得与纺织品和皮革制品接触。

5. 乌洛托品（六亚甲基四胺）[Methenamine（Hexamine，Urotropine）]

（1）性状。

本品为无色有光泽的结晶性粉末，无臭，味初甜后苦，易溶于水（1：15），水溶液呈碱性反应。也可溶于酒精（1：12.5）。

（2）作用与用途。

乌洛托品本身不具有抗菌作用，当在酸性环境中分解出甲醛时，才呈现抗菌作用。作为尿道防腐药时，若尿为碱性，需先服氯化铵，使尿变为酸性，才能发挥防腐作用。乌洛托品常配合抗生素或其他药物治疗各种传染性疾病，如脑炎、破伤风等。配合水杨酸钠等药物治疗风湿病。一般用作静脉注射，也可内服。

（3）不良反应。

对肠管有刺激作用，长期使用可出现排尿困难。

（4）制剂、用法与用量。

注射液每支 5 mL：2 g，20 mL：8 g，50 mL：20 g，100 mL：20 g 或 40 g。静脉注射量：马、牛 15～30 g/次，羊、猪 5～10 g/次，犬 0.5～2 g/次，禽 5～100 mg/次（也可皮下注射）。

6. 滴适尔

（1）性状。

本品为一种微带甲醛味、具粉红色荧光的液体。

（2）作用与用途。

本品系复方蒸气消毒剂。喷雾于畜舍、禽舍后，可缓慢分解释放气相甲醛，从而产生广泛而持久的杀菌作用。对细菌、病毒以及真菌等都有较强的杀灭作用，并在喷后 7 日内持续发挥杀菌灭病毒作用。本品广泛用于鸡舍、猪舍的消毒。

（3）用法与用量。

喷雾：孵化室、鸡舍、猪舍用 1：（500～1 000）倍稀释液，孵化器用 1：250 倍稀释液，疫病期猪舍、禽舍消毒用 1：128 倍稀释液。

（4）应用注意。

① 配制的溶液温度不宜超过 35 ℃；② 配成的溶液应于当日用完；③ 喷药人员对眼及呼吸系统应有防护器具；④ 应用高压喷雾器喷洒；⑤ 喷洒前畜禽舍应彻底清扫干净后再进行消毒。

（四）碱 类

碱类的杀菌作用决定于离解的 OH^-。碱能溶解蛋白质，并能水解蛋白质与核酸，破坏微生物体，并使其酶系统遭到损害，故对病毒和细菌有很强的杀灭作用。

1. 氢氧化钠（苛性钠）（Sodium Hydroxide）

（1）性状。

本品为白色块状、棒状或片状结晶，易溶于水及酒精，极易潮解，在空气中易吸收二氧化碳，形成碳酸盐。应密封保存。

（2）作用与用途。

本品能溶解蛋白质，破坏细菌的酶系统和菌体结构，对机体组织细胞有腐蚀作用。本品对细菌繁殖体、芽孢、病毒都有很强的杀灭作用，对寄生虫卵也有杀灭作用。

氢氧化钠杀菌作用主要取决于 OH^- 的浓度，同时与溶液的温度也有一定关系。

（3）用法与用量。

2% 热溶液用于被病毒和细菌污染的厩舍、饲槽和运输车船等的消毒。3%～5% 溶液用于炭疽芽孢污染的场地消毒。5% 溶液用于腐蚀皮肤赘生物、新生角质等。

2% 溶液洗刷被美洲幼虫腐臭病和囊状幼虫病污染的蜂箱和巢脾，消毒后用清水冲洗干净。

新鲜的草木灰中含不同量的氢氧化钾（作用与氢氧化钠相同）和碳酸钾，可用作消毒。用草木灰 30 kg 加水 100 L，煮沸 1 h，去灰渣后，加水到原来的量，可代替氢氧化钠消毒。

（4）应用注意。

高浓度氢氧化钠溶液可烧伤皮肤组织，对铝制品、棉、毛织物、漆面有损坏作用。

2. 氧化钙（生石灰）（Calcium Oxide）

（1）性状。

本品为白色或灰白色的硬块，无臭，易吸收水分，在空气中能吸收二氧化碳，渐渐变成碳酸钙而失效。

（2）作用与用途。

氧化钙与水混合时，生成氢氧化钙（消石灰），其消毒作用与解离的 OH^- 多少有关。本品对大多数繁殖型病菌有较强的消毒作用，但对炭疽芽孢无效。

（3）用法与用量。

一般加水配成 10%～20% 石灰乳，涂刷于厩舍墙壁、畜栏和地面消毒。

氧化钙 1 kg 加水 350 mL，生成消石灰的粉末，可撒布在阴湿地面、粪池周围及污水沟等处消毒。

生石灰是池塘养鱼常用的底质改良剂。干法清塘：每 667 m² 用 60～75 kg 生石灰。先灌水将池塘浸透，而后排放并留蓄 10 cm 左右深的水，先将池底挖几个小坑，后将生石灰放入坑中溶化，趁热全池均匀泼洒。带水清塘：水深 1 m，每 667 m² 用生石灰 120～150 kg，先用水将生石灰化成石灰浆，再全池泼洒。清塘后约 7 日可以放鱼。生石灰也是一种水质改良剂：在池塘里可每个月施 1～2 次生石灰，每 667 m²（水深 1 m）用 15～20 kg。

石灰浆还可杀灭蚕病毒性软化病病原等。用 1% 石灰浆每 100 m² 喷洒 25 kg，消毒蚕具、蚕室等。生石灰配成 10%～20% 石灰乳，用于消毒养蜂场地、越冬室。

（4）应用注意。

消石灰可从空气中吸收二氧化碳，变成碳酸钙而失效，故应现用现配。

3. 碳酸钠（Sodium Carbonate）

（1）性状。

本品为白色粉状结晶，无臭，水溶液遇酚酞指示液显碱性反应。在水中易溶，在乙醇中不溶。

（2）作用与用途。

本品溶于水中可解离出 OH^- 起抗菌作用，但杀菌效力较弱，很少单用于环境消毒。主要用作去污性消毒剂，也可用作清洁皮肤、去除痂皮等。

（3）用法与用量。

外用：清洁皮肤去除痂皮等，用 0.5%~2% 溶液；器械煮沸消毒用 1% 溶液。

（五）酸　类

酸类解离出来的氢离子能妨碍细菌的正常代谢，从而发挥抗菌作用。其杀菌力与溶液中的氢离子浓度成正比。

1. 硼酸（Boric Acid）

（1）性状。

本品为无色微带珍珠状光泽的鳞片或疏松的白色粉末，无臭，水溶液呈弱酸性。

（2）作用与用途。

本品只有抑菌作用，没有杀菌作用。因刺激性较小，不损伤组织，常用于冲洗较敏感的组织。

（3）制剂、用法与用量。

用 2%~4% 的溶液，冲洗眼、口腔黏膜等。3%~5% 溶液冲洗新鲜创伤（未化脓）。

硼酸磺胺粉（1:1）：治疗创伤。

硼酸甘油（31:100）：治疗口、鼻黏膜炎症。

硼酸软膏（50%）：治疗溃疡、褥疮等。

附：硼砂（Borax）。本品为四硼酸钠，水溶液呈弱碱性。作用与硼酸相似，其 2%~4% 溶液用于冲洗眼结膜、口腔及阴道黏膜。

2. 水杨酸（柳酸）（Salicylic Acid）

（1）性状。

本品为白色细微的针状结晶或毛状结晶性粉末，无臭，味微甜。在酒精中易溶，在水中微溶，水溶液呈酸性。

（2）作用与用途。

水杨酸的杀菌作用较弱，但仍有良好的杀真菌作用，并有溶解角质的作用。用于皮肤真菌感染。

（3）制剂、用法与用量。

5%~10% 酒精溶液用于治疗霉菌性皮肤病；5%~20% 溶液能溶解角质，促进坏死组织脱落；5% 酒精溶液或纯品，可治疗蹄叉腐烂等；1% 软膏用于肉芽创的治疗。

（4）应用注意。

本品对胃黏膜刺激性强，不能内服。重复涂敷可引起刺激，不可大面积涂敷，以免吸收中毒。皮肤破损处禁用。

3．十一烯酸（Undecylenic Acid）

（1）性状。

本品为黄色油状液体，难溶于水，溶于醇，可与油相混合。

（2）作用与用途。

本品有抗真菌作用，5% ~ 10% 醇溶液或 20% 软膏，用于治疗皮肤真菌感染。

4．苯甲酸（Benzioc Acid）

（1）性状。

本品为白色或微带黄色的轻质鳞片或针状结晶，无臭或微有香气，易挥发，难溶于水，易溶于沸水及乙醇。

（2）作用与用途。

本品有抑制真菌的作用，多与水杨酸等配成复方苯甲酸软膏或复方苯甲酸涂剂等，治疗皮肤真菌病。本品在 pH 值 5 以下时杀菌效力最大，可用作药剂的防腐剂。用作饲料防霉剂时，可先用乙醇配成溶液，再加入饲料中充分搅拌均匀。饲料添加剂量不超过 0.1%。

5．醋酸（Acetic Acid）

（1）性状。

本品为无色澄明液体，有强烈的特异臭味，极酸。为含醋酸 36% ~ 37% 的水溶液。

（2）作用与用途。

醋酸溶液对细菌、真菌、芽孢和病毒均有较强的杀灭作用，但对各种微生物作用的强弱不尽相同。一般来说，以对细菌繁殖体最强，依次为真菌、病毒、结核杆菌及细菌芽孢。杀灭抵抗力最强的微生物，用 1% 的醋酸，最多也只需 10 min。对真菌、肠病毒及芽孢均能杀灭。但芽孢被有机物保护时，用 1% 的醋酸则须将作用时间延长至 30 min，才能使杀灭效果可靠。醋酸可把反刍动物瘤胃内的氨转化为铵离子，从而降低反刍动物瘤胃内的酸碱值，以此用来治疗瘤胃内非蛋白质氮产生的氨毒性。使用醋酸还可避免马的肠结石的形成。

（3）用法与用量。

阴道冲洗：配成 0.1% ~ 0.5% 溶液；感染创面冲洗：配成 0.5% ~ 2% 溶液；口腔冲洗：配成 2% ~ 3% 溶液；降低瘤胃 pH 值，牛 4 ~ 10 L；预防肠结石，马每 100 kg 体重用 55 mL。

（4）应用注意。

① 避免与眼睛接触，若与高浓度醋酸接触，立即用清水冲洗。② 应避免接触金属器械产生腐蚀作用。③ 用于降低瘤胃 pH 值和预防马肠结石时，为减少醋酸对黏膜的刺激作用，通常需用胃管给药。④ 与碱性药物配伍可发生中和反应而失效。

（六）氧化剂

氧化剂是一些含不稳定的结合态氧的化合物，遇有机物或酶即放出初生态氧，破坏菌体蛋白或酶而呈现杀菌作用，同时对组织细胞也有不同程度的损伤和腐蚀作用。

1. 过氧化氢溶液（双氧水）（Hydrogen Peroxide Solution）

（1）性状。

本品为含 3% 过氧化氢（H_2O_2）的无色澄明液体。味微酸，遇有机物质迅速分解，久贮易失效。故常保存浓过氧化氢溶液（含过氧化氢 27.5% ~ 31%），临用时稀释成 3% 的溶液。应密封贮存于阴凉处。

（2）作用与用途。

过氧化氢与组织中触酶相遇，立即分解，放出初生态氧而呈现杀菌作用。但作用时间短，穿透力也很弱，且受有机物质的影响，故杀菌作用很弱。临床上主要用于清洗化脓创面或黏膜。过氧化氢在接触创面时，由于分解迅速，会产生大量气泡，将创腔中的脓块和坏死组织排除，有利于清洁创面。

（3）用法与用量。

清洗化脓创面用 1% ~ 3% 溶液，冲洗口腔黏膜用 0.3% ~ 1% 溶液。3% 以上高浓度溶液对组织有刺激性和腐蚀性。

（4）应用注意。

避免用手直接接触高浓度过氧化氢溶液，因为这种溶液可发生刺激性烧伤。禁与有机物、碱、生物碱、碘化物、高锰酸钾或其他强氧化剂配伍。不能注入胸腔、腹腔等密闭体腔或腔道，或气体不易逸散的深部脓疡，以免产气过速，导致栓塞或扩大感染。

2. 高锰酸钾（过锰酸钾）[Potassium Permanganate（PP）]

（1）性状。

本品为黑紫色结晶，能溶于水，应密封保存。本品粉末遇甘油即发生剧烈燃烧。与活性炭研磨时会发生爆炸。高锰酸钾溶液遇有机物则分解失效。

（2）作用与用途。

本品为强氧化剂，遇有机物时即起氧化反应，因无游离状氧原子放出，故不出现气泡。高锰酸钾的抗菌作用、除臭作用比过氧化氢溶液强而持久，但其作用极易因有机物的存在而减弱。高锰酸钾还原后所生成的二氧化锰，能与蛋白质结合成蛋白盐类复合物，故有收敛、止泻等作用。

（3）用法与用量。

内服 0.1% 高锰酸钾溶液，可治疗马急性胃肠炎、腹泻等。还可用于生物碱、氰化物中毒时洗胃，治疗毒蛇咬伤等。内服量：马、牛 5 ~ 10 g/次，猪、羊 0.3 ~ 0.5 g/次，配成 0.1% ~ 0.5% 溶液。用 0.01% ~ 0.05% 溶液洗胃，用于某些有机物中毒。1% 溶液冲洗毒蛇咬伤的伤口。外用 0.1% 高锰酸钾溶液，冲洗黏膜及皮肤创伤、溃疡等。

全鱼池泼洒：4 ~ 5 mg/L 水浓度高锰酸钾溶液，治疗鱼水霉、原虫、甲壳虫类等寄生。用 100 mg/L 水浓度药浴 30 min，治疗大马哈鱼卵膜软化症。

常用 1 000 ~ 1 200 倍溶液消毒被病毒和细菌污染的蜂箱和巢脾。

（4）应用注意。

严格掌握不同适应症采用不同浓度的溶液。水溶液易失效，药液需新鲜配制，避光保存，久置变棕色而失效。由于高浓度的高锰酸钾对胃肠道有刺激作用，不应反复用高锰酸钾溶液洗胃。动物内服本品中毒时，应用温水或添加 3% 过氧化氢溶液洗胃，并内服牛奶、豆浆或氢氧化铝凝胶，以延缓吸收。

3. 过氧乙酸（Peracetic Acid）

（1）性状。

本品为无色透明液体，易溶于水和有机溶剂，具有弱酸性，易挥发，有刺激性气味，并带有醋酸味。高浓度遇热易爆炸，20% 以下的浓度无此危险。市售品为 20% 溶液。

（2）作用与用途。

本品具有高效、速效和广谱杀菌作用。对细菌、芽孢、真菌和病毒均有效。对组织有刺激性、腐蚀性。0.05%～0.5% 溶液 1 min 能杀死芽孢，50～500 mg/L 溶液 1 min 可杀死细菌，1% 溶液 1 min 能杀死大量污染牛皮肤的红色毛发癣菌。

（3）用法与用量。

① 0.5% 溶液喷洒消毒畜舍、饲槽、车辆等。② 0.04%～0.2% 溶液用于耐酸塑料、玻璃、搪瓷和橡胶制品的短时（1～2 h）浸泡消毒。③ 5% 溶液每立方米 2.5 mL 喷雾消毒密封的实验室、无菌室、仓库等。④ 0.3% 溶液每立方米 30 mL，带鸡消毒。

此外，该药最适用于禽舍内熏蒸消毒，是目前杀菌谱广、用药量小、方法简便的消毒药品之一。在一般情况下，当温度在 15 ℃ 以上、相对湿度为 70%～80% 时，室内熏蒸用药每立方米 1 g，作用 60 min，可使细菌繁殖体、病毒与细菌毒素的污染减少，达到消毒目的。对细菌、芽孢，则每立方米需用 3 g，作用 90 min。当温度为 0～5 ℃ 时，只有将相对湿度提高至 90%～100%，并每立方米用 5 g，作用 120 min 左右，才能达到消毒目的。熏蒸法通常先配成 2%～5% 水溶液，置搪瓷盘内加热蒸发，密闭 1 h。

蜂场用来消毒被白垩病、黄曲霉病、囊状幼虫病、美洲幼虫腐臭病、欧洲幼虫腐臭病污染的蜂箱和巢脾。消毒方法是用 0.1%～0.2% 溶液浸泡 24 h 以上，再用清水浸泡 4～5 h，用摇蜜机将水摇出，晒干后备用。

（4）应用注意。

稀释液不能久贮，应现用现配。能腐蚀多种金属，并对有色棉织品有漂白作用。蒸气有刺激性，消毒畜舍时，家畜一般不应留在舍内。

（七）卤素类

卤素类中，能作消毒防腐药的主要是氯、碘以及能释放出氯、碘的化合物。它们能氧化细菌原浆蛋白活性基团，并和蛋白质的氨基结合而使其变性。氯为气体，使用不方便，一般用含氯的化合物。

1. 碘（Iodine）

（1）性状。

本品为灰黑色或蓝黑色、有金属光泽的片状结晶或块状物，质重、脆；有特异臭味；在常温下能挥发。在乙醇、乙醚或二硫化碳中易溶，在三氯甲烷中溶解，在四氯化碳中略溶，在水中几乎不溶，在碘化钾或碘化钠的水溶液中溶解。

（2）作用与用途。

碘有很强的消毒作用，可杀死细菌、芽孢、真菌和病毒。

碘对黏膜和皮肤有强烈的刺激作用，可使局部组织充血，促进炎性产物的吸收。

（3）制剂、用法与用量。

2% 碘酊：碘 20 g、碘化钾 15 g（加蒸馏水 20 mL 溶解）、乙醇 500 mL，再加蒸馏水至 1 000 mL 制成。为红棕色澄清液体，遮光、密封保存。用于手术前和注射前皮肤消毒。

5% 碘酊：碘 50 g、碘化钾 10 g、蒸馏水 10 mL，加 75% 乙醇至 1 000 mL 制成。为红棕色澄明液体，遮光、密封保存。主要用于大动物手术部位及注射部位等消毒。

10% 浓碘酊：碘 100 g、碘化钾 75 g、蒸馏水 80 mL，加 75% 乙醇至 1 000 mL 制成。主要作为皮肤刺激药，用于慢性腱炎、关节炎等。

用 4% 碘酊制成药饵，喂青鱼，防治青鱼球虫病。用于饮水消毒，可在 1 L 水中加入 2% 碘酊 5 ~ 6 滴，能杀死病菌及原虫。

碘蒸气：当空气中碘蒸气浓度达到 0.003 5 mg/L（相对湿度 > 50%）时，可消毒空气。

复方碘溶液（鲁格氏液）：为 5% 的水溶液。将碘 50 g、碘化钾 100 g，加蒸馏水至 1 000 mL 制成。用于治疗黏膜的各种炎症，或向关节腔、瘘管内注入。

5% 碘甘油溶液：碘 50 g、碘化钾 100 g、甘油 200 mL，加蒸馏水至 1 000 mL 制成。刺激性较小，作用时间较长，常用于治疗黏膜的各种炎症。

1% 碘甘油溶液：将 1 g 碘化钾加少量水溶解后，加 1 g 碘，搅拌溶解后加甘油至 100 mL。可用于鸡痘、鸽痘的局部涂擦。

2. 碘仿（Iodoform）

（1）性状。

本品为黄色、有光泽的叶状结晶或结晶性粉末；有特臭；在常温中，微能挥发，水溶液显中性反应。在三氯甲烷或乙醚中易溶，在沸乙醇、挥发油或脂肪油中溶解，在乙醇、甘油中略溶，在水中几乎不溶。

（2）作用与用途。

碘仿本身没有防腐作用，当它与组织液接触时，能分解出游离碘，呈现防腐作用。分解过程缓慢，因此作用持久（1 ~ 3 日）。碘仿对组织的刺激性小，并能促进肉芽的形成。由于碘仿有特殊气味，故有防蝇作用。

（3）制剂、用法与用量。

碘仿甘油：碘仿 15 g、甘油 70 mL，加蒸馏水 120 mL 制成。用于化脓创、瘘管的防腐。

碘仿硼酸粉（1 : 9）、碘仿磺胺粉（1 : 9）、碘仿磺胺活性炭粉（各等份配合）这三种粉剂均用于治疗创伤、溃疡等。

3% 碘仿醚溶液：用于治疗深部瘘管、蜂窝织炎和关节炎等。

5% ~ 10% 碘仿凡士林软膏：可涂敷患部。

3. 聚维酮碘（吡咯烷酮碘）[Povidone Iodine（Isodine，PVP Iodine）]

（1）性状。

本品系碘的有机复合物，为黄棕色无定形粉末或片状固体，微有特殊臭味，可溶于水，含有效碘为 10%。水溶液 pH 值为 2。

（2）作用与用途。

本品遇组织中还原物时，慢慢放出游离碘。对皮肤刺激性小，毒性低，作用持久。用于皮肤和黏膜的消毒。

（3）用法与用量。

① 5% 气雾剂（含有效碘 0.5%）：用于喷洒伤口或烧伤创面。② 7.5% 溶液（含有效碘 0.75%）：用于手术前洗手。③ 10% 溶液（含有效碘 1%）：用于手术部位消毒及伤口涂布。

4. 碘伏（敌菌碘）（Iodophors）

（1）性状。

本品为碘、碘化钾、磷酸、硫酸与表面活性剂配成的水溶液。为红色黏稠液体，含有效碘 2.7%～3.3%（g/mL）。

（2）作用与用途。

本品杀菌作用持久，能杀死病毒、细菌、芽孢、真菌及原虫等。用于手术部位和手术器械消毒。

（3）用法与用量。

将本品配成 0.5%～1% 溶液，消毒手术部位与手术器械。

5. 复合碘溶液（雅好生）（Complex Iodine Solution）

（1）性状。

本品为碘与磷酸配制而成的红棕色黏稠液体，含活性碘 1.8%～2%（g/g），磷酸 16%～18%（g/g）。

（2）作用与用途。

本品有较强的杀菌消毒作用，用于畜禽舍、器械消毒和污物处理等。

（3）用法与用量。

用 1%～3% 溶液喷洒消毒畜禽舍、屠宰间等，0.5%～1% 溶液用于消毒器械。

（4）应用注意。

密封保存于阴凉干燥处。

6. 碘酸混合溶液（百菌消）[Iodine and acid mixed solution（Biocid）]

（1）性状。

本品为碘、碘化物、硫酸及磷酸制成的水溶液，含有效碘 2.75%～2.8%（g/g）。为深棕色的液体，有碘特殊臭味，易挥发。含酸量 28%～29.5%（g/g）。

（2）作用与用途。

本品有较强的杀灭细菌、病毒及真菌的作用。用于外科手术部位、畜禽舍、畜产品加工场所及用具等的消毒。

（3）用法与用量。

用 1 :（100 ~ 300）浓度溶液消毒病毒类；1 : 300 浓度用于手术室及伤口消毒；1 :（400 ~ 600）浓度用于畜禽舍及用具消毒；1 : 1 500 浓度用于牧草消毒；1 : 2 500 浓度用于畜、禽饮水消毒。

7. 含氯石灰（漂白粉）（Chlorinated Lime）

（1）性状。

本品为白色颗粒状粉末，有氯气臭味。微溶于水和醇，遇酸分解，久露在空气中能吸收水分变潮而分解失效。新制漂白粉含有效氯 25% ~ 30%（一般按含量 25% 计算用量）。

（2）作用与用途。

漂白粉遇水产生次氯酸，而次氯酸又可放出活性氯和初生态氧，呈现杀菌作用。能杀灭细菌、芽孢、病毒及真菌。其杀菌作用强，但不持久。在酸性环境中杀菌作用强，在碱性环境中杀菌作用减弱。主要用于厩舍、畜栏、饲槽、车辆等的消毒。

在漂白粉溶液中加入半量或等量的氯化铵、硫酸铵或硝酸铵，可加强其杀菌作用，这种溶液称为漂白粉活性溶液。活性溶液的杀菌效力在最初几分钟内最强，配成后应在 1 ~ 2 h 内使用，否则效力大大降低。

（3）用法与用量。

用 5% ~ 20% 混悬液喷洒，也可用干粉末撒布。每 50 L 水中加 1 g，用于饮水消毒。

泼洒鱼池，用 1 mg/L 水浓度，防治赤皮、烂鳃及打印病等细菌性鱼病。鱼池带水清塘用 20 mg/L 水浓度。

配成含 1% 有效氯的混悬液，取上清液每平方米喷雾 0.225 L，保湿半小时，消毒蚕室、蚕具。

（4）应用注意。

不能用于金属制品及有色棉织物的消毒。用时现配，久贮易失效。保存于阴暗、干燥处，不可与易燃易爆物品放在一起。对皮肤和黏膜有刺激作用，消毒人员应注意防护。

8. 次氯酸钙（漂白粉精）（Calcium Hypochlorite）

（1）性状。

本品为白色粉末，有氯气臭味，易溶于水，有少量沉渣。含杂质少，不易受潮分解。含有效氯 80% ~ 85%（一般按含 80% 计算用量）。对物品有较强的腐蚀及漂白作用。溶液呈碱性，其 pH 值随浓度增加而升高。

（2）作用与用途。

与漂白粉相同。

（3）用法与用量。

消毒方法同漂白粉。其使用浓度为 2% 溶液，喷洒消毒地面或墙壁，或用干粉撒布。

9. 84 消毒液（84 Disinfectant liquid）

（1）性状。

淡黄色液体，以次氯酸钠为主要成分，有效氯含量在 4% ~ 6%。

（2）作用与用途。

本品可杀灭大肠杆菌、金黄色葡萄球菌、细菌繁殖体和灭活病毒。适用于医院、公共场所、汽车、家庭及食品加工行业的清洗消毒。

（3）用法与用量。

用于由痢疾杆菌、大肠杆菌等肠道致病菌感染的痢疾、肠炎、腹泻和金黄色葡萄球菌引起的化脓性感染者污染物的消毒，可将原液按 1∶200（即 250 mg/L 水）比例配制使用消毒 10 min。用于不同病毒感染的污染物品的消毒，可将原液按 1∶20 比例消毒 90 min。

（4）应用注意。

本品对金属制品、棉织品有腐蚀及脱色作用，勿直接使用，金属器械消毒后按时取出擦干存放。本品保存需避光，存放 4 个月以内按上述方法稀释使用。存放 5~12 个月的在上述比例基础上增加 1 倍原液稀释使用。

10. 三合二（三次氯酸钙合二氢氧化钙）

（1）性状。

本品为白色粉末，有氯气臭味，能溶于水，溶液有杂质沉淀。性质较漂白粉稳定，但可吸收空气中的水分而潮解。

有效氯含量在 56%~60%（一般按含 56% 计算用量）。对物品有腐蚀与漂白作用。水溶液呈碱性。

（2）作用与用途。

其作用同漂白粉。此外还可用于化学毒剂的消毒，因其中所含的氢氧化钙可中和沙林与路易氏气等毒剂。

（3）用法与用量。

用 1%~2.5% 溶液进行喷洒，消毒墙壁或地面。用干粉撒布消毒时，每平方米用 10~20 g，作用 2~4 h 即可。

11. 氯胺-T（氯亚明）（Chloramine-T）

（1）性状。

本品为白色或淡黄色结晶性粉末。有氯气臭味，味苦，露置空气中逐渐失去氯而变黄色，含有效氯 11% 以上。溶于水，不溶于氯仿，遇醇分解。

（2）作用与用途。

本品为含氯的有机化合物，遇有机物可缓慢放出氯而呈现杀菌作用，杀菌谱广。对细菌繁殖体、芽孢、病毒、真菌孢子都有杀灭作用，但作用较弱而持久，对组织刺激性也弱。特别是加入活化剂，提高酸度，能短时间释放出大量活性氯，使其杀芽孢作用提高 40 倍。如按 1∶1 的比例加入铵盐（氯化铵、硫酸铵），可加速氯的释放，增强杀菌效果。

（3）用法与用量。

0.2%~0.3% 溶液可用作黏膜消毒；0.5%~2% 溶液可用于皮肤和创伤的消毒。

12. 二氯异氰尿酸钠（优氯净）（Sodium Dichloroisocyanurate）

（1）性状。

本品为白色结晶粉，有氯气臭味，含有效氯 60%~64%，性稳定，室内保存半年后仅降低有效氯含量 0.16%。易溶于水，水溶液显酸性，且稳定性差。

（2）作用与用途。

杀菌力较氯胺强，对细菌繁殖体、芽孢、病毒、真菌孢子均有较强的杀灭作用。可用于水、食品工厂的加工器具及餐具、食品、车辆、厩舍、蚕室、鱼塘、用具等的消毒。

（3）制剂、用法与用量。

消毒浓度（以有效氯含量计）：鱼塘 0.3 mg/L 水，饮水 0.5 mg/L 水，食品加工厂、厩舍、蚕室、用具、车辆用 50～100 mg/L 水溶液消毒。

消毒灵为优氯净加稳定剂的专用制剂，含有效氯 10% 左右。0.125%～0.25% 溶液（含有效氯 125～250 mg/L 水），消毒厩舍、车辆、用具等。

13. 三氯异氰尿酸 [Trichloroisocyanuric Acid (TCCA)]

（1）性状。

本品为白色结晶性粉末或粒状固体，具有强烈的氯气刺激味，含有效氯在 85% 以上，水中的溶解度为 1.2%，遇酸或碱易分解。

（2）作用与用途。

本品是一种极强的氧化剂和氯化剂，具有高效、广谱、较为安全的消毒作用，对细菌、病毒、真菌、芽孢等都有杀灭作用，对球虫卵囊也有一定的杀灭作用。可用于环境、饮水、畜禽饲槽、鱼塘、蚕房等的消毒。

（3）用法与用量。

粉剂：用 4～6 mg/L 水饮水消毒，用 200～400 mg/L 水溶液进行环境、用具消毒。按 5～10 mg/L 水带水清塘，10 d 后可放鱼苗。按 0.3～0.4 mg/L 水全池泼洒，防治鱼病。

14. 氯溴异氰酸（Chloro–bromo–triisocyanic Acid）

又称氯溴三聚异氰酸、691 饮水消毒剂、防消散。

（1）性状。

本品是氯化异氰尿酸类消毒药之一，为白色粉末，易溶于水，溶液呈酸性。

（2）作用与用途。

本品具有含氯量高、杀菌力强、杀菌谱较广的特点。对细菌繁殖体、病毒、真菌孢子及细菌芽孢等都有较强的杀灭作用。目前广泛应用于桑蚕消毒、饮水消毒和其他卫生消毒等。还可用于配制去垢消毒剂、去污粉和用具洗涤液等。

（3）用法与用量。

① 喷洒消毒：用于墙壁、地面以及用具、器械等的消毒。如地面消毒，每 100 m² 用药液 25 L（浓度为 0.5%～1%，临用现配），喷洒后，保持湿润半小时，即可达到消毒目的。② 烟熏消毒：对于不宜采用喷洒消毒的，可用烟熏法消毒，每立方米空间用本品 5 g，与 1/2 量的助燃剂（如焦糠）混合后点燃于室内，密闭门窗 2～12 h 或更长时间后，敞开门窗通风即可。③ 干粉消毒：用于含水量较多的排泄物或潮湿地面的消毒。用量可按排泄物量的 1/15～1/10 计算，处理时应略加搅拌，待作用 2～4 h 或更长时间后再清除掉。

（4）应用注意。

① 本品有腐蚀作用和漂白作用，使用时应戴口罩、手套等防护用品。② 不可消毒纺织

物或金属用具。③烟熏消毒时应先将表面清除干净，晾干后方可消毒。④用助燃剂熏烟时，应临用时现配。

15. 洗消净

（1）性状。

本品是由次氯酸钠溶液（含氯量不得低于 5%）和 40% 十二烷基磺酸钠溶液等量混合配制而成，它是一种新型的含氯消毒洗涤剂。

（2）作用与用途。

本品对细菌、芽孢、病毒均有杀灭作用，为广谱、高效、快速的杀菌消毒剂。

使用范围广泛，可用于医疗器械、各种用具、动物食具及排泄物的消毒等。还可用于蔬菜、水果、生鱼及生肉等的洗涤消毒。

（3）用法与用量。

取本品 25 mL，用 10 L 水稀释，将被洗涤物品放在此溶液中刷洗，即可达到消毒的目的。油污较多的物品，需在溶液中浸泡 3～5 min，然后再刷洗，刷洗后用自来水冲洗干净即可。

（4）应用注意。

配制本品可用自来水。冬季油垢易凝固，故水温应保持在 40 ℃ 左右。不宜在高温和强光下存放。

未经稀释的原液，有较强的漂白及腐蚀作用，故不能用于有颜色物品的消毒，也不要滴在带色的衣物上。

16. 复合亚氯酸钠（达奥赛）（Sodium chlorite composite）

（1）性状。

本品含二氧化氯（ClO_2）为 22.5%～27.5%（g/g），含活化剂以盐酸（HCl）计不得少于17%（g/mL）。呈白色粉末或颗粒，有弱漂白粉气味。

（2）作用与用途。

本品以亚氯酸钠为主要药物，加活化剂和赋形剂制成，具有较强的杀灭细菌及病毒的作用，为一种较好的新型广谱消毒防腐药物，并有除臭作用。可用于畜舍、饲喂动物的器具及饮水等的消毒。

（3）用法与用量。

应用时取本品 1 g，加水 10 mL 溶解，再加活化剂 1.5 mL 活化后，加水至 150 mL 为原液备用。喷洒：将备用原液稀释 15～20 倍喷洒，消毒畜舍、饲喂器具等；按 200～1 700 倍稀释，用于饮水消毒等。

（4）应用注意。

① 避免与强还原剂及酸性物质接触；② 现用现配；③ 本品浓度为 0.01% 时，对铜、铝有轻度腐蚀，对碳钢有中度腐蚀作用。

（八）染料类

染料可分为碱性和酸性两大类。它们的阳离子或阴离子，能分别与细菌蛋白质的羧基和氨基相结合，从而影响其代谢，呈抗菌作用。常用的碱性染料，对革兰氏阳性菌有效，而一般酸性染料的抗菌作用则微弱。

1. 甲紫（Methylrosanilinium Chloride）

又称龙胆紫或结晶紫。

（1）性状。

甲紫、龙胆紫和结晶紫是一类性质相同的碱性染料，为暗绿色带金属光泽的粉末，可溶于水及醇。龙胆紫和甲紫是氯化五甲烷与氯化六甲烷对玫瑰苯胺的混合物。龙胆紫以氯化六甲烷对玫瑰苯胺为主，甲紫以氯化五甲烷对玫瑰苯胺为主，而结晶紫纯系六甲烷衍生物，三者可以通用，其中以龙胆紫的应用较为广泛。

（2）作用与用途。

甲紫为碱性染料，对革兰氏阳性菌有选择性抑制作用，对真菌也有作用。其毒性很小，对组织无刺激性，有收敛作用。

（3）用法与用量。

1%～3%水溶液或酒精溶液、2%～10%软膏，治疗皮肤、黏膜创伤及溃疡。1%水溶液也用于治疗烧伤。

2. 依沙吖啶（利凡诺，雷佛奴尔）[Ethacridine（Rivanol）]

（1）性状。

本品为鲜黄色结晶性粉末，无臭，溶于水，难溶于酒精。水溶液呈黄色，对光观察，可见绿色的荧光，呈中性反应。

（2）作用与用途。

本品为外用杀菌防腐剂，对革兰氏阳性菌及少数阴性菌有强大的抑菌作用，但作用缓慢。对组织无刺激性，毒性低，穿透力较强。

（3）用法与用量。

可用0.1%溶液冲洗或湿敷感染创，1%软膏用于小面积化脓创。

3. 孔雀石绿（Malachite Green）

（1）性状。

本品为翠绿色晶体，溶于水及乙醇。

（2）作用与用途。

本品防治鱼卵的水霉寄生有效。还可治疗鲤鱼小瓜虫病、杜氏车轮虫病等。

（3）用法与用量。

对患水霉病的大鱼，用67 mg/L水浓度药浴30 s有效。在水温5～8 ℃，用0.5 mg/L水药浴3 d，治疗斜管虫病等。

（4）应用注意。

溶液在光照下可分解生成剧毒产物，变为褐绿色，则证实已分解。当溶液中氯化钠浓度高于0.5%时，本品可从溶液中析出；遇碱和碘易析出沉淀。长期使用可延缓伤口愈合。

4. 亚甲蓝（美蓝）（Methylenene Blue）

（1）性状。

本品为深绿色有光泽的柱状结晶粉，易溶于水和醇。

（2）作用与用途。

本品可防治鱼病。另具解毒作用。

（3）用法与用量。

全鱼池泼洒可治疗小瓜虫、斜管虫、口丝虫、三代虫等鱼的寄生虫病。依病情轻重，用 1 ~ 4 mg/L 水浓度，隔 1 d 用 1 次。治疗鳗鱼水霉病用 2 ~ 3 mg/L 水浓度，隔 2 ~ 3 d 用 1 次。

5. 中性吖啶黄（Neutral Acridine Yellow）

（1）性状。

本品为深橙色粒状粉末，溶于水，其水溶液呈橙红色，稀释时显现荧光性。

（2）作用与用途。

本品具有较广的抗菌谱，对革兰氏阳性菌有较强杀灭作用，对革兰阴性菌也有一定的杀菌作用。用于消毒、鱼病防治等。

（3）用法与用量。

全鱼池泼洒，用 10 mg/L 水浓度，治疗小瓜虫病、烂鳍病和水霉病等。用 500 mg/L 水浓度，浸洗 30 min，消毒鱼卵和伤口。用 0.1% 水溶液与碎肉混合后投喂幼鲑，可防治六鞭毛虫病。

（九）重金属盐类

重金属如汞、银、锌的化合物都能与细菌蛋白质结合，使之沉淀，从而产生抗菌作用。抗菌作用强度取决于重金属离子的浓度、性质以及细菌的特性。高浓度的重金属盐有杀菌作用，低浓度能抑制细菌酶系统的活性基团，故有抑菌作用。重金属离子容易与某些酶的巯基相结合，而使酶失去作用，从而影响细菌的生长繁殖。

1. 升汞（二氯化汞）（Mercuric Chloride）

（1）性状。

本品为白色斜方形结晶块或白色结晶性粉末，在酒精中易溶，可溶于水，水溶液呈酸性。

（2）作用与用途。

1∶1 000 倍溶液起抑菌作用，对芽孢无效。对组织有腐蚀性。主要用于非金属器械、排泄物及厩舍用具的消毒。

（3）制剂、用法与用量。

升汞片：为红色或蓝色片剂，每片含升汞和氯化钠各 0.1 g。加入等量氯化钠的目的在于降低升汞的离解度，增加升汞的穿透力。用 0.05% ~ 0.2% 溶液作消毒用。

（4）应用注意。

本品有剧毒，不可内服，不可与伤口接触。应妥善保管。溶液应着色，以引起警惕。

2. 红汞（汞溴红）[Merbromin（Mercurochrome）]

（1）性状。

本品为绿色鳞片状结晶或颗粒，易溶于水和酒精。

（2）作用与用途。

本品防腐作用较弱，刺激性小，可外用及用于浅表创面消毒。

（3）用法与用量。

2% 溶液用于皮肤、黏膜和创伤消毒。

3. 黄氧化汞（黄降汞）（Yellow Mercuric Oxide）

（1）性状。

本品为黄色至橙黄色无晶形细粉，几乎不溶于水和酒精，溶于稀盐酸或硝酸。无臭，遇光易变色。应避光、密封保存。

（2）作用与用途。

本品与组织接触后，逐渐游离出微量汞离子，发挥长时间的抑菌作用。对组织的刺激性较小，外用治骨髓炎有效。

（3）制剂、用法与用法。

1% 眼膏治疗结膜炎、角膜炎、角膜翳等。

4. 氯化氨基汞（白降汞）（Mercuric Aminochloride）

（1）性状。

本品为白色粉末，无臭，难溶于水及酒精，遇光易分解。应避光、密封贮存。

（2）作用与用途。

本品外用有抗菌、消炎和抗寄生虫的作用。

（3）用法与用量。

1% 软膏治疗慢性结膜炎，5%～10% 软膏治疗皮肤化脓性感染、真菌性皮肤病等。

5. 硫柳汞（硫汞柳酸钠）（Thiomersal）

（1）性状。

本品是汞的有机盐，含汞 49% 左右。白色结晶状粉末，易溶于水和酒精，稍有臭味，遇光易分解。应避光、密封保存。

（2）作用与用途。

本品抗菌作用强于红汞，对组织刺激性较小，对细菌及真菌均有抑制作用。可用于皮肤或黏膜的消毒，或用于药剂的防腐。主要用作生物制品的抑菌剂。

（3）用法与用量。

0.1% 溶液可用作皮肤消毒，0.02% 溶液用于黏膜消毒，0.1% 醇溶液用于外科手术前的皮肤消毒。0.01%～0.02% 溶液可用作药物制剂，特剂是用作生物制品的防腐剂。

（4）应用注意。

本品忌与酸、碘类、银盐等配伍。

6. 硝甲酚汞（米他芬）［Nitromersol（Metaphen）］

（1）性状。

本品呈黄色或棕黄色粉末或颗粒，不溶于水，难溶于醇，氢氧化钠可促进本品溶解。

（2）作用与用途。

本品抗菌作用较强，刺激性小，毒性低。用于皮肤、黏膜及器械消毒。

（3）制剂、用法与用量。

本品 0.01% ~ 0.02% 水溶液冲洗眼结膜、泌尿道、创伤及皮肤破损面；0.02% ~ 0.1% 溶液浸泡器械。

米他芬酊：由 0.5 g 米他芬溶于 10 mL 丙酮、40 mL 水和 50 mL 乙醇中和而成，用于术部皮肤消毒。

（十）表面活性剂

表面活性剂又称除污剂或清洁剂。这类药物能降低表面张力，改变两种液体（常为油类和水）之间的表面张力，有利于乳化除去油污，起清洁作用。此外，这类药物能吸附于细菌表面，改变细菌体细胞膜的通透性，使菌体内的酶、辅酶和代谢中间产物逸出，阻碍细菌的呼吸及糖酵解过程，并使菌体蛋白变性，因而呈现杀菌作用。这类药物分为阳离子表面活性剂、阴离子表面活性剂与不游离的表面活性剂 3 种。常用的为阳离子表面活性剂，其抗菌谱较广，显效快，并对组织无刺激性，能杀死多种革兰氏阳性菌和阴性菌，对多种真菌和病毒也有作用。其效力可被有机物、血浆及阴离子表面活性剂（如肥皂）降低。阴离子表面活性剂仅能杀死革兰氏阳性细菌。不游离的表面活性剂无杀菌作用。阳离子和阴离子表面活性剂的作用能相互抵消，因此不可同时应用。

1. 苯扎溴铵（新洁尔灭）[Benzalkonium Bromide（Bromo-Geramine）]

（1）性状。

本品为季铵盐消毒剂，无色或淡黄色胶状液体，易溶于水，水溶液为碱性。耐加热加压，性质稳定，可保存较长时间效力不变。对金属、橡胶、塑料制品无腐蚀作用。

（2）作用与用途。

本品有较强的消毒作用，对多数革兰氏阳性菌和阴性菌，接触数分钟即能杀死。对病毒效力差，不能杀死结核杆菌、真菌和炭疽芽孢。

（3）用法与用量。

0.1% 溶液消毒手指，或浸泡 5 min 消毒皮肤、手术器械和玻璃用具等。0.01% ~ 0.05% 溶液用于黏膜（阴道、膀胱等）及深部感染伤口的冲洗。

养蚕生产上用新洁尔灭稀释液与石灰粉配成混合消毒剂，用于丝茧生产的蚕室、蚕具消毒。

应用 0.1% 的水溶液消毒被美洲幼虫腐臭病和欧洲幼虫腐臭病污染的蜂箱和巢脾。

（4）应用注意。

忌与碘、碘化钾、过氧化物等配伍应用。不可与普通肥皂配伍。浸泡器械时应加入 0.5% 亚硝酸钠，以防生锈。

不适用于消毒粪便、污水、皮革等。

2. 氯己定（洗必泰）[Chlorhexidine（Hibitane）]

（1）性状。

本品的盐酸盐或醋酸盐，均为白色结晶状粉末，无臭，有苦味，微溶于水及酒精。

（2）作用与用途。

本品有广谱抑菌、杀菌作用，对革兰氏阳性菌、阴性菌及真菌均有杀灭作用，无局部刺激性。

（3）制剂、用法与用量。

0.02% 水溶液用于手术前泡手，3 min 即可达到消毒目的。0.05% 水溶液用于冲洗创伤。0.1% 水溶液浸泡器械（其中应加 0.1% 亚硝酸钠），一般浸泡 10 min 以上。

0.5% 水溶液喷雾或擦拭无菌室、手术室用具。0.05% 水溶液或酒精溶液进行术前消毒，效力与碘酊相等。

盐酸洗必泰和醋酸洗必泰外用片每片 5 mg。

（4）应用注意。

药液使用过程中效力可减弱，一般应每 2 周换 1 次。长时间加热处理可发生分解。其他注意事项同新洁尔灭。

3. 消毒净（Myristylpicolinium Bromide）

（1）性状。

本品为白色结晶性粉末，无臭，味苦，微有刺激性。易受潮，易溶于水、酒精，水溶液易起泡沫，对热稳定。

（2）作用与用途。

本品为阳离子表面活性剂，作外用广谱消毒药，对革兰氏阳性菌及阴性菌，均有较强的杀菌作用。常用于手、皮肤、黏膜、器械等的消毒。

（3）用法与用量。

0.05% 水溶液可用于冲洗黏膜。0.1% 水溶液用于手指和皮肤消毒。0.05% 水溶液（加入 0.5% 亚硝酸钠）用于浸泡金属器械。

（4）应用注意。

不可与合成洗涤剂或阴离子表面活性剂接触，以免失效。在水质硬度过高的地区应用时，药物浓度应适当提高。

4. 度米芬（消毒宁）（Domiphen Bromide）

（1）性状。

本品为白色或微黄色片状结晶，味极苦，能溶于水、酒精、丙酮，水溶液 pH 值为 6.5～7.5。

（2）作用与用途。

为表面活性广谱杀菌剂，由于能扰乱细菌的新陈代谢而产生杀菌作用。在碱性溶液中效力增强，在酸性、有机物、脓、血存在条件下则减弱。用于口腔感染的辅助治疗及皮肤消毒。

（3）用法与用量。

0.02%～1% 溶液用于皮肤、黏膜消毒及局部感染湿敷。0.05%（加 0.05% 亚硝酸钠）水溶液用于器械消毒。还可用于食品厂、奶牛场的用具设备的贮藏消毒。

（4）应用注意。

禁与肥皂、盐类和其他合成洗涤剂、无机碱配伍用，避免使用铝制容器。消毒金属器械需加 0.5% 亚硝酸钠防锈。可引起人的接触性皮炎。

5. 曲比氯铵（创必龙）（Triclobisonium Chloride）

（1）性状。

本品为白色结晶性粉末，无臭或微有刺激性臭味，有吸湿性，在空气中稳定，易溶于水、乙醇和氯仿。

（2）作用与用途。

本品为双链季铵盐，对一般抗生素无效的葡萄球菌、链球菌和念珠菌以及皮肤癣菌等均有抑制作用。

（3）用法与用量。

0.1%乳剂或0.1%油膏用于防治烧伤后感染、术后伤口感染及白色念珠菌感染等。

6. 百毒杀（癸甲溴铵溶液）（Deciguam）

（1）性状。

本品为无色、无臭液体，能溶于水，振摇时有泡沫产生。溶液有50%和10%两种浓度。

（2）作用与用途。

本品为双链季铵盐消毒剂。能迅速渗入胞质膜，改变细胞膜通透性，因此，具有较强的杀菌作用。对细菌、病毒及真菌等都有杀灭作用，可用于饮水、环境、种蛋、饲养用具及孵化室消毒，还可用于肉制品和乳制品机械的消毒。

（3）用法与用量。

厩舍、器具消毒用0.015%~0.05%溶液，饮水消毒用0.002 5%~0.005%浓度（以癸甲溴铵计）。

（4）应用注意。

不可超量用，避免中毒。

7. 十二烷基二甲基甜菜碱（Lauryl Dimethyl Betaine）

（1）性状。

无色至浅黄色透明黏稠液体，可溶于水，为两性离子表面活性剂。能与各种类型染料、表面活性剂及化妆品原料配伍，对次氯酸钠稳定，不宜在100 ℃以上长时间加热。

（2）作用与用途。

本品对皮肤刺激性低，生物降解性好，具有优良的去污杀菌、柔软性、抗静电性、耐硬水性和防锈性。配制香波、泡沫浴液、敏感皮肤制剂、儿童清洁剂等，也可用作纤维、织物柔软剂和抗静电剂、钙皂分散剂、杀菌消毒洗涤剂及橡胶工业的凝胶乳化剂、兔羊毛缩绒剂、灭火泡沫剂等，亦是农药草甘膦的增效剂。

（3）用法与用量。

与其他阳离子表面活性剂复配使用，用量为5%~8%。

（十一）其他消毒防腐药

1. 环氧乙烷（Ethylene Oxide）

（1）性状。

本品在低温时为无色透明液体，易挥发（沸点10.7 ℃），有醚样气味，能溶于水和大部分有机溶媒。沸点以下为易挥发的液体，易燃烧，在空气中其蒸气达 3% 以上就能引起燃烧。对人体有中等毒性。

（2）作用与用途。

本品为广谱、高效的气态消毒药，对细菌、芽孢、真菌、立克次氏体和病毒等各种微生物都有杀灭作用。适用于精密仪器、医疗器械、生物制品、皮革等的消毒，也可用于仓库、实验室、无菌室等空间消毒。

（3）用法与用量。

杀灭繁殖型细菌，每立方米用 300～400 g，作用 8 h；消毒芽孢和真菌污染的物品，每立方米用 700～950 g，作用 24 h。一般置消毒袋内进行消毒。

（4）应用注意。

本品对人、畜有一定的毒性，应避免接触。贮存或消毒时禁止有火源，应将 1 份环氧乙烷和 9 份二氧化碳的混合物贮于高压钢瓶中备用。

2. 水杨酸苯酯（萨罗）[Phenyl Salicylate（Saloe）]

（1）性状。

本品为白色结晶性粉末，易溶于水。

（2）作用与用途。

本品本身无消毒防腐作用，内服到达肠道的碱性环境后，可分解成苯酚和水杨酸，而起防腐消毒作用。部分由尿道排出，防腐消毒作用较弱。

（3）用法与用量。

内服量：马、牛 15～25 g/次，猪、羊 2～10 g/次，犬 0.1～1 g/次。外用粉末或酒精溶液治疗溃疡和瘘管。

3. 水杨酰苯胺（Salicylanilide）

（1）性状。

本品为白色或略带粉红色结晶，微溶于水，易溶于乙醇、苯、氯仿等。

（2）作用与用途。

本品有抗真菌作用。单用或与十一烯酸等配成各种制剂，治疗各种癣病。

（3）用法与用量。

4.5%～5% 软膏外用涂擦，浓度超过 5% 时，对皮肤有刺激作用。

4. 托萘酯（发癣退，癣退）[Tolnaftate（Tinactin）]

（1）性状。

本品为白色结晶或粉末，无臭，几乎不溶于水，微溶于乙醇，易溶于氯仿。

（2）作用与用途。

本品为局部抗真菌剂，对表浅真菌感染是良好外用药，用于治疗癣病。对念珠菌属感染无效。

（3）用法与用量。

外用 2% 软膏或 1% 乳剂，1 日 2～3 次。

5. 月苄三甲氯铵（消毒优）（Halimide）

（1）性状。

本品为氯化三甲基烷基苄基铵的混合物，在常温下为黄色胶状体，几乎无臭，味苦，水溶液振摇时产生多量泡沫。本品在水或乙醇中易溶，在非极性有机溶剂中不溶。

（2）作用与用途。

本品具有较好的杀灭细菌及病毒的作用，可用于畜、禽舍及其饲养器具的消毒。

（3）制剂、用法与用量。

将本品用水按1∶300倍稀释后，用喷洒法消毒畜、禽舍地面和墙壁。用水按1∶（1 000～1 500）倍稀释，可浸泡洗涤饲养器具进行消毒。

月苄三甲氯铵溶液：含烃铵盐9.3%～10.7%，为无色或淡黄色的澄明液体。用法同月苄三甲氯铵。

（4）应用注意。

本品禁止与肥皂、酚类、酸类、碘化物等消毒防腐药混合使用。

6. 辛氨乙甘酸溶液（菌毒清）（Liquor Octicini）

（1）性状。

本品为黄色澄明液体，有微腥臭味，味微苦，强力振摇则产生多量泡沫。

（2）作用与用途。

本品为新型消毒防腐药，对细菌、病毒都有较强的杀灭作用。可用于畜舍、场地、器械、种蛋和手的消毒。

（3）用法与用量。

1∶（100～200）倍稀释液，用于喷洒畜舍、场地消毒，也可用于浸洗器械。1∶500倍稀释液用于种蛋的消毒，1∶1 000倍稀释液用于手的消毒。

（4）应用注意。

本品忌与其他消毒剂合用，不宜用于粪便、污秽物及污水的消毒。

7. 霉敌（Maid）

（1）作用与用途。

本品有效成分为硫化苯唑，具有消除曲霉菌属真菌污染的作用，故可以明显降低由曲霉菌属生长在孵化器内以及蛋上真菌的污染程度，从而消除小鸡曲霉菌病。

（2）用法与用量。

本品为烟熏片剂，每片60 g，含硫化苯唑11.7%。在种蛋孵至第十七日（即转蛋前1日），将片剂放入孵化器内烟熏；如小鸡曲霉菌病经常发生，需在种蛋放入孵化器的当日加1次烟熏处理。一般每100 m³空间用药4～8片。

（3）应用注意。

熏烟期间，人、畜不得进入现场。在点燃片剂时，先让大量新鲜空气在室内流通，驱除已在室内悬浮的可燃性尘粒，消除燃火突爆的可能性。

8. 羟苯乙酯（尼泊金乙酯）（Ethylparaben）

（1）性状。

本品为白色结晶性粉末，无臭或有轻微的特殊香气，味微苦、灼麻。本品在乙醇或乙醚中易溶，在氯仿中略溶，在甘油中微溶，在水中几乎不溶。本品的熔点为 114 ~ 118 ℃。

（2）作用与用途。

本品对真菌的抑菌效果较强，但对细菌的抑菌效果较弱。用作抑菌防腐剂，广泛用于液体制剂及半固体制剂，也可用于食品及化妆品的防腐。

（3）用法与用量。

常用浓度 0.03% ~ 0.15%。另 0.1% 滴眼剂用于治疗真菌性角膜溃疡。0.2% 为食物防腐，0.3% 为制剂防腐。

（4）应用注意。

① 本品与非离子表面活性剂（如吐温-20、吐温-80）、聚乙二醇-6 000 等合用，能增加本品的水溶度，但也能形成络合物而影响其抑菌作用。② 遇铁变色，遇强酸、强碱易水解。③ 当液体制剂中含有低浓度（2% ~ 15%）的丙二醇时，则其防腐作用增强。

五、饲料抗氧防霉剂

（一）抗氧化剂

饲料中的一些成分，特别是含油脂的鱼粉以及维生素 A、维生素 D 等，由于受空气中的氧、过氧化物或不饱和脂肪酸等的作用，而被氧化。为了防止这种氧化作用，需要在饲料中加入一定量的抗氧化剂。

1. 维生素 E（生育酚）[Vitamin E（Tocopherol）]

（1）性状。

本品为微黄色透明的黏稠液体，不溶于水，易溶于无水乙醇、乙醚或丙酮。

（2）作用与用途。

本品在脂肪及脂肪酸自动氧化过程中起游离基、反应链裂剂的作用，从而在油脂中起抗氧化剂作用。可作为高脂肪饲料抗氧化剂，又可预防产蛋鸡及雏鸡维生素 E 缺乏。

（3）用法与用量。

抗氧化添加量 100 ~ 500 mg/kg 饲料，如配合饲料脂肪超过 6% 或维生素 E 缺乏时，应增加添加量。

2. 丁羟基茴香醚 [Butylhydroxyanisol（BHA）]

（1）性状。

本品为白色或微黄色蜡样结晶性粉末，带有特异的酚类的臭气及刺激性气味，对热稳定。

（2）作用与用途。

本品是目前大量使用的油脂抗氧化剂。此外，还有较强的抗菌力，用 250 mg/kg 饲料可以完全抑制黄曲霉生长，200 mg/kg 饲料即可完全抑制食品及饲料中其他真菌如青霉、黑曲霉孢子的生长。

（3）用法与用量。

最大使用量为 0.2 g/kg 饲料。可先把该药配成乳化母液，再与配合饲料中含油脂高的部分充分搅拌预混，然后再与其他成分混合。

3. 二丁基羟基甲苯［Dibutyl Hydroxy Toluene（BHT）］

（1）性状。

本品为白色结晶或粉末，无味，无臭，不溶于水及甘油，能溶于乙醇、豆油、棉籽油及猪油等，对热稳定。

（2）作用与用途。

本品可用于长期保存的含油脂较高的饲料或食品。

（3）用法与用量。

饲料添加量不超过 0.2 g/kg。

4. 氧基喹啉（山道喹）（Ethoxyquin）

（1）性状。

本品为黏滞、呈橘黄色的液体，不溶于水，易溶于动、植物油中。

（2）作用与用途。

本品有较好的抗氧化作用。能作为维生素 A 的稳定剂。能提高绵羊瘤胃中胡萝卜素含量，同时阻止硝酸盐破坏肝脏积蓄的维生素 A 及肾脂肪中的维生素 A。

（3）用法与用量。

饲料添加量为 150 mg/kg。

（二）防霉剂

防霉剂主要作用是抑制微生物的代谢及生长。防霉时间长短取决于防霉剂的浓度。防霉剂主要从两方面发挥作用：一是破坏微生物细胞壁及细胞膜，另一方面是破坏细胞内的酶。一般在低剂量条件下，防霉剂只破坏微生物细胞。当剂量大时，对畜禽有害。

1. 苯甲酸钠（安息香酸钠）（Sodium Benzoate）

（1）性状。

本品为白色的颗粒或结晶性粉末，无臭或微带安息香的气味，味微甜而有收敛性。在空气中稳定，易溶于水。

（2）作用与用途。

本品是一种酸性防腐剂。在 pH 值低的条件下，对广泛的微生物有抑制作用，但对产酸菌作用弱。

（3）用法与用量。

在饲料中的添加量不超过 0.2%。

2. 山梨酸（Sorbic acid）

（1）性状。

为白色结晶或结晶性粉末，无臭或稍带刺激性臭味，微溶于水，易溶于热水与乙醇。

（2）作用与用途。

可抑制真菌生长，抑菌的最适 pH 值为 3 ~ 5.5。用作饲料、食品及药剂的防霉保存剂。本品不改变饲料等的气味，对家畜无不良影响。

（3）用法与用量。

饲料添加量为 0.05% ~ 0.15%。

3. 山梨酸钾（Potassium Sorbate）

（1）性状。

本品为无色或白色的鳞片状结晶或结晶性粉末，无臭或稍有臭气。在空气中不稳定，能被氧化着色。有吸湿性，易溶于水。

（2）作用与用途。

本品抑制真菌的作用有选择性，它可抑制有害真菌的生长，而对有益微生物的生长却无影响。

（3）用法与用量。

饲料添加量为 0.05% ~ 0.3%。

4. 露保细盐（丙酸钙）[Luprosil Salt（Calcium Propionate）]

（1）性状。

本品为近白色或淡黄色粉末或微粒，易溶于水，有丙酸特异气味。

（2）作用与用途。

本品为饲料防霉添加剂，可抑制真菌、细菌及酵母菌的生长，并可作饲料钙补充剂。

（3）用法与用量。

均匀混入饲料中，每吨饲料添加 3 ~ 7 kg。

5. 丙酸钠（Sodium Propionate）

（1）性状。

本品为白色粉末或结晶颗粒，流动性好，易溶于水，微溶于乙醇，无臭或稍有特异丙酸钠气味。

（2）作用与用途、用法与用量。

同丙酸钙。

6. 富马酸二甲酯（Dimethyl Fumarate）

（1）性状。

本品为白色结晶粉末，略溶于水，易溶于乙醇。

（2）作用与用途。

对真菌有较强的抑制作用，对动物无害。作为饲料防霉剂比山梨酸、丙酸类效果更好，还可改善口味。因其溶解度低，可先用乙醇溶解后喷洒在饲料中或用载体预混后再加入饲料中。

（3）用法与用量。

饲料添加量：500 ~ 800 mg/kg。

7. 安亦妥（Antitox）

（1）性状。

本品为灰白色粉末，表面积大，吸附力强，没有异味。不溶于水和一般的有机溶剂。

（2）作用与用途。

本品能吸附大分子的细菌、真菌毒素及其他杂质，可用于预防霉变饲料导致的真菌毒素中毒。对轻度真菌毒素中毒的畜禽，也有一定的治疗作用。

（3）制剂、用法与用量。

粉剂，混饲预防量为 300 ~ 500 mg/kg 饲料，治疗量为 1 000 ~ 1 500 mg/kg 饲料。

六、灭鼠药

灭鼠药是指对啮齿类动物有较强毒性作用的一类化学毒剂。把它掺入诱饵中配制成毒饵，是当前主要的灭鼠方法。我国使用的灭鼠药可分为急性灭鼠药和慢性灭鼠药两类。

（一）急性灭鼠药

急性灭鼠药也称速效灭鼠药或单剂量灭鼠药。此类药使用历史较长，野外农田使用方便，作用快，鼠食后即可致死，但毒性较大，对人、畜不安全。

1. 磷化锌（Zinc Phosphide）

（1）性状。

本品为灰黑色有光泽的粉末，有强烈的大蒜气味。不溶于水和乙醇，稍溶于油类。在干燥状态下毒性稳定，受潮或加水均能分解，故制成毒饵后效力逐渐下降。用油作黏着剂的毒饵有防潮作用，在野外使用数月不失效。

（2）作用与用途。

本品主要作用于鼠的神经系统，破坏新陈代谢功能。它是一种广谱性灭鼠药，可杀灭多种鼠类。长期重复使用，易引起老鼠拒食，有些地方反映其效果不够理想。

（3）制剂、用法与用量。

毒饵浓度一般为 3% ~ 8%。

毒饵：用粮食 5 kg，煮至半熟，晾至七成干，加食油 100 g、磷化锌 125 g，拌匀即成。将毒饵投放到鼠洞口旁，每处可放 5 ~ 10 g。

毒粉：磷化锌 5 ~ 10 g，加干面粉 90 ~ 95 g，混合均匀，撒布于鼠洞内，能粘在鼠的皮毛和趾爪上，鼠舔毛时即可中毒致死。

（4）应用注意。

本品遇潮易分解失效，应临用现配。严防家畜、家禽误食。

2. 毒鼠磷（Gophacide）

（1）性状。

本品为白色粉末或结晶，无臭。难溶于水，易溶于丙酮、乙醇和苯。在干燥状态下比较稳定，在室温下不易分解。

（2）作用与用途。

为胆碱酯酶抑制剂，可使老鼠因肺水肿、缺氧、心血管麻痹而死亡。主要用于杀灭野鼠，也可灭家鼠，但适口性较差，效果不及磷化锌。

（3）用法与用量。

毒饵浓度一般为 0.1% ~ 1%。

醇溶法：将含量 90% 以上的毒鼠磷溶于 14 倍量的 95% 乙醇中，溶解后加入适量的谷物或面粉，再加少许食油、白糖搅匀即成。

混合法：将毒鼠磷精品先加少许面粉拌匀，再加入需要的全量面粉，加水拌匀制成小颗粒或条、块，晾干即可。

黏附法：将毒鼠磷精品加适量面粉拌匀，再与黏有植物油的谷物拌匀制得。

根据鼠体大小及数量，用药量为 0.2% ~ 1%，一次性撒布在鼠洞口附近，鼠食毒饵后多数在 24 h 内死亡。

（4）应用注意。

配制毒饵时要戴橡皮手套、口罩及防护眼镜，防止经皮肤吸收中毒。对家畜、家禽要严防误食中毒。若家畜中毒，注射阿托品和解磷定，解毒有特效。

3. 甘氟（Gliftor）

（1）性状。

本品为无色或微黄色透明油状液体，略有酸味，易溶于水、乙醇、乙醚。化学性质较稳定，但暴露在空气中易挥发。

（2）作用与用途。

本品具有选择性毒力。鼠中毒后食欲减退或消失，呼吸和心跳加快，中毒严重时出现阵发性痉挛，部分有角弓反张，多死于 24 h 内死亡。二次中毒的危险性小些。

本品主要用于农田、草原、林区等处灭野鼠。毒饵投放在野外，残效期 10 d 以上。

（3）制剂、用法与用量。

毒饵：一般配成 0.5% ~ 1%。即取 25 ~ 50 g 甘氟，溶于 500 mL 温水中，洒于 5 kg 粮食上拌匀，密闭放置数小时，待毒水被粮食吸收后，再加入 25 ~ 50 mL 植物油拌匀即可使用。每个洞口投放 15 ~ 30 g。

毒水：配制成 0.2% ~ 1% 水溶液。草地灭鼠，按每平方米 50 ~ 150 mL 喷洒。

（4）应用注意。

本品可通过皮肤吸收和呼吸道吸入而引起中毒，配制毒饵时，要戴口罩和胶皮手套，注意安全。

4. 灭鼠宁（鼠特灵）（Norbormide）

（1）性状。

本品为灰白色粉末，无臭，无味，难溶于水，溶于稀盐酸。

（2）作用与用途。

本品为急性选择性灭鼠药，对大家鼠、褐家鼠有高毒性，对屋顶鼠毒性较低，对小家鼠无毒性。其毒鼠作用与温度有关，在低温下毒鼠效果更好。鼠类对本品可产生拒食性。

（3）用法与用量。

配成 0.5% ~ 1% 的毒饵投用。

5. 溴甲烷（甲基溴）（Bromomethane）

（1）性状。

本品在常温下为无色、无臭气体，比重 3.27，不溶于水。

（2）作用与用途。

本品易挥发，故具有扩散性、渗透性强，散毒快等特点。对鼠类、昆虫的毒杀力强。主要用于仓库的熏蒸灭鼠和杀虫。

（3）用法与用量。

用金属或橡胶管道将装在钢瓶中的溴甲烷从高处送入仓库内，施药时钢瓶应放在磅秤上以便计量。灭鼠用量为 $3.5 \sim 18 \ g/m^3$，熏蒸 $6 \sim 12 \ h$。

（4）应用注意。

人易吸入而蓄积中毒。为了安全，空气中最高允许浓度为 $1 \ mg/m^3$，熏蒸时室内温度不低于 5 ℃。

6. 磷化铝（Aluminum Phosphide）

（1）性状。

本品为深灰色或黄色的高熔点结晶。有电石气味，分解速度比较缓慢，在室温低于 25 ℃、相对湿度 50% ~ 70% 时，约经 4 h 分解失效。

（2）作用与用途。

本品在干燥状态下很稳定，遇湿很快分解放出磷化氢而对鼠类起熏杀作用。通常用于杀灭草原及农田鼠类。

（3）用法与用量。

一般每个鼠洞口放 0.5 ~ 1 片（现在市场上出售的药片重有 3.3 g 和 6.6 g 两种）。如果鼠洞口多，在放药前将其他洞口用细土堵塞封好，只留一个洞口，再将药放入留的洞口内，最后再将洞口用杂草或土块堵塞，用细土封好。如在药片投入鼠洞口时加少量水，使药片迅速分解，则发挥药效更快，灭鼠效果更好。

（4）应用注意。

① 居住房内及周围禁止使用，严防人、畜中毒。② 投药人员必须戴手套，投药后要洗净手脸。③ 不要迎风开药筒。如出现冒火花现象，静放片刻即可自灭，必要时可用土盖灭，严禁用水浇。④ 药筒内小布袋为吸潮剂，吸附有磷化氢气体，有毒、易燃，应深埋土中，不可乱扔。⑤ 药片一旦变成灰白色粉末，表示已分解失效。

7. 硫黄烟雾炮

（1）性状。

本品是用硝酸钾（50%）、硫黄（25%）、锯末（17%），混合均匀后，取 10 g 此粉装入长 9.5 cm、直径 2.5 cm 的圆柱形纸筒内，用浆糊黏住一头，或用泥土堵塞好一头作底部，另一端将导火线的一头插入药粉中央，导火线的另一头伸出筒外，也用泥土将筒口封紧，待干后即可使用。

（2）作用与用途。

本制剂燃烧后产生的大量二氧化硫及硫黄气体，对鼠类起熏杀作用，杀灭农田野鼠有较好的效果。该制剂成本低，对人、畜较安全。一般投药后 1~2 min 即能熏死洞内的鼠类。使用不受季节限制，除冬眠期外，其他季节都可使用。

仓鼠、沙鼠洞浅，无堵洞习性，熏杀效果好。但鼠洞口多的，应先堵塞其他洞口，以防跑烟。鼢鼠洞道长，又有堵洞习性，熏杀效果不好，不宜使用。

（3）用法与用量。

放药前先经过仔细观察，洞内确有鼠后即可放药。若一洞多口时，可留一个位置低的洞口放药，将其他洞口堵塞后用泥土封好，以防鼠逃或跑烟。放药时先将灭鼠炮点燃，至冒出大量烟雾时，投入洞内，用土块盖住洞口，并用细土封严实。但要防止细土压灭燃火而影响效果。

8. 抗鼠灵（灭鼠优）（Pyrinuron）

（1）性状。

本品为无臭无味淡黄色粉末，微溶于水，易溶于丙酮、甲醇、乙腈、二甲基甲酰胺等有机溶剂。

（2）作用与用途。

本品是 20 世纪 70 年代出现的急性杀鼠剂，选择性较强，主要用于防治褐家鼠、长爪沙鼠、黄毛鼠、黄胸鼠等，对人及家畜、家禽较安全，二次中毒的危险性较小。高毒性。

（3）制剂、用法与用量。

多以黏附法配制毒饵防治害鼠，毒饵中有效成分含量为 0.5%~2%。

灭鼠优小麦毒饵：将小麦浸泡至发芽，捞出稍晾后拌入少量食油，按饵料重量的 1% 加入灭鼠优原粉并充分拌匀。视鼠密度每个房间投 10~50 g 毒饵，防治褐家鼠效果很好，用同样的方法配制的 2% 灭鼠优小麦毒饵防治黄胸鼠效果亦佳。

1% 灭鼠优莜麦蜡饵：1 份灭鼠优原粉、49 份莜麦面粉、15 份鱼骨粉、35 份石蜡、食油适量。将药粉用食油调匀，与莜麦面粉、鱼骨粉一齐倒入熔化的石蜡中，在微火加热下搅拌，制成 10 g 重的蜡块，每间房投 1~5 块，在北方盛产莜麦的地区使用此饵防治家栖鼠类效果很好。

2% 灭鼠优高粱毒饵：将高粱米润湿，加 3% 食用油拌匀，倒入相当于饵料重量的 2% 灭鼠优原粉，反复搅拌。防治长爪鼠可按洞投饵，每洞 1~2 g 毒饵即可。

1% 灭鼠优红薯毒饵：将红薯去皮切块，每块重约 1 g，按薯量拌入 1% 的灭鼠优原粉即成，等距离法布点，每 5 m 放一堆，每堆 5 粒毒饵，防治黄毛鼠等农田害鼠效果很好。

（二）慢性灭鼠药

慢性灭鼠药也称抗凝血性灭鼠药。其特点是作用缓慢，鼠类连续数日多次采食毒物，蓄积后方可中毒致死。此类药对人、畜的危害性较小，不产生急性中毒症状，使用比较安全，鼠类也较易接受，一般不会引起鼠类拒食，灭鼠效果优于急性灭鼠剂。其缺点是长期单一使用可产生耐药性和抗药性，影响灭鼠效果。

1. 敌鼠钠盐（双苯杀鼠酮钠盐）（Diphacine-Na）

（1）性状。

本品是茚满二酮类的抗凝血灭鼠剂，为黄色粉末，无臭、无味，溶于乙醇、丙酮，稍溶于热水（100 ℃ 水溶解度 5%），性质稳定。

（2）作用与用途。

本药作用较慢，主要作用有两方面：一是破坏血液中凝血酶原，使凝血时间显著延长；二是损伤毛细血管，增加管壁的通透性，引起内脏和皮下出血，最后死于内脏大量出血。本药对人、畜、禽毒性较低，但对猫、犬、猪毒性较强，可引起二次中毒。本品可用于家庭及野外大面积灭鼠。

（3）制剂、用法与用量。

毒饵：取敌鼠钠盐 5 g，加沸水 2 L 搅匀，再加 10 kg 杂粮，浸泡至毒水全部被吸收后，加入适量植物油拌匀，晾干备用。

混合毒饵：将敌鼠钠盐用面粉或滑石粉稀释成 1% 毒粉，再取毒粉 1 份，倒入 19 份切碎的鲜菜或瓜丝中拌匀即成。应临用现配。

毒水：用 1% 敌鼠钠盐 1 份，加水 20 份即成毒水。

连续多次投放毒饵，以补充被鼠吃掉的药量。一般在投药后 1～2 d 出现死鼠，第五至第八日死鼠达高峰，死鼠可延续 10 多日。

（4）应用注意。

投放毒饵后应加强管理，以防家畜误食中毒，或发生二次中毒。如发现家畜中毒时，用维生素 K，解毒效果好。

2. 氯敌鼠（氯鼠酮）[Chlorophacinone (Chloradion)]

（1）性状。

本品为黄色结晶粉末，不溶于水，可溶于乙醇、丙酮、乙酸、乙酯和油脂，无臭、无味，性质稳定。

（2）作用与用途。

本品是敌鼠钠盐的同类化合物。对鼠的毒性作用比敌鼠钠盐强。对人、畜及家禽毒性较小，使用较为安全。

本品对鼠类适口性好，不易产生拒食性。是广谱灭鼠剂，对毒杀家鼠和野栖鼠都有良好效果，尤其是可制成蜡块剂，用于毒杀下水道鼠类。

（3）制剂、用法与用量。

本品有含量 90% 原药粉、0.25% 母粉、0.5% 油剂等 3 种，使用时可配制成如下毒饵。

0.005% 水质毒饵：用含 90% 原药粉 3 g，溶于适量热水中，待凉后，拌于 50 kg 饵料中，晒干后使用。

0.005% 油质毒饵：用含量 90% 原药粉 3 g，溶于 1 kg 热食油中，冷至常温，洒于 50 kg 饵料中拌匀即可。

0.005% 粉剂毒饵：用含 0.25% 母粉 1 kg，加入 50 kg 饵料及少许植物油，充分混合拌匀即成。灭鼠时将毒饵投在鼠洞旁或鼠活动的地区。

3. 杀鼠灵（华法令）[Warfarin (Warfarat)]

（1）性状。

本品是香豆素类的抗凝血灭鼠剂，为白色粉末，无味，难溶于水，但能制成溶于水的钠盐，性质稳定。

（2）作用与用途。

本品 1 次投药的灭鼠效果较差，少量多次投放灭鼠效果好。鼠类对其毒饵接受性好，甚至出现中毒症状时仍采食。对人、畜及家禽等毒性很小。维生素 K_1 为有效解毒剂。

本品主要用于杀灭家鼠。

（3）制剂、用法与用量。

市售含杀鼠灵 2.5% 的母粉。

0.025% 毒米：取 2.5% 母粉 1 份、植物油 2 份、米渣 97 份，混合均匀即成。

0.025% 面丸：取 2.5% 母粉 1 份，与 99 份面粉拌匀，再加适量水，制成每粒 1 g 重的面丸，加少许植物油即成。

将毒饵投放在鼠活动的地方，每堆约 3 g，连投 3 ~ 4 d。

4. 杀鼠迷（立克命）（Racumin）

（1）性状。

纯品为黄褐色结晶粉末，无臭，无味，不溶于水。

（2）作用与用途。

本品属于香豆素类抗凝血性杀鼠剂，对鼠适口性好，毒杀力强，二次中毒极少，是当前较为理想的杀鼠药之一，可用于杀灭家鼠和野栖鼠类。

（3）制剂、用法与用量。

杀鼠迷的商品母粉浓度为 0.75%。

毒饵：将 10 kg 饵料煮至半熟，加适量植物油，取 0.75% 杀鼠迷母粉 0.5 kg，撒于饵料中拌匀即可。

水剂：市场出售的杀鼠迷水剂，有效成分含量为 3.75%。也可配制成 0.037 5% 饵剂使用。

毒饵一般分两次投放，每堆 10 ~ 20 g。

5. 大隆（杀鼠隆）[Talon（Brodifacoum）]

（1）性状。

本品为黄白色结晶性粉末，不溶于水，可溶于乙醇，性质稳定。

（2）作用与用途。

本品是目前抗凝血杀鼠药中毒力最大的一种，对各种鼠的口服急性致死量都不超过 1 mg/kg 体重，属"极毒"级。它还兼有急性和慢性积累毒杀作用，能有效地毒杀抗药性鼠，故称为第二代抗凝血杀鼠剂，是目前较理想的杀鼠药之一。可用于杀灭各种鼠类。

（3）用法与用量。

市售粉红警戒色大米毒饵，每鼠洞投放 5 g，连投 2 d，据试验观察，15 d 后灭鼠效果达 92% 左右。制成蜡块，适于潮湿地区应用。

（4）应用注意。

本品对人、畜毒性较大，鸡、犬更敏感，并可产生二次中毒。因此，最好在鼠类对其他灭鼠药产生耐药性的地区使用。防止畜、禽误食中毒。

6. 溴敌隆（溴敌鼠）（Bromadiolone）

（1）性状。

本品为白色结晶性粉末，不溶于水，溶于乙醇、丙酮。

（2）作用与用途。

本品属第二代抗凝血灭鼠药。对多种鼠有较强的毒杀作用，也能杀死对杀鼠灵有抗药性的鼠。在农田或林区一次投放效果较好。对禽类毒性较大。

（3）用法与用量。

我国目前市售的剂型有 0.5% 液剂、0.5% 母粉、0.05% 母粉、0.005% 颗粒剂及蜡块剂等。常用毒饵浓度为 0.005%。

本品因毒力强，可一次投药于农田、林区的鼠洞口及鼠活动的地方。

（4）应用注意。

本品毒性较强，配制及使用时，必须由专人负责，并采用一些防护措施。管理好畜、禽，严防中毒。维生素 K_1 解毒有特效。

7. 杀它仗（Statagen）

（1）性状。

纯品呈白灰色结晶性粉末，几乎不溶于水，微溶于乙醇，溶于丙酮。

（2）作用与用途。

本品为第二代抗凝血杀鼠药，其化学结构和生物活性都与溴敌隆类似，对各种鼠类都有很好的毒杀作用。适口性好，急性毒力大，一个致死剂量被吸收后 3～10 d 就发生死亡，一次投药即可。对其他动物毒性较低，但犬对它很敏感。适用于杀灭室内和农田的各种鼠类。

（3）用法与用量。

我国试验证明，用 0.005% 杀它仗稻谷毒饵，杀黄毛鼠达 98%，杀室内褐家鼠达 93.4%，一般一次投毒饵即可。稻田每公顷放 75 个点，每点投毒饵 20 g。

（三）生物毒素杀鼠剂

我国从 20 世纪 80 年代以来，从肉毒梭菌中分离出它的毒素用于灭鼠，取得了较好的杀鼠效果，这项成果开拓出了新的灭鼠途径。已知肉毒梭菌毒素分为 A、B、C、D、E、F、G 等 7 个型，灭鼠一般用 C 型肉毒梭菌毒素，属肉毒梭菌的外毒素。此毒素首先在青海省的高原草场试用灭鼠，其后大面积推广杀灭高原鼠兔、高原鼢鼠，取得杀灭 90% 以上的效果，现已在全国推广应用。

1. 性状

本品为一种大分子蛋白质（分为两个蛋白质成分：一个是具有活性的神经毒素，一个是无活性的凝血素）。原药（高纯度）为淡黄色液体。可溶于水，怕热、怕光。在 5 ℃ 下 24 h 后毒力开始下降，在 100 ℃ 下 2 min、80 ℃ 下 20 min、60 ℃ 下 30 min 其毒力即可被破坏。在 pH 值 3.5～6.8 时比较稳定，pH 值 10～11 时失活较快。在 –15 ℃ 以下低温条件下，可保存 1 年以上。

2. 作用与用途

该毒素可以通过胃肠道黏膜或呼吸道甚至皮肤损伤处，进入体内循环系统，作用于中枢神经的颅神经核、神经肌肉连接处以及自主神经的终端，阻碍神经末梢乙酰胆碱的释放，因此引起胆碱能神经（脑干）支配区肌肉和骨骼肌的麻痹，呈现软瘫现象，最后因呼吸肌的麻痹导致死亡。毒素进入体内一般 3~6 h 出现中毒症状。该毒素对鼠的适口性好，不会引起二次中毒。

本品一般在低温期或高寒地区使用效果更好，可用于杀灭高原鼠兔、高原鼢鼠、布氏田鼠、棕色田鼠等，均有较好的效果。

3. 制剂、用法与用量

100 万毒价/毫升 C 型肉毒素杀鼠剂水剂：一般采用 0.1%~0.2% 的浓度，配制成毒饵灭鼠。每公顷草原或农田用毒饵量 1 125 g。投放毒饵要均匀，通常在洞口投放毒饵或采取等距离投饵法。

毒饵的配制：配制毒饵时，先在拌饵容器内倒入适量清水（河水、自来水均可），但不宜使用碱性水，以略偏酸性为好。水的温度最好在 0~10 ℃ 之间，用水量依待拌毒饵数量而定。如配制 10 kg 燕麦毒饵，可用水 10 L，再从毒素瓶中倒入毒素搅动，使其充分溶解；若配制浓度为 0.1% 的毒饵，则在水中加入 100 万毒价/毫升 C 型肉毒素杀鼠剂水剂 50 mL，溶解后将 50 kg 的燕麦饵料倒入毒素稀释液中充分搅拌，使每粒饵料都沾有毒素液。

配制毒饵时，应将从冰箱中取出的毒素瓶放在 0 ℃ 冰水中，待其慢慢融化，千万不能用热水或加热融解，否则会因温度变化而降低毒性。配制毒饵的加水量要适宜，要求全部药液被饵料吸干并拌匀为宜。配好的饵料应当日用完，超过 2 日要重新拌药，否则会影响药效。

4. 应用注意

① 在拌毒饵及投放毒饵时，工作人员应戴口罩、手套及穿防护衣服，严格执行高毒农药操作规程。② 在操作时严禁喝水、抽烟、吃东西，操作完毕后做好自身消毒处理。③ 该毒素应由专人专库、专柜保管，包装材料及接触毒素的器具要专人妥善处理，未经消毒绝不可做他用。④ 本制剂应贮存在 -4 ℃ 以下低温冰柜中，切勿放在高温处或阳光下暴晒。严禁与饲料、食品、瓜果、蔬菜等混放。⑤ 草场投放毒饵后要禁牧 5~7 d。⑥ 人员万一误食中毒，应立即送往医院，由医生进行对症治疗。

七、消毒剂的配制方法

药物浓度是决定消毒效力的首要因素。化学消毒剂使用前应认真阅读说明书，搞清消毒剂的有效成分及含量，看清标签上的标示浓度及稀释倍数，然后按照要求正确配制成不同浓度的稀释液。只有合理计算并正确操作，才能获得准确的浓度和计量，进而保证良好的消毒效果。

（一）药物浓度的表示方法

消毒剂均以含有效成分的量表示，如含氯消毒剂以有效氯含量表示，60% 二氯异氰尿酸钠为原粉中含 60% 有效氯，20% 过氧乙酸指原液中含 20% 的过氧乙酸，5% 新洁尔灭指原液中含 5% 的新洁尔灭。对这类消毒剂稀释时不能将其当成 100% 计算使用浓度，而应按其实际含量计算。药物浓度表示方法常用的有 3 种。

1. 稀释倍数

这是制造厂商依其药剂浓度计算所得的稀释倍数，表示 1 份的药剂以若干份的水来稀释而成，如稀释倍数为 1 000 倍时，即在每升水中添加 1 mL 药剂以配成消毒溶液。

2. 百分浓度（%）

即每 100 份药物中含纯品（或工业原药）的份数。百分浓度又分重量百分浓度、容量百分浓度和重量容量百分浓度 3 种。

（1）重量百分浓度（W/W）。

即每 100 g 药物中含某药纯品的克数。如 6% 可湿性六六六粉，指在 100 g 可湿性六六六粉中，含有效成分丙体六六六 6 g，通常用于表示粉剂的浓度。

（2）容量百分浓度（V/V）。

即每 100 mL 药物中含某药纯品的毫升数。如 90% 酒精溶液，指在 100 mL 酒精溶液中含纯酒精 90 mL，通常用于表示溶质及溶剂的浓度。

（3）重量容量百分浓度（W/V）。

即每 100 mL 药物中含某药纯品的克数。如 1% 的敌百虫溶液，指在 100 mL 敌百虫溶液中含纯敌百虫 1 g。溶质为固体，溶液为液体时用此法表示。

（二）百万浓度（ppm）

表示每 1 m^3（1 m^3 等于 1 000 000 mL）溶液中含有效成分药品的毫升数或克数。如某消毒剂稀释浓度 150 ppm，即是 1 m^3 水中含有消毒剂 150 mL。药物不同种类浓度可以相互换算，换算公式如下：

$$百万分浓度（mg/kg）= 百分浓度 \times 10\ 000$$

稀释倍数与百分浓度的换算：

$$百分浓度（\%）= 百万分浓度/10\ 000$$

$$稀释后百分浓度（\%）= 原药浓度/稀释倍数$$

$$稀释倍数 = 原药浓度/稀释后的百分浓度$$

（三）药液稀释计算方法

1. 稀释浓度计算方法

按药物总含量在稀释前与稀释后其绝对值不变，可以列出如下两个公式：

（1）浓溶液容量 =（稀释液浓度/浓溶液浓度）× 稀释液容量。

【例】 若配 0.2% 过氧乙酸 3 000 mL，问需要 20% 过氧乙酸原液多少？

解： 20% 过氧乙酸原液用量 =（0.2/20）× 3 000 = 30（mL）

需要 20% 过氧乙酸 30 mL，欲配成 0.2% 过氧乙酸 30 mL，用水稀释至 3 000 mL 即可。

（2）稀溶液容量 =（浓溶液浓度/稀溶液浓度）× 浓溶液容量。

【例】 现有 20% 过氧乙酸原液 30 mL，欲配成 0.2% 过氧乙酸溶液，问能配多少毫升？

解： 能配 0.2% 的过氧乙酸溶液量 =（20/0.2）× 30 = 3 000（mL）

能配 0.2% 过氧乙酸溶液 3 000 mL。

2. 稀释倍数计算方法

稀释倍数是指原药或加工剂型同稀释剂的比例，它一般不能直接反映出消毒、杀虫药物的有效成分含量，只能表明在药物稀释时所需稀释剂的倍数或份数。如高锰酸钾 1：800 倍稀释；辛硫磷 1：500 倍稀释等。稀释倍数计算公式有如下两种：

（1）由浓度比求稀释倍数。

$$稀释倍数 = 原药液浓度/使用浓度$$

【例】 50% 辛硫磷乳油欲配成 0.1% 乳剂杀虫，问需稀释多少倍？

解： 稀释倍数 = 50/0.1 = 500（倍）

即取 50% 辛硫磷乳油 1 kg，加水 500 L。

稀释剂的用量如稀释在 100 倍以下时，等于稀释倍数减 1；如稀释倍数在 100 倍以上，等于稀释倍数。如稀释 50 倍，则取 1 kg 药物加水 49 L（即 50 − 1 = 49）。

（2）由重量比求稀释倍数。

$$稀释倍数 = 使用药物重量/原药物重量$$

【例】 用双硫磷锯末防治鸡舍附近稻田内蚊幼虫，需 50% 双硫磷乳油 1 kg，加水 9 L，加入 50 kg 锯末中浸清搅匀制成，求双硫磷的稀释倍数？

解： 稀释倍数 =（1 + 9 + 50）/ 1 = 60（倍）

即制成双硫磷锯末后，50% 双硫磷稀释 60 倍。

3. 简便计算法（十字交叉法）

如下面画出两条交叉的线，把所需浓度写在两条线的交叉点上，已知浓度写在左上端，左下端为稀释液（水）的浓度（即为 0），然后，将两条线上的两个数字相减，差数（绝对值）写在该直线的另一端。这样，右上端的数字即为配制此溶液时所需浓度溶液的份数，右下端的数字即为需加水的份数。

如用 95% 的甲醛溶液配制成 46% 的福尔马林溶液，按此法画出十字交叉图。

由图得知，用 95% 的甲醛溶液 46 份，加水 49 份，混匀，即成 4% 的福尔马林溶液。

又如用 95% 酒精及 50% 的酒精配制成 75% 的酒精，问需要 95% 及 50% 的酒精各多少？按此法画出十字交叉图，将三种浓度填入图中。

由图得知，需 95% 酒精 25 份加 50% 酒精 20 份，便可配成 75% 酒精溶液。

另外，计算准确的药物稀释时要搅拌均匀，特别是浓度大的消毒剂在稀释时更应注意搅拌成均匀的消毒液，否则，计算得再准确，也不能保证好的效果。

（四）常见消毒液配制方法

1. 操作步骤

（1）量器的准备：事先准备好量筒、台称、天平、药勺、盛药容器（最好是搪瓷或塑料耐腐蚀制品）、温度计等器具，量筒要清洗干净，台秤、天平要校对归零。

（2）防护用品的准备：包括工作服、口罩、护目镜、橡皮手套、胶靴、毛巾、肥皂等，必要时还要准备解毒、轻泄、呕吐药物等以防中毒或伤及皮肤。

（3）消毒药品的选择：依据消毒对象表面的性质和病原微生物的抵抗力，选择高效、低毒、使用方便、价格低廉的消毒药品。依据消毒对象面积（如场地、动物舍内地面、墙壁的面积和空间大小等）计算消毒药用量。

2. 配制方法

（1）75% 酒精溶液的配制。

用量器称取 95% 医用酒精 789.5 mL，加蒸馏水（或纯净水）稀释至 1 000 mL，即为 75% 酒精，配制完成后密闭保存。

解：设需 95% 的酒精为 x mL，则

$$95\% \times x = 75\% \times 1\,000$$
$$x = 789.5（mL）$$
$$需加蒸馏水量 = 1\,000 - 789.5 = 210.5（mL）$$

（2）5% 氢氧化钠的配制。

称取 50 g 氧化钠，装入量器内，加入适量常水中（最好用 60～70 ℃ 热水），搅拌使其溶解，再加水至 1 000 mL，即得，配制完成后密闭保存。

以 1 L 氢氧化钠水溶液为例计算如下：

解：1 L = 1 000 mL

设需要氢氧化钠为 x g，则

$$100\,(mL)：5\,g = 1\,000（mL）：x\,g$$
$$x = 50\,g$$

（3）0.1% 高锰酸钾的配制。

称取 1 g 高锰酸钾，装入量器内，加水 1 000 mL，使其充分溶解即得。

（4）3% 来苏儿的配制。

取来苏儿 3 份，放入量器内，加清水 97 份，混合均匀即成。

（5）2% 碘酊的配制。

称取碘化钾 15 g，装入量器内，加蒸馏水 20 mL 溶解后，再加碘片 20 g 及 95% 乙醇 500 mL，搅拌使其充分溶解，再加入蒸馏水至 1 000 mL，搅匀，滤过即得。

（6）碘甘油的配制。

称取碘化钾 10 g，加入 10 mL 蒸馏水溶解后，再加碘 10 g，搅拌使其充分溶解后，加入甘油至 1 000 mL，搅匀，即得。

（7）熟石灰（消石灰）的配制。

生石灰（氧化钙）1 kg，装入容器内，加水 350 mL，生成粉末状即为熟石灰，可撒布于阴湿地面、污水池、粪池周围等处消毒。

（8）20% 石灰乳的配制。

1 kg 生石灰加 5 kg 水即为 20% 石灰乳。配制时最好用陶瓷缸或木桶等。首先称取适量生石灰，装入容器内，把 350 mL 水缓慢加入生石灰内，稍停，使石灰变为粉状的熟石灰时，再加入余下的 4 650 mL 水，搅匀即成 20% 石灰乳。

（9）草木灰水的配制。

用新鲜干燥、筛过的草木灰 20 kg，加水 100 kg，煮沸 20～30 min（边煮边搅拌，草木灰因容积大，可分两次煮），去渣、补上蒸发的水分即可。

（10）含有效氯为 5% 的漂白粉液的配置。

取水 1 000 mL，加入 62.5 g 漂白粉搅拌后即成漂白粉混悬液，或静置取上清液即为澄清的漂白粉液。以 1 000 mL 为例计算如下：

解：$5\% \times 1\,000 = 50$（g）

$$校正：25\% \times 50 = x \times 20\%$$

$$x = 62.5（g）$$

答：配备 1 000 mL 5% 漂白粉消毒液需加入含有效氯为 20% 漂白粉 62.5 g。

（11）1∶300 菌毒敌、百毒杀、菌毒灭、消毒威等消毒剂的配制。

取原液 1 份，加水 299 份，拌匀。

【**例**】　某屠宰场明天将选用 1∶1 000 百毒杀 120 L 进行喷洒消毒，请你计算出所需百毒杀的原药用量为多少 mL？

解：$120\ L = 120\,000\ mL$

$$1∶1\,000 = x∶120\,000$$

$$x = 120（mL）$$

即所需百毒杀原药 120（mL）。

3. 注意事项

（1）选用适宜大小的量器，取少量液体避免用大的量器，以免造成误差。

（2）某些消毒药品（如生石灰）遇水会产热，应在搪瓷桶、盆等耐热容器中配制为宜。

（3）配制消毒药品的容器必须刷洗干净，以防止残留物质与消毒药发生理化反应，影响消毒效果。

（4）配制好的消毒液放置时间过长，大多数效力会降低或完全失效，最好现配现用。

（5）做好个人防护，配制消毒液时应戴橡胶手套、穿工作服，严禁用手直接接触，以免灼伤。

八、消毒剂的合理使用

（一）影响消毒剂作用的因素

消毒剂的作用效果取决于消毒剂本身的理化性状、作用对象及其环境因素，生产实践中，由于这些因素的影响，消毒剂往往很难发挥其应有的作用。

1. 浓度和作用时间

各种消毒剂的理化性质不同，对微生物的作用也有差异。

绝大多数消毒剂在作用时浓度越高，作用时间愈长，消毒效果越好，当然对组织的刺激性也越大，当浓度降低至一定程度时只有抑菌作用。但是有些消毒剂浓度过高并不一定能提高消毒效力。例如醇类，70% 乙醇或 50% ~ 70% 异丙醇的消毒效果最好。因为过高浓度的乙醇等能使菌体表面蛋白质迅速凝固，反而影响其继续渗入，杀菌效力降低。使用时，应根据各种消毒剂的特点及消毒对象选择合适的浓度和足够的作用时间。

生产实践中对养殖环境消毒可适当作剂量加倍，因为大部分消毒剂生产厂商为了市场的竞争和确保安全，通常把消毒剂的剂量定在临界杀菌稀释浓度，照此剂量使用虽然有效，但效果有限，对环境和器具消毒时通常应让消毒剂作用较长时间，为了提高工作效率，可以在配制消毒液时适当加大原药剂量。

2. 种类与数量

病原微生物对药物的敏感性存在差异，如病毒对碱、酸类敏感，处在生长繁殖期的细菌、螺旋体、霉形体、衣原体、立克次氏体对一般消毒剂均敏感，而具有芽孢的病原菌和病毒应该使用较高的浓度。同一消毒剂对不同种类和处于不同生长期的微生物的杀菌效果也不同。例如一般消毒剂对结核杆菌的作用要比对其他细菌繁殖体的作用差；70% 乙醇可杀死一般细菌繁殖体，但不能杀灭细菌的芽孢。因此，必须根据消毒对象选择合适的消毒剂。另外，微生物的数量越大，消毒所需的时间就越长。

对于作为养殖场兽医临床消毒剂来说，必须有杀灭病毒的作用，具备杀灭病毒特征的消毒剂是兽医临床消毒的核心。因为对于绝大部分细菌性感染的疾病，已有较好的预防与治疗药物，但是引起动物的病毒性疾病较多，目前对病毒性疾病有效的化疗药物极少甚至缺乏，因此，作为兽用消毒剂对病毒有效是第一前提。

3. 环境温度

一般情况下温度与消毒剂的作用成正比，温度升高，可增强消毒剂的杀菌效果。温度每增高 10 ℃，消毒作用效果增加 1 倍，如表面活性剂在 37 ℃ 时的杀菌浓度为 20 ℃ 时的一半时，消毒效果相同；在环境温度由 15 ℃ 升高到 25 ℃ 时，重金属盐类的杀菌作用约增加 2 ~ 5 倍，石碳酸的杀菌作用约增加 5 ~ 8 倍。

4. 酸碱度

消毒剂的杀菌作用受 pH 的影响。例如戊二醛本身呈中性，其水溶液呈弱酸性，当加入碳酸氢钠后才发挥杀菌作用。新洁尔灭的杀菌作用是 pH 愈低，所需杀菌浓度愈高，如在 pH 为 3 时，其所需杀菌浓度较 pH 为 9 时要高 10 倍左右。同时 pH 也影响消毒剂的电离度，一般说，未电离的分子，较易通过细胞壁，杀菌效果好。

5. 有机物

如果消毒环境中有大量的有机物存在，自然会与消毒剂发生中和或降解反应，严重降低消毒剂的效果。因此，在兽医临床消毒实践中，对环境的消毒，事先必须做机械消除打扫，然后用水冲洗后再泼洒消毒剂。对动物体表（皮肤、粘膜、创面）的消毒应首先清创，除去脓血或溃烂组织，再施防腐消毒剂。

6. 药物的相互颉颃

消毒剂由于理化性质的不同，两种药物合用时，可能产生相互颉颃，使药效降低。如阴离子清洁剂肥皂与阳离子清洁剂苯扎溴铵共用时，可发生化学反应而使消毒效果减弱，甚至完全消失，表 2-10 列出了各种消毒防腐剂的配伍禁忌。

表 2-10 消毒防腐剂配伍禁忌表

药 名	禁忌配合药物	变 化
碘及其制剂	氨水、铵盐类	生成爆炸性碘化氮
	碱类	生成碘酸盐
	重金属盐	沉淀
	红汞	产生有腐蚀性碘化汞
	鞣酸、硫代硫酸钠	脱色
	生物碱类药物	析出生物碱沉淀
	淀粉	呈蓝色
	龙胆紫	疗效减弱
	挥发油	分解失效
碘仿	碱类、鞣酸、甘汞、升汞、硝酸银、高锰酸钾	分解
阳离子表面活性消毒剂	阴离子肥皂类、合成洗涤剂高锰酸钾、碘化物	作用消失、沉淀
硼酸	碱性物质	生成硼酸盐
	鞣酸	疗效减弱
利凡诺	碘及其制剂	析出沉淀
	含 0.8% 以上的氯化钠溶液	疗效减弱
高锰酸钾	有机物如甘油、酒精、吗啡等	失效
	氨及其制剂	沉淀
	鞣酸、药用炭、甘油等	研磨时可爆炸
过氧化氢液	碱类、药用炭、碘及其制剂、高锰酸钾	分解
酒精	氧化剂、无机盐等	氧化、沉淀
鱼石脂	酸类	生成树脂状团块
	氢氧化钠及碳酸钠等	分解放出氨
漂白粉	酸类	分解放出氯
乌洛托品	酸类或酸性盐	分解失效
	铵盐如氯化铵	发生氨臭
	鞣酸、铁盐、碘	沉淀

影响消毒效果的其他因素还有湿度、穿透力、表面张力及颉颃物质等。

（二）消毒剂使用注意事项

1. 合理选择消毒剂

应根据消毒对象的不同，选择合适的消毒剂和消毒方法，联合或交替使用，以使各种消毒剂的作用优势互补，做到全面彻底地消灭病原微生物。

2. 充分考虑消毒剂的理化性状

不同消毒剂的毒性、腐蚀性及刺激性均不同，如含氯消毒剂、过氧乙酸、二氧化氯等对金属制品有较大的腐蚀性，对织物有漂白作用，应慎用这种材质物品，如果使用，应在消毒后用水漂洗或用清水擦拭，以减轻对物品的损坏。

3. 防止环境污染

预防性消毒时，应使用推荐剂量的低限。盲目、过度使用消毒剂，不仅造成浪费损坏物品，也大量地杀死许多有益微生物，而且残留在环境中的化学物质越来越多，成为新的污染源，对环境造成严重后果。

4. 有效期

大多数消毒剂有效期为 1 年，少数消毒剂不稳定，有效期仅为数月，如有些含氯消毒剂溶液。有些消毒剂原液比较稳定，但稀释成使用液后不稳定，如过氧乙酸、过氧化氢、二氧化氯等消毒液，稀释后不能放置时间过长。有些消毒液只能临用现配，不能储存，如臭氧水、酸性氧化电位水等。

5. 安全防护

配制和使用消毒剂时应注意个人防护，注意安全，必要时应戴防护眼镜、口罩和手套等。消毒剂仅用于物体及外环境的消毒处理，非特殊用途切忌内服。

6. 合理保存

多数消毒剂在常温下于荫凉处避光保存。部分消毒剂易燃易爆，保存时应远离火源，如环氧乙烷和醇类消毒剂等。千万不要用盛放食品、饮料的空瓶灌装消毒液，如使用必须撤去原来的标签，贴上一张醒目的消毒剂标签。消毒液应放在儿童拿不到的地方，不要将消毒液放在职工食堂或与食物混放，应放在养殖场专用兽医室内。万一误用了消毒剂，应立即采取紧急救治措施。

7. 及时更换

环境中的消毒剂，经过空气、阳光，有机物的中和降解，药效逐渐降低，因此消毒剂的有效时限是一定的。如含氯消毒剂在液体条件下经过 24 h，其有效成分含量会降低 50% 以上。据此，诸如脚踏消毒槽中的消毒液必须定期更换。常用消毒剂如氢氧化钠 3~7 d 应更换一次，有机酸、含氯含碘卤素消毒剂应在 1~2 d 内更换一次，复合酚类消毒剂可以 7 d 更换一次。

九、消毒剂的管理与贮藏

（一）兽用消毒剂的应用现状及前景

当前，我国养殖业已进入一个快速增长的时期，但是动物的发病率和死亡率较高，经济损失严重。据有关资料报告，每年我国因畜禽疾病造成的直接经济损失可达 200 亿人民币。为了减少因疾病而造成的巨大经济损失，同时使我国养殖业的整体养殖水平得到不断提高，有效、充分地预防及控制养殖过程中疾病的发生和传播，彻底、规范的消毒加上科学免疫是最有效、最方便地预防及控制疾病的方法，使养殖业成为投资安全、风险可控、利润可盼的行业。

1. 我国兽用消毒剂的使用现状

当前我国兽用消毒剂的使用还存在诸多问题：消毒不能快速见效，养殖户对消毒剂的作用产生怀疑。大量低价、劣质的产品充斥市场，使广大用户无从选择，从而使养殖户对消毒工作认识不到位，忽视消毒工作。有些养殖户在消毒剂使用过程中还存在很多认识误区：认为有疫情时就消毒、无疫情时可以不消毒。消毒后就不会再发生传染病。消毒剂气味越浓，消毒效果越好。同时在消毒时操作不严格、不规范。如消毒前不对环境进行彻底清扫，消毒无程序，长期固定使用单一消毒剂，不按说明使用消毒药，盲目加大消毒剂用量，不根据消毒对象、目的、疫病种类选购消毒剂，选购、保存及配制消毒药不当，选购消毒药时，盲目相信宣传或贪图价格低廉。这些问题的存在，一方面降低了消毒剂的使用效果，造成消毒剂的大量浪费，另一方面可能造成中毒，引发安全事故。

2. 我国消毒剂的质量状况

（1）生产企业数量多、规模小、生产条件差。

全国有 2 700 多个兽药生产企业，其中 800 余家有消毒剂车间。目前 400 多家企业通过 GMP 验收，其中专业消毒剂生产厂家不足 100 家。

（2）消毒剂研究开发能力比较弱。

我国有关的科研单位、高等院校和部分有实力的生产企业均有科研人员在研究开发新消毒剂，并取得了一定成果，但由于基础条件差、投资力度小，致使消毒剂的研究与开发较少，且开发的品种质量不高。

（3）品种单一。

一般企业只生产一种或一类产品。

（4）质量低劣。

从农业部在全国范围内抽查结果看，消毒剂存在的主要质量问题是：① 有效成分含量不足，有效成分标注不清楚。② 使用价格低的替代品，最突出的是用季铵盐碘冒充聚维酮碘，用混合酚冒充氯甲酚，等等。③ 稳定性差，主要原因是使用劣质原料、生产工艺、包装材料。如很多企业生产的聚维酮碘溶液标注的有效期为 2 年，实际可能只有 3 个月。④ 随意夸大杀毒效果。⑤ 随意标明兑水量。⑥ 包装简单。⑦ 产品不稳定，易挥发、分层、沉淀等。

3. 科学合理地应用消毒剂

（1）加快消毒剂的研制。

随着环保的需要以及市场的全球化，养殖环境对开发新型消毒剂的要求也就更高。随着规模养殖场的增多，兽用抗生素药的禁用，消毒剂的用途也将会更大。未来消毒剂的开发，以绿色环保、广谱高效、安全、价廉为目标，在短期内要以复方为主，也就是利用现有的消毒剂原料，通过科学组配形成新产品，达到提高消毒效果、降低用量、减少副作用的目的；而从长远考虑，则以开发或合成全新的化学物质为主，寻求能代替现有消毒剂的新型消毒剂，更好地服务于养殖业，为保护养殖业健康发展奠定坚实基础。不管是科研机构还是企业本身都要加快自主研制消毒剂的步伐。随着国际化的商业竞争日益激烈，如果我国企业不自发研制新型消毒剂，国外的消毒剂将有可能充斥国内消毒剂市场，不利于我国畜牧业的发展。

（2）整顿消毒剂生产企业和销售市场。

根据《消毒剂生产质量管理规范》，要对我国现有的消毒剂生产企业加以严格的监管，并定期或不定期抽检消毒剂样本，对那些生产的不合格消毒剂的企业要给予严惩。同时也要对市场上的消毒剂进行检查，特别是有关部门要加大对假冒伪劣的消毒剂的查处和打击。

（3）正确选择消毒剂。

通常要考虑以下几方面：① 根据消毒剂的特点合理选择。② 根据不同消毒场所（室内、室外、大门消毒池等）、不同要求（空舍栏、带畜禽、饮水等）选择合适的消毒剂。③ 根据不同的消毒方法（喷洒、浸泡、熏蒸等）选择合适的消毒剂。④ 根据不同的气候条件、环境卫生、有机物等情况选择合适的消毒剂。

（4）规范消毒程序。

无论是终末消毒还是连续消毒亦或临时消毒，要严格按照消毒程序操作，确保效果。

相信在国家宏观政策调控、行业部门建章立制、养殖场户科学规范使用多措并举下，消毒剂的生产和使用会逐步规范、有效。

（二）兽药管理与标准

兽用消毒剂的使用日益引起兽药生产管理部门和养殖场户的高度重视，一些规模化养殖场已经把消毒剂与《中华人民共和国兽药典》规定的动物防疫用兽药列为同等重要位置加以使用和管理。本节内容以《中华人民共和国兽药典》和《兽药管理条例》为依据，虽然不明确涉及消毒剂，但消毒剂的化学性质、使用管理、贮藏保管等与《中华人民共和国兽药典》范围的兽药基本一样，另外，养殖场还有一些特殊药物如化学试剂、剧毒药品、麻醉药品、生物制剂等，虽然也不属于消毒剂，但为了方便养殖场户兽医技术人员和在校大中专学生学习方便，也一并列入。

1. 兽药管理条例

为加强兽药的监督管理，保证兽药质量，有效地防治畜禽等动物疾病，促进畜牧业发展和维护人体健康，国务院于 1987 年 5 月 21 日颁布了《兽药管理条例》（下称《条例》），自 1988 年 1 月起施行。此后，又分别在 2001 年和 2004 年经过两次较大的修改。现行的《条例》于 2004 年 3 月 24 日经国务院第 45 次常务会议通过，以国务院第 404 号令发布，并于 2004 年 11 月 1 日起实施。

为保障《条例》的实施，与《条例》配套的规章有：兽药注册办法、兽药产品批准文号管理办法、处方药和非处方药管理办法、生物制品管理办法、兽药进口管理办法、兽药标签和说明书管理办法、兽药广告管理办法、兽药生产质量管理规范（GMP）、兽药经营质量管理规范（GSP）、兽药非临床研究质量管理规范（GLP）和兽药临床试验质量管理规范（GCP）等。

2. 兽药的标准

按照以往《兽药管理条例》的规定，兽药的标准曾分国家标准、专业标准和地方标准。而现行的《条例》规定"兽药应当符合兽药国家标准"，取消了专业标准和地方标准。同时《条例》还规定，国家兽药典委员会拟定的、国务院兽医行政管理部门发布的《中华人民共和国兽药典》和国务院兽医行政管理部门发布的其他兽药质量标准为兽药国家标准。

（1）《中华人民共和国兽药典》（简称《中国兽药典》）。

《中国兽药典》先后于1990年、2000年和2005年出版发行三版。1990年版《中国兽药典》分为一、二部。一部为化学药品、生物制品，收载品种379个，其中化学药品343个、生物制品36个。二部为中药，收载品种499个，其中药材418个、成方制剂81个。全书共收载878个品种。2000年版《中国兽药典》仍然分为一、二部。一部收载化学药品、抗生素、生物制品和各类制剂共469个；二部收载中药材、中药成方制剂共656个。全书共收载1 125个品种，约210万字。

现行的《中国兽药典》2005年版分为一、二、三部。一部收载化学药品、抗生素、生化药品原料及制剂等共446种，新增27种；二部收载中药材、中药成方制剂共685种，新增31种；三部收载生物制品共115种，新增72种。三部有各自的凡例、附录、索引等。为更好地指导用药，将《中国兽药典》2000年版一部标准中的"作用与用途"、"用法与用量"和"注意"等项内容适当扩充，以此为主要内容，编写成《兽药使用指南（化学药品卷）》和《兽药使用指南（生物制品卷）》，作为兽药典的配套丛书。本版兽药典一、三部不再收载"作用与用途"、"用法与用量"和"注意"等项内容，二部仍保持标准后附"功能"、"主治"、"用法用量"等项不变。

（2）《兽药质量标准》。

《兽药质量标准》是由农业部发布的新批准的兽药质量标准的汇编。已出版过第一册（1996年）、第二册（1999年）、2003年版、2004年版和2006年版等。2003年版收载标准158个，2004年版收载37个，2006年版收载39个。此外还有《中华人民共和国兽用生物制品质量标准》2001年版，收载标准188个。它们都是兽药国家标准。

（3）《兽药地方标准上升国家标准》。

根据现行2004年发布的《兽药管理条例》的规定，兽药只有国家标准，不再有地方标准。农业部自当年起清理地方标准，同时开展兽药地方标准升国家标准的评审工作，评审合格的，即发布并汇编为《兽药地方标准上升国家标准》。目前已出版了第一、第二、第三册等。此标准试行期为2年。

3. 兽药GMP

GMP即"生产质量管理规范"，是英文Good Manufacturing Practice的缩写，直译为"优良的生产实践"，现已成为国际通用词汇，意指一套系统、科学的管理制度。随着医药学领域的技术进步与消费者医药知识水平的普遍提高，人们对药品质量有了更加严格的要求。为确保药品质量，世界上许多国家都颁布实行了药品 GMP。在国际药品贸易中，GMP 成为药品质量控制和检查的依据。各国的 GMP 内容基本上是一致的，但也各有特点。我国法定的药品 GMP 即《药品生产质量规范》，是 1988 年由国家卫生部颁布的。1995 年卫生部下达了"关于开展药品 GMP 认证工作的通知"，这是国家依法对药品生产企业和药品品种实施 GMP 监督检查并予以认可的一种制度。1999 年国家药品监督管理局又颁布了新的《药品生产质量管理规范》，对合格的制药企业，由药品监督管理局颁发"药品 GMP 证书"。在国外，兽药与人药基本上是一起管理的，它的药品概念包括了兽药，所以兽药生产企业也都是按照本国的药品 GMP 进行管理。在我国，兽药是由农业部兽医局管理的。1989 年农业部颁布了我国自己的《兽药生产质量管理规范（试行）》，2002 年 3 月 19 日又正式发布了《兽药生产质量管理规范》（即兽药 GMP），共 14 章 95 条。同年 6 月农业部发布公告，对兽药企业开展 GMP 检查验收，并规定 2002 年 6 月 19 日至 2005 年 12 月 31 日为兽药 GMP 实施过渡期，自 2006 年 1 月 1 日起强制实施。从 2006 年 7 月 1 日起，各地不得经营、使用未取得兽药 GMP 合格证企业所生产的兽药产品。

GMP 的内容可以概括为湿件、硬件和软件。湿件指人员，硬件指厂房与设施、设备等，软件指组织、制度、工艺、操作、卫生标准、记录、教育等管理规定。可见，GMP 对药品生产过程的各个环节、各个方面实行严格监督管理都提出了具体要求，它已成为保证药品安全有效的重要的质量法规。同时，GMP 也赋予药品质量以新的概念：药品不仅要符合质量标准，而且其生产过程必须符合 GMP，只有同时符合这两个条件的药品，才是合格的药品。

4. 兽药 GSP

GSP 即"经营质量管理规范"，是英文"Good Supplying Practice"的缩写，直译为"良好的供应规范"，是指在药品流通全过程中，用以保证药品符合质量标准的一整套科学的管理制度。其精神实质是对药品经营的各个环节，包括计划采购、购进验收、贮存养护、销售及售后服务等进行质量控制，保证向用户提供合格的药品。世界上许多国家都对药品经营实行 GSP 管理。

在人药方面，我国 1992 年 3 月由国家医药管理局正式发布了《医药商品质量管理规范》（GSP），自当年 10 月 1 日起施行，拉开了医药行业实施 GSP 的序幕。2000 年 4 月，国家药品监督管理局对 1992 年版 GSP 重新修订，发布了《药品经营质量管理规范》（GSP），于 2000 年 7 月 1 日起施行。同年还印发了《药品经营质量管理规范认证管理办法》，推动了 GSP 认证工作。

在兽药方面，根据《兽药管理条例》的规定，农业部于 2005 年、2006 年先后拟定了《兽药经营质量管理规范》（兽药 GSP）征求意见稿。农业部还规定自 2004 年 11 月 1 日起，新筹建的兽药经营企业必须通过 GSP 检查验收，方可核发《兽药经营许可证》。此前已取得《兽药经营许可证》的企业，须在 2009 年 10 月 31 日前达到 GSP 要求。自 2009 年 11 月 1 日起，未通过 GSP 检查验收的，不得再从事兽药经营活动。

（三）药物外观检查常识

药物的外观性状是药物质量的重要表征，也是辨别其真伪纯杂的重要方面。在采购、保存与使用时，可用简便的外观检查方法，初步确定药物质量的好坏。当然，药物的质量究竟怎样，必须按照兽药典等规定的质量标准进行全面检查才能确定。

外观检查的内容包括药物的包装检查、容器检查、标签或说明书的检查、原料药的检查及制剂的检查。

1. 包装

外包装应坚固，耐挤压，防潮湿。大包装内应有内包装（纸盒等）。包装破裂或已造成药品损失者，要进一步查询。包装必须贴有标签，注明"兽药"字样，并附有说明书。

2. 容器

易风化、吸湿、挥发的药品，应注意容器是否密封。遇光易变质的药品，应检查是否用遮光容器盛装。对于应防止空气、水分进入与防止细菌污染的药品，要检查严封状况，如瓶盖是否松动，输液制剂的瓶塞有无明显的针孔，安瓿[①]有无细小裂缝或渗漏等。

3. 标签与说明书

按照《兽药管理条例》和《兽药标签和说明书管理办法》的规定，兽药包装必须贴有标签，注明"兽用"字样（兽用标志）。标签和说明书上须注明药品的名称（通用名及商品名）、成分及其含量、规格、生产企业信息（名称、邮编、地址、电话、传真、电子邮箱、网址等）、产品批准文号（进口兽药注册证号）、产品批号、生产日期、有效期、适应症或者功能主治、用法、用量、休药期、禁忌、不良反应、注意事项、运输贮存保管条件等。采购与应用时，应对外层大包装、内层小包装及容器上三者的标签内容逐一检查，看是否一致。

4. 药品的生产日期、批号、有效期与批准文号

（1）批号与生产日期。

批号是用于识别药品生产的"批"的一组数字，可用来追溯该批药品的生产历史。我国药厂生产的药品批号与生产日期通常是合在一起的。同一批号表示同一原料、同一次制造的产品，其内容包括日号和次批号。日号用 6 位数字表示，前两位表示年份，中间两位表示月份，最后两位表示日期。若同一日期生产几批，则可加次批号来表示不同的批次。如 060526—3，即表示 2006 年 5 月 26 日生产的第三批。

（2）有效期。

有效期是指在规定的贮藏条件下，能够保证药品质量的期限。我国兽药的有效期按年月顺序标注。年份用四位数表示，月份用两位数表示。标签上注明的有效期，表示当月仍有效，下月则过期失效。如注明"有效期至 2006 年 05 月"，即表明该药品可用到 2006 年 5 月 31日，6 月 1 日起就过期了。也有的药品是在有效期项目上标注"有效期×年"的，同时注明生产日期，这就需要根据生产日期来推算。例如，标注有效期为 2 年，生产日期是 2006 年12 月 6 日，即指到 2008 年 12 月 6 日失效。明确批号和有效期，可有计划地采购药品，并在规定期限内使用，不仅可保证疗效，而且可减少不必要的损失。

---

① 安瓿（ānbù）：密封的小瓶，常用于存放注射用的药物及病菌血清等。

（3）批准文号。

批准文号是农业部根据国家兽药标准、生产工艺和生产条件，批准特定兽药企业生产特定兽药产品时，核发的兽药批准证明文件。其有效期为5年。未取得批准文号生产、销售的兽药属于假兽药。因而购买和使用药品时，一要查看有无批准文号，二要核对该批准文号是否符合农业部规定的格式，三要看批准文号是否在有效期内。

兽药产品批准文号的编制格式为：兽药类别简称+年号+企业所在地省份（自治区、直辖市）序号+企业序号+兽药品种编号。

5. 各种制剂的外观检查

（1）针剂（注射剂）。

水针剂主要检查澄明度、色泽、裂瓶、漏气、浑浊、沉淀和装量差异。粉针剂主要检查色泽、黏瓶、溶化、结块、裂瓶、漏气、装量差异及溶解后的澄明度。

（2）溶液剂、酊剂。

主要检查不应有的沉淀、浑浊、渗漏、挥发、分层、发霉、酸败、变色和装量差异。

（3）软膏、眼膏。

主要检查有无异臭、变色、熔化、分层、硬结、漏油。

（4）散剂。

主要检查混合是否均匀，有无花纹、色斑，有无结块、异常黑点、霉变，重量差异等。

（5）片剂、丸剂、胶囊剂。

主要检查色泽、斑点、潮解、发霉、溶化、黏瓶、裂片、片重差异，胶囊还应检查有无漏粉、漏油。

（四）药品的保管与贮藏

1. 促使药品变质的主要因素

药品由于保管不当，可导致变质失效，不能使用。促使药品变质和失效的主要因素如下：

（1）空气。

空气中含1/5的氧，氧的化学性质很活泼，可使许多具有还原性的药物氧化变质，甚至产生毒性。如油脂氧化后即酸败，"九一四"氧化后颜色变深产生毒性；空气中的二氧化碳可使某些药物"碳酸化"，如磺胺类药物的钠盐、巴比妥类药物的钠盐与二氧化碳可分别生成游离的磺胺类、巴比妥类药物；漂白粉在有湿气存在的条件下，可吸收二氧化碳，慢慢放出氯而使效力降低。

（2）日光。

日光可使许多药品直接发生或促进其发生化学变化（氧化、还原、分解、聚合等）而变质，其中主要是紫外线的作用。如肾上腺素受光的影响可渐变红色，银盐和汞盐见光后可被还原而析出游离的银和汞，颜色变深，毒性增大。

（3）温度。

温度增高不仅可使药品的挥发速度加快，更主要的是可促进氧化、分解等化学反应而加速药品变质，如血清、疫（菌）苗、脏器制剂在室温下存放很容易失效，需低温冷藏；温度增高还易使软膏、胶囊剂软化，使挥发性药物挥发速度加快。但温度过低也会使一些药品或制剂产生沉淀,如甲醛在 9 ℃ 以下生成聚合甲醛而析出白色沉淀;低温还易使液体药物冻结,造成容器破裂。

（4）湿度。

湿度是空气中最易变动的部分,随地区、季节、气温的不同而波动。湿度对药品保管影响很大。湿度过大,能使药品吸湿而发生潮解、稀释、变形、发霉;湿度太小,易使含结晶水的药品风化（失去结晶水）。

（5）微生物与昆虫。

药品露置空气中,由于微生物与昆虫侵入,而使药品发生腐败、发酵、霉变与虫蛀。

（6）时间。

任何药品贮藏时间过久,均会变质,只是不同的药品发生变化的速度不同。抗生素、生物制品、生化制剂和某些化学药品久贮易变质失效,必须在有效期内使用。

2. 药品保管的一般方法

第一,一般药品都应按兽药典或兽药质量标准中该药"贮藏"项下的规定条件,因地制宜地贮存与保管。对包装容器有如下规定。

密闭:是指将容器密闭,防止尘土和异物混入,如玻璃瓶、纸袋等。

密封:是指将容器密封,防止风化、吸湿、挥发或异物污染,如用紧密玻璃塞或木塞的玻璃瓶并以蜡封口等。

熔封或严封:是指将容器熔封或以适宜材料严封,防止空气、水分进入和细菌污染,如玻璃安瓿等。

遮光:是指用不透光的容器包装,例如棕色容器或用黑纸包裹的无色透明、半透明容器。

对温度的规定:阴凉处,是指不超过 20 ℃;凉暗处,系指避光且不超过 20 ℃;冷处,是指 2 ~ 10 ℃;常温,系指 10 ~ 30 ℃。

对湿度的规定:干燥处,是指相对湿度在 75% 以下的通风干燥处。

第二,根据药品的性质、剂型,并结合药房的具体情况,采取"分区分类,货位编号"的方法妥善保管。堆放时要注意兽药与人药分区存放,外用药与内服药分别存放,杀虫药、杀鼠药与内服药、外用药远离存放,处方药与非处方药分开存放,性质相抵触的药（如强氧化剂与还原剂,酸与碱）以及名称易混淆的药均宜分别存放。

第三,建立药品保管账,经常检查,定期盘点,保证账目与药品相符。

第四,药品库应经常保持清洁卫生,并采取有效措施,防止生霉变、虫蛀和鼠咬。

第五,加强防火等安全措施,确保人员与药品的安全。

3. 各类制剂的保管

各类药物制剂都必须在规定的有效期内使用。在贮藏与取用时,要特别注意掌握"先进先出"和"近期先出"的原则。凡超过有效期的药品,都不得再用。保管不同制剂,需根据其特点,注意采取不同措施养护。

（1）注射剂。

应采用符合注射液性质的玻璃容器包装,阴暗处保存,严冬季节注意防冻。橡胶塞小瓶粉针剂应防止引起黏瓶结块,大输液不得横置倒放,不要振动、挤压、碰撞瓶塞而漏气。

（2）合剂。

宜用洁净干燥、不超过 50 mL 的细颈玻璃瓶装贮，瓶口严封，避光置凉爽处，以防生霉。

（3）滴眼剂。

性质一般均不稳定。滴眼剂的有效期一般较同一原料的其他制剂短。此剂型贮量不宜过多，应存放阴凉处或冰箱中。

（4）软膏剂。

特别是乳膏剂，易受温度、微生物影响而酸败、分层、变色、分解等，应存于凉爽、干燥、避光处。温度不可超过 30 ℃，最好保持在 15 ℃ 以下。眼膏应贮于灭菌容器中，密闭、15 ℃ 以下保存。

（5）散剂。

散剂一般吸潮性比较大，保管的重点是防止吸潮而结块、霉败。

（6）胶囊剂。

胶囊壳易吸潮使胶囊发软黏在一起，遇热易软化，而过于干燥则又使胶囊失水开裂，应存于玻璃容器中，置于干燥凉爽处，温度不宜高于 30 ℃，相对湿度以 70% 左右为宜。

（7）丸剂。

特别是蜜丸，吸潮极易霉变。应特别注意密封和干燥。

（8）片剂。

片剂易受湿度、温度、光线、空气的作用而开裂、霉变、变色、变质失效、糖衣变色发黏等。贮存片剂的库房应保持干燥凉爽。

（9）生物制剂。

极易受潮结块生霉失效，应放干燥、避光、凉爽处保存。有时还需要冷藏。

4. 化学试剂的保管

化学试剂一般是指用于科学研究和分析化验的化学药品，不用作医疗。按照国家标准，化学试剂分为：① 优级纯（保证试剂，G. R.），纯度高，杂质含量低，用于精密科研与分析，标签为绿色；② 分析纯（A. R.），纯度较高，杂质含量较低，广泛用于较精密的科研与分析，标签为红色；③ 化学纯（C. P.），用于一般分析实验，标签为蓝色。此外，尚有实验试剂（L.R.），其纯度较差，仅用于粗浅的实验和中小学教学。

化学试剂绝大多数是化学药品，保管中应注意防热、防光、防潮和防氧化。有些化学试剂属于危险品范围，尤应注意安全问题。化学试剂一般用量较少，为保持其纯净，使用时尽可能按需要量自容器中取出或倾出，如有剩余也不得倒回原容器中。若为贵重试剂，则可盛于其他小容器中，并贴上标签。

5. 危险药品的保管

危险药品是指受光、热、空气、水分、撞击等外界因素影响可引起燃烧、爆炸或具有腐蚀性、刺激性、剧毒性和放射性的药品。一般分为 10 类：① 爆炸品，如硝基甘油；② 氧化剂，如高锰酸钾；③ 压缩气体和液化气体，如压缩氧气；④ 自燃药品，如黄磷；⑤ 遇水燃烧药品，如金属钾、钠；⑥ 易燃液体，如乙醚、乙醇；⑦ 易燃固体，如硫黄；⑧ 毒害品，如升汞、氰化物；⑨ 腐蚀性药品，如强酸、强碱；⑩ 放射性药品，如 ^{60}Co（钴）。

在危险药品中，特别要掌握易燃易爆药品的性质，以防引起爆炸、火灾。贮藏时注意遮光、防晒、防潮、防振动、防撞击、防接近明火，经常检查贮放情况，并配备必要的消防设备。

6. 毒剧药品、麻醉药品的保管

（1）毒剧、麻醉药品的区分。

毒药是指作用剧烈，毒性极大，超过极量，在短期内即可引起中毒或死亡的药品。在标签上通常用黑色【毒】字或骷髅图案作为标志。

剧药是指作用强烈、副作用或毒性仅次于毒药的药品。其中较毒而又常用的品种称限剧药，通常用红色【剧】或【限剧】字样作为标志。

麻醉药品是指使用多次极易成瘾癖的毒性药品，如阿片类、吗啡类、可卡因类等。必须注意，麻醉药品与药理上具有全身麻醉或局部麻醉作用的药品（乙醚、普鲁卡因等）不能混淆。通常在标签上用【麻】字作为标志。

（2）兽用毒剧药品种范围。

兽用毒剧药的品种范围曾在《兽药规范》（1992 年版）附录中作过明确规定，兹录于后，供参考。

① 毒药：升汞、升汞毒片、阿片酊、盐酸士的宁、盐酸吗啡注射液、盐酸哌替啶注射液、硝酸毛果芸香碱注射液。

② 剧毒：二巯基丙醇、二巯基丙醇注射液、三氮脒、己烯雌酚、己烯雌酚注射液、马来酸麦角新碱注射液、马钱子、马钱子流浸膏、马钱子酊、六氯酚、六氯乙烷、水合氯醛、水合氯醛乙醇注射液、水合氯醛硫酸镁注射液、升华硫、尼可刹米、尼可刹米注射液、甲基硫酸新斯的明注射液、甲醛溶液、巴比妥、巴比妥钠、戊四氮、戊四氮注射液、戊巴比妥钠、台盼蓝、杏仁水、亚硝酸钠、亚硝酸钠注射液、安钠咖、安钠咖注射液、吩噻嗪、注射用三氮脒、注射用台盼蓝、注射用苯巴比妥钠、注射用硫喷妥钠、注射用新砷凡纳明、苯酚、浓氨水、浓碘酊、洋地黄酊、洋地黄毒苷注射液、毒毛旋花子苷 K 注射液、氢氧化钠、垂体后叶素注射液、咖啡因、敌敌畏、敌敌畏乳油、复方氨基比林注射液、重酒石酸去甲肾上腺素注射液、精制敌百虫、粗制敌百虫片、酒石酸锑钾、酒石酸锑钾注射液、盐酸、盐酸丁卡因、盐酸士的宁注射液、盐酸利多卡因、盐酸利多卡因注射液、盐酸肾上腺素注射液、盐酸麻黄碱、盐酸麻黄碱注射液、盐酸普鲁卡因、盐酸普鲁卡因注射液、盐酸氯丙嗪、盐酸氯丙嗪注射液、氨茶碱注射液、氨溶液、液化苯酚、黄氧化汞眼膏、硫柳汞、硫酸阿托品、硫酸阿托品注射液、硫酸喹啉脲、硫酸喹啉脲注射液、硫双二氯酚、硫双二氯酚片、硝氯酚、硝氯酚片、氯化琥珀胆碱注射液、氯仿、甲酚皂溶液、碘、缩宫素注射液、醋酸、颠茄草、颠茄酊、颠茄流浸膏。

（3）兽用麻醉药品种范围。

包括阿片类（阿片粉、阿片酊）、吗啡类（盐酸吗啡注射液）、阿扑吗啡类（盐酸阿扑吗啡）、可待因类（磷酸可待因粉、磷酸可待因注射液）、合成药类（度冷丁注射液、安侬痛注射液、美散痛注射液、枸橼酸芬太尼注射液）。

（4）毒剧药与麻醉药的管理。

毒剧药与麻醉药应设专柜加锁保管，并指定专人启用和管理；用量必须按照处方限量规定执行，无处方不能给予或借用；称量毒剧药和麻醉药，应当用毒药天平（或感量 1/1 000 的天平）和刻度精确的量器准确量取，禁止估量取药。

必须指出，《兽药管理条例》规定："兽用麻醉药品、精神药品、毒性药品和放射性药品等特殊药品，依照国家有关规定管理。"例如，国务院颁布的《麻醉药品管理办法》、《精神药品管理办法》、《医疗用毒性药品管理办法》等，在兽医工作中也必须贯彻执行。

十、化学消毒常用设备

（一）喷雾器

按照喷雾器的动力来源可分为手动型和电动型喷雾器；按照作业形式可以分为背负式、推车式、机动式等。

1. 背负式喷雾器

有手动和电动两种。

（1）用途：喷雾消毒，对场地、畜禽舍、设施特别是带畜（禽）的喷雾消毒。

（2）产品结构：由药液箱、焊接件、唧筒、气室、出水管、手柄开关、喷杆、喷头、摇杆部件（蓄电池）和背带系统组成。

（3）工作原理：通过摇杆部件的摇动（或蓄电池、柴油发动机驱动），使皮碗在唧筒和气室内轮回开启与关闭，从而使气室内压力逐渐升高，药液箱底部的药液经过出水管再经喷杆，最后由喷头喷出雾来。手柄开关可以调节药液流出和流量。

（4）产品特点：模仿人体后背曲线制造，结构紧凑、合理安全可靠；采用 PU 皮碗，轻便、省力、升压快；装有膜片式压力开关。不易渗漏，操作灵活，可连续喷洒，也可以点喷；选用优质材料。耐酸、耐碱、耐磨、耐腐蚀、密封性好、使用寿命长；可以配备双喷头、扇形喷头、空心圆锥雾喷头和可调单喷头，可满足对不同场所、器械的喷雾需要。

（5）使用方法：参照产品说明书即可使用。

2. 推车式喷雾器

（1）用途：用于对公共场所、养殖场区进行喷雾消毒，杀菌等使用。

（2）产品结构：由车架、蓄电池、水箱、压力泵、喷杆等系统组成。

（3）工作原理：通过蓄电池带动压力泵工作，加大水箱内压力，箱内被加压的消毒液从喷杆喷出。

（4）产品特点：设计灵巧，外观精致；车架上下可调，底下有推动轮，移动方便；水箱容量大；推车后背的杂物箱可放备用工具；免维护的蓄电池，操作方便，一次充电可连续工作 4 h 左右；水泵压力大，为 0.4 ~ 0.8 MPa，可调单喷头及双喷头，工作效率高，喷雾效果好。

（5）使用方法：参照产品说明书即可使用。

3. 机动式喷雾器

有车载式高压喷雾机、手扶式高压喷雾机等。

（1）用途：主要用于环境大面积喷洒消毒，如养殖场区道路、堆粪场、配料场以及疫区环境消毒。

（2）产品结构：具有发动机、变速箱、药箱等。

（3）工作原理：发动机驱动喷雾机行进并产生高压。手扶式由工作人员控制行进方向和速度，车载式则以机动车承载喷雾机行进并工作。

（4）产品特点：行进方便，操作简单、安全，喷洒射程远，工作效率高，可短时间内完成大量的消毒工作。

（二）消毒液机

（1）用途：生产次氯酸钠消毒液。可用于畜禽养殖畜牧防疫、特种养殖场、屠宰加工厂、铁路储藏运输等。

（2）产品结构：由电源、电解槽、宽电压、过流过载自动保护装置等组成。

（3）工作原理：电解食盐水，生成浓度为 8 000 ppm 的次氯酸钠消毒原液，将消毒原液稀释后进行消毒杀菌。

（4）产品特点：原料简单（食用盐、自来水），经济实用、杀菌速度快。可随用随做，减少了罐装运输储存等环节，操作简便，能有效地发挥次氯酸钠最佳杀菌时期。

（5）使用方法：参照产品说明书即可使用。

（三）臭氧空气消毒机

（1）用途：主要用于在养殖场的兽医室、大门口消毒室的环境空气的消毒以及生产车间的空气消毒，如屠宰行业的生产车间、畜禽产品的加工车间及其他洁净区的消毒。

（2）产品结构：主要包括臭氧发生器、专用配套电源、风机和控制器等部分。

（3）工作原理：此类产品多采用脉冲高压放电技术将空气中一定量的氧电离分解后形成 O_3（俗称臭氧）。臭氧消毒为气相消毒，与直线照射的紫外线消毒相比，不存在死角。由于臭氧极不稳定，其发生量及时间要视所消毒的空间空气容积及当时的环境温度和相对湿度而定。

（4）产品特点：臭氧是一种强氧化杀菌剂，消毒时呈弥漫扩散方式，因此消毒彻底、无死角，消毒效果好。臭氧稳定性极差，常温下 30 min 后自行分解。因此，消毒后无残留毒性，被公认为"洁净消毒剂"。

技能训练六　熏蒸消毒

【实训目的】

掌握熏蒸消毒方法的适用对象、操作步骤和要领。

【实训准备】

（1）试剂：高锰酸钾、0.2% 甲醛等。

（2）用具：陶瓷容器。

【操作方法】

熏蒸消毒最大优点是熏蒸药物能均匀地分布到禽舍的各个角落，消毒全面彻底，特别适用于畜禽舍内污染空气的消毒。熏蒸消毒时应注意以下几点：

（1）因甲醛只能对物体的表面进行消毒，因此在熏蒸消毒前，应将畜禽舍进行机械性清扫，并使用表面活性剂类、酚类等消毒剂喷洒消毒，以提高消毒效果。

（2）经喷洒消毒后，关闭门窗、通气孔等。凡与外界相通处均用报纸、塑料布或胶带等封严，以防漏气，影响消毒效果。注意将畜禽舍内用具、饲槽、水槽、垫料等物品适当摆开，以利于气体穿透。

（3）测量并计算消毒空间的体积，然后根据消毒级别计算消毒剂的用量。熏蒸用药量根据实际情况分为三级消毒（见表 2-11）。

表 2-11　熏蒸消毒药物用量标准参考

消毒级别	药物用量			适用对象
	高锰酸钾（g/m³）	甲醛（mL/m³）	水（mL/m³）	
一级消毒	7	14	7	发生过一般性疾病的畜禽舍
二级消毒	14	28	14	发生过较重传染病的畜禽舍
三级消毒	21	42	21	发生过烈性传染病的畜禽舍

（4）根据空间大小，准备一到数个盛药容器。由于药物混合后反应剧烈，释放热量，一般可持续 10～30 min。因此，容器应足够大，耐腐蚀，通常陶瓷容器较为适宜。

（5）将畜禽舍内的管理用具、工作服等适当地打开，打开箱子和柜橱的门，以利于表面消毒。

（6）做好上述准备后，先将水倒入陶瓷容器内，后加入高锰酸钾，搅拌均匀，再加入甲醛。人即迅速离开，将门关闭。操作时要避免甲醛与皮肤接触。

（7）经过 24 h 后将门窗打开，通风换气 2 d 以上再使用。若急需使用，则可用氨气中和甲醛。按氯化铵 5 g/m³，生石灰 10 g/m³ 及 75 ℃热水 7.5 mL/m³，混合后装于小桶内放入畜禽舍内。或用 25% 氨水 12.5 mL/m³，中和 20～30 min，然后打开门窗通风 30～60 min 即可使用。如不急用，最好可密闭 2 周后再使用，以确保消毒效果。

（8）熏蒸消毒时，一般应控制舍温不低于 18 ℃，相对湿度不低于 60%。当舍温达 26 ℃，相对湿度在 80% 以上时，熏蒸消毒效果最好。

【实训作业】

如何提高熏蒸消毒效果？

技能训练七　喷雾消毒

【实训目的】

掌握喷雾消毒方法的适用对象、操作步骤和要领。

【实训准备】

（1）试剂：0.2%～0.5%过氧乙酸、2%中性戊二醛、过氧化氢复方空气消毒剂、1.5%～3%过氧化氢、0.1%洗必泰、500 mg/L二氧化氯消毒剂等。

（2）用具：气溶胶喷雾器、待消毒器具及物品等。

【操作方法】

以气溶胶喷雾消毒为例。气溶胶喷雾消毒是将化学消毒剂通过气溶胶喷雾器形成直径在0.001～100 μm气溶胶雾滴，由于其粒子小、扩散均匀、渗透性强、空气悬浮较久，从而对空气中的微生物产生较好的消毒效果。气溶胶喷雾法具有省水、省药、不湿润物体表面的优点。

气溶胶喷雾器有电动、手动和超声波喷雾器等不同类型。其工作原理是通过压力将气流和液流通过喷嘴喷出，形成较小的雾滴，将药液均匀喷洒在室内空间而达到消毒目的。一般手动喷雾器的粒子最大，电动喷雾器其次，超声波喷雾器的粒子最小。

实施消毒前，应先将舍内进行机械清扫，关闭门窗和通风口。根据消毒空间大小计算药液用量，然后将药液装入气溶胶喷雾器内，进行喷雾消毒。作用一定时间后，打开门窗通风。消毒剂的选用可参考表2-12。也可选用含有效氯1 000 mg/L的消毒剂，气溶胶喷雾消毒，用量30～50 mL/m³，作用30 min以上。

表2-12　气溶胶喷雾消毒剂用量参考表

消毒剂	用　量	作用时间	备　注
0.2%～0.5%过氧乙酸	8 mL/m³	60 min	污染严重时，喷雾浓度可提高到2%
2%中性戊二醛	100 mg/m³	30 min	
过氧化氢复方空气消毒剂	50 mg/7m³	30 min	60%～80%相对湿度
1.5%～3%过氧化氢	20 mL/m³	60 min	
0.1%洗必泰	20 mL/m³	30 min	可带畜喷雾消毒，对结核杆菌、芽孢无杀灭作用
500 mg/L二氧化氯消毒剂	20 mL/m³	30 min	

气溶胶消毒操作简单，使用方便，价格低廉，效果较好，可用于一般畜禽舍的常规消毒。但也存在着对环境、人体有较大的刺激的缺陷，在采用气溶胶消毒方法时还应与其他空气消毒方法配合使用。

【实训作业】

喷雾消毒的步骤和方法如何？应注意哪些事项？

技能训练八　常用化学消毒剂配制技术及其应用

【实训目的】

掌握常用化学消毒剂配制的操作步骤和要领。

【实训准备】

（1）试剂：5%新洁尔灭、50%来苏儿、药用乙醇（95%）、NaOH、30%双氧水、注射用水、纯化水等。

（2）用具：各种型号量筒、塑料桶、水桶、水槽、广口瓶、待消毒器具及物品等。

【操作方法】

目前市售消毒剂多以高浓度状态贮存和运输。在实际应用中，通常需要对其做不同程度的稀释，以满足不同的消毒要求。常见的消毒剂使用浓度的表示方法有 2 种，即百分比浓度和百万分比浓度（ppm）。具体配制方法如下。

一、百分比浓度（%）消毒液配制

百分比浓度（%）是指 100 mL 溶液中所含溶质的克或毫升数。溶质的量可为质量（g）或容积（mL）单位。

$$消毒液浓度 = \frac{溶质的克或毫升数}{溶液的毫升数} \times 100\%$$

如：配制 75% 的乙醇溶液 100 mL。

由上述公式计算乙醇需要量 = 75% × 100 = 75 mL。因市售乙醇溶液浓度一般为 95%，故需取 78.75 mL。加水量 = 100 − 78.75 = 21.25 mL。

即取市售乙醇溶液 78.75 mL 加水 21.25 mL，用 0.22 μm 的微孔滤膜过滤后备用，在容器上贴标签（以下所有消毒液配制均与此相同），注明品名、浓度、配制时间、配制人，24 h 更换。主要用于皮肤、工具、设备、容器、房间的消毒。

又如：配制 0.1% 的洗必泰溶液 100 mL。

洗必泰需要量 = 0.1% × 100 = 0.1 g。

即取洗必泰 0.1 g，加水至 100 mL，即可配成 0.1% 的洗必泰消毒溶液 100 mL。

二、百万分比浓度（ppm）消毒液配制

用溶质质量或容积占全部溶液容积的百万分比来表示的浓度，称 ppm 浓度。ppm 就是百万分率或百万分之几，现在一般不用。

如：将 1 g 高锰酸钾配成 100 ppm 的使用溶液，即取 1 g 高锰酸钾加水 10 L，即可配成 100 ppm 的使用溶液。

又如：用含有效氯 20% 的漂白粉配成含有效氯 500 ppm 的漂白粉使用溶液 100 mL，即取含有效氯 20% 漂白粉 0.25 g 加水 100 mL，即可配成含有效氯 500 ppm 的漂白粉使用溶液。

三、常用消毒液的配制与应用

（一）标准漂白粉消毒液的配制与应用

1. 5% 标准漂白粉溶液的配制

（1）含有效氯 20% 漂白粉 5 g 加水 100 mL，搅匀即得；若加入半量氯化铵、硫酸铵和

硝酸铵后，杀菌作用增强，又称漂白粉活性溶液。

（2）5% 漂白粉溶液：取 100 mL 水加 5 片（每片含 0.1 g）漂白粉精片即得。

配成后均应于 1~24 h 内使用，否则效果将大减。

2. 应用

（1）医学上的应用。

➤ 皮肤消毒：将 5% 漂白粉标准溶液经过 20~500 倍稀释后与液体石蜡混合，制成皮肤消毒剂，适用于创伤、烧伤或粗糙皮肤表面的消毒。

➤ 口腔洗液：氯消毒剂可作口腔洗液，即使浓度达到 1 250 mg/L 有效氯，对黏膜也无损害作用。

➤ 一般物品消毒：若物品上无有机物污染，可用 100 mg/L 有效氯的消毒剂溶液进行消毒；若被有机物质污染的物品，应改用 500~2 000 mg/L 有效氯的氯消毒剂溶液消毒。

➤ 有机会接触血液的医护人员手的消毒：可采用 1 000 mg/L 有效氯的优氯净或次氯酸钠溶液洗手，虽然这种浓度对手处理后有一定氯气味，但短时间后气味会很快消失。

（2）公共卫生方面的消毒。

➤ 饮用水：一般洁净的水可用含有 1 mg/L 左右有效氯的氯消毒溶液消毒 30 min 后即可饮用。若水源不洁或野外取来的水，可用 10 mg/L 有效氯溶液消毒 30 min，这种浓度不仅能有效杀菌，还可杀死痢疾阿米巴虫包囊和甲型肝炎病毒。但用这种浓度的消毒溶液消毒过的水有一定氯味，必须在消毒水中加适量的硫代硫酸钠溶液以脱去氯味，使饮用者不致对氯反感。

➤ 池塘或河水：一般按水质好坏或有机物含量决定使用有效氯剂量，如果水质较好，可用一般饮水消毒剂量，约 1 mg/L 有效氯即可。

➤ 公共场所的桌椅和人员接触的物品：可用 150~300 mg/L 有效氯的消毒液消毒，若有严重污染，可增至 1 000~2 000 mg/L 有效氯消毒。

（二）过氧乙酸消毒液的配制与应用

商品过氧乙酸一般含量为 16%~20%，也有含 30% 或 40% 的。

1. 配制

（1）16%~20% 过氧乙酸简易合成法：取 300 mL 冰醋酸，放入 1 000 mL 的塑料瓶内，然后加入 15.8 mL 硫酸，轻轻摇匀后，加入 150 mL 过氧化氢，振摇使其混合均匀，室温下静置 72 h，可使过氧乙酸浓度达到高峰。配成后加入 0.4% 的 8-羟基喹啉，作为稳定剂贮存于冰箱内备用。

（2）0.04% 过氧乙酸溶液：20% 过氧乙酸 2 mL 加蒸馏水 998 mL 混匀即得。

（3）0.2% 过氧乙酸溶液：2% 过氧乙酸 10 mL 加蒸馏水 990 mL 混匀即得。

（4）0.5% 过氧乙酸溶液：20% 过氧乙酸 25 mL，加蒸馏水 975 mL 混匀即得。

2. 应用

由于过氧乙酸杀菌能力特别强，消毒速度又快，使用浓度很低，加上稀浓度的过氧乙酸毒性很低，因此很受兽医临床医生和防疫部门人员的欢迎。

（1）圈舍消毒：即采用 5% 过氧乙酸喷雾消毒，每立方米按 2.5 mL 计算，经过 2 h，该圈舍内即达到完全消毒。

用 5% 过氧乙酸喷雾消毒圈舍内时，经过 2 h，通风 15 min，室内各种物品、墙壁和家具都无腐蚀作用，而且可以用于食品加工车间的喷雾消毒。

（2）物品表面消毒：可采用喷雾、浸泡或擦拭三种方法进行。

➢ 稀浓度过氧乙酸不致损坏物品，可以采用浸泡消毒，如工作服、毛巾、餐具、体温计、压舌板、玻璃器皿、陶瓷制品等；也可用于橡胶制品，但浸泡时间不能过长。过氧乙酸对有色物品可产生褪色作用，故一般浸泡使用浓度为 0.1% ~ 0.4%。

➢ 不适合用于浸泡的物品，可采用擦拭法消毒，但对金属物品在消毒完成后必须用水冲洗干净擦干，以防其生锈。

➢ 其他如鞋消毒、塑料制品和人造革表面消毒，肉类或鱼类表面消毒，都可用 0.005% ~ 0.1% 稀浓度过氧乙酸溶液消毒。

（3）手的消毒：用过氧乙酸作手的消毒，0.2% 过氧乙酸溶液最适合于手的快速消毒，因其浓度对于皮肤无任何损伤作用，并且洗后气味消失很快。如果用 0.5% 的浓度消毒，可发生皮肤脱屑现象。所以，一般认为 0.2% ~ 0.4% 浓度最安全。

同时用过氧乙酸、煤酚皂水溶液和肥皂+流水做手皮肤消毒比较，其灭菌效果以过氧乙酸效果最好，煤酚皂水溶液次之，肥皂+流水效果最差。另外，因煤酚皂水溶液中存在有毒性的甲醛，可引起皮炎。

（4）饮水和污水的消毒：由于稀过氧乙酸及其分解产物没有毒性，可作为饮水消毒剂，消毒剂量为 1 mg/L，经 30 min 后可达到消毒目的；另一种用 10 mg/L，经 10 min，也可使清净的水达到消毒。污水消毒剂量是按污水污染程度决定的，一般采用剂量为饮水剂量加倍来消毒。

（5）治疗作用：过氧乙酸可用来预防和治疗食用动物的真菌感染性疾病，也可用来控制金黄色葡萄球菌感染和动物表皮上细菌的消毒。

（三）75% 乙醇消毒液的配制与应用

1. 配制

配制方法见百分比浓度乙醇溶液的配置。

2. 应用

（1）皮肤消毒：乙醇是卓越的皮肤消毒剂，又是脂溶剂，能除去皮肤上的细菌和油脂。因为人体皮肤温度较高，因此皮肤上乙醇很快挥发变干，便于医务人员采血或注射。但它的不足之处在于皮肤上的乙醇挥发速度较快，使消毒时间缩短，影响消毒效果。因此，使用乙醇消毒皮肤时，应多用一点乙醇，增加擦拭次数或延长擦拭时间，以弥补不足，达到可靠的消毒效果。

（2）器械灭菌：有效浓度的乙醇对刀片上的白色念珠菌、大肠杆菌、化脓性链球菌和绿脓杆菌，只要经过 0.5 ~ 1 min 即能杀死，很少需要 2 min。对刀片上已经发生凝固的脓中细菌，只要延长到 10 min，足以将它们杀死。如果刀片上的血液已发生凝固，也只要 5 min 就能将其中的细菌杀死。如果是破伤风梭菌、产气荚膜梭菌和炭疽杆菌等的芽孢污染，即使是浸泡在 70% 乙醇中经过 18 h 也不能将其杀死。

（3）体温计消毒：由于乙醇无毒、无色、无特殊气味、挥发快、不残留有毒有害物质，因此最适合用于体温计消毒。在体温计消毒前，先用棉签将体温计上黏液擦去，然后浸泡在75%乙醇溶液中，经10 min，取出后把体温计上乙醇甩干后即可使用。

（4）外科手术人员手的消毒：外科上常用75%～80%乙醇溶液对手进行消毒。一般在用肥皂和流水洗手后，浸泡于乙醇中，经10 min能有效杀死皮肤上细菌，并能减少皮肤上活菌数，一般消除率可达80%～90%。

（5）表面消毒：用乙醇处理台面或其他物品表面，经一定的消毒时间后，可用水冲洗，不会遗留残余毒性，乙醇表面消毒是一种简便易行的消毒方法。对耐热的表面还可以采用燃烧的酒精棉球进行烧灼消毒。

（四）煤酚皂消毒液的配制与应用

1. 配制

（1）2%煤酚皂溶液：取4 mL市售50%溶液，加蒸馏水96 mL，即得2%的溶液100 mL。

（2）5%煤酚皂溶液：取10 mL 50%溶液加蒸馏水90 mL混匀，即得5%煤酚皂溶液100 mL。

2. 应用

一般多采用1%～5%浓度的煤酚皂水溶液浸泡、喷洒或擦拭被污染物品和笼器具等的表面，作用30～60 min。对结核杆菌，用5%浓度作用1～2 h。为加强杀菌作用，可将药液加热至40～50 ℃，若用煤酚皂溶液浸泡金属器械，可加1.5%～2%碳酸氢钠作防锈剂。皮肤消毒，可用1%～2%溶液浸泡。其消毒效果优于肥皂流水洗手，但远不及0.2%过氧乙酸溶液。

（五）新洁尔灭消毒液的配制与应用

1. 配制

（1）0.1%新洁尔灭溶液100 mL：取市售5%新洁尔灭溶液2 mL，加蒸馏水98 mL混匀即可。

（2）0.5%新洁尔灭100 mL：取市售5%新洁尔灭溶液10 mL，加蒸馏水90 mL混匀即可。

（3）0.02%新洁尔灭溶液100 mL：取市售5%新洁尔灭溶液0.4 mL，加蒸馏水99.6 mL混匀即可。

2. 应用

在季铵盐类消毒剂中，由于新洁尔灭作用效果较差，刺激性强，有气味，已逐渐为其他高效消毒剂取代。

（六）洗必泰消毒液的配制与应用

1. 配制

（1）0.02%洗必泰溶液：先将4.54 g硼酸和0.45 g硼砂溶于660 mL热蒸馏水中，再加入洗必泰0.2 g和氯化钠0.86 g溶解，加蒸馏水至1 000 mL，即得0.02%洗必泰溶液。

（2）0.05%洗必泰溶液：先取11.36 g硼酸和1.12 g硼砂溶于660 mL热蒸馏水中，再依次加入洗必泰 0.5 g、氯化钠 2.15 g 使其溶解；加蒸馏水至 1 000 mL 即得。

2. 应用

洗必泰的杀菌谱与季铵盐类相似，但作用较强。因其毒性低，多用于临床皮肤、黏膜消毒。

（七）碘消毒液的配制与应用

1. 配制

（1）2% 碘酊：先将碘化钾 1.5 g 溶于 48 mL 蒸馏水中，再加 2 g 碘，后加 95% 乙醇至 100 mL 即得。

（2）2% 碘液：先把 2.4 g 碘化钾溶于蒸馏水中，再加碘 2 g，后加蒸馏水至 100 mL。

（3）0.1% 碘液：用 2% 碘液 50 mL 加蒸馏水至 1 000 mL 即得。

（4）0.05% 碘液：用 2% 碘液 25 mL 加蒸馏水至 1 000 mL 即得。

2. 应用

碘溶液的杀菌效果比氯消毒剂强，常用于以下几方面。

（1）皮肤消毒：碘消毒剂常用于病畜手术部位皮肤或黏膜消毒，或用其处理皮肤感染，再加上机械的摩擦，可以消除皮肤上大部分暂住细菌和一部分常住细菌；各种创伤或感染部位皮肤的消毒，一般都采用杀菌力较强的 2% 碘酊；抽取病畜血液部位、穿刺部位等，如抽取胸腔液、腹腔液、脊椎穿刺、体内各部位注射等消毒都要求非常严格，一般都采用杀菌力较强的 2% 碘酊溶液；病畜口腔、咽喉部、阴道和创伤黏膜，一般采用 0.05% ~ 0.1% 碘水溶液消毒，它刺激性小，可达到消毒部位灭菌，便于进行手术。

（2）手术器械和其他装备的消毒：碘消毒溶液已被推荐作为某些外科器械的紧急消毒液，特别适合于不耐热的物品消毒，例如导尿管、刀片、塑料制品、橡皮制品、刷子、安瓶、玻璃瓶等。一般采用 0.2% ~ 2% 碘溶液，也可将外科手术后用过的器械或物品浸泡在碘溶液中进行消毒。

（3）肠线和外科缝线消毒：外科缝线的紧急处理，可用 1% ~ 2% 碘水溶液进行灭菌，一般消毒 4 h，不会影响其拉力，达到灭菌目的。

（4）临床体温计的消毒：消毒前将体温计上的黏液用布擦去，浸泡于 1% 碘酊中，经 10 min，消毒效果比单纯用乙醇消毒更好。

（5）饮水的消毒：在水中加入 8 mg/L 有效碘，经过 10 min，可杀死水中存在的致病菌，如果采用四甘氨酸氢过碘化物片剂，加入常温水中经 10 min 就可以达到灭菌效果，若在冷水中需要 20 min，若要杀死水中出血热黄疸钩端螺旋体，只需要 1 mg/L 有效碘的碘消毒剂，经 5 min 就能有效杀死。

（八）高锰酸钾消毒液的配制与应用

1. 配制

（1）0.02% 高锰酸钾溶液：取高锰酸钾 1 g，加蒸馏水 5 000 mL 溶解后即得。

（2）0.1% 高锰酸钾溶液：取高锰酸钾 1 g，加蒸馏水 1 000 mL，完全溶解后即得。

2. 应用

皮肤消毒的使用浓度为 0.1%，黏膜消毒的使用浓度为 0.01% ~ 0.02%。若对污染物表面消毒，浓度为 0.1% ~ 0.2%。

消毒青饲料的使用浓度 0.1%，作用时间为 10 ~ 60 min 钟，处理后，必须用清水冲净，才能保证动物安全食用。此外，除臭可用 0.1% ~ 1% 高锰酸钾水溶液；还可将高锰酸钾加入福尔马林溶液中，可氧化甲醛而产生热，使甲醛挥发，用于消毒圈舍等。

若用于动物的外阴部冲洗，可采用 0.01% ~ 0.02% 高锰酸钾水溶液。高锰酸钾水溶液只能当外用药使用，对人基本无害。

（九）戊二醛消毒液的配制与应用

1. 配制

（1）碱性戊二醛：取酸性 25% 戊二醛 1 份加 11.5 份水，再加入 0.3% NaHCO$_3$，调节 pH 至 7.5 ~ 8.5，即配成含 2% 碱性戊二醛溶液。因稳定性差，溶液可保持 1 周。

（2）强化酸性戊二醛：在 2% 戊二醛溶液中加入 0.25% 聚氧乙烯脂肪醇醚。此类复方溶液仍保持酸性（pH 为 3.4），稳定性好，室温下贮存 18 个月，杀菌能力不减。

（3）中性戊二醛：将强化酸性戊二醛经碳酸氢钠调整 pH 至 7.0，即得中性戊二醛。中性戊二醛溶液稳定性比碱性溶液好，但不及酸性强化戊二醛，在室温下可反复使用 3 周；对金属的腐蚀性比酸性强化戊二醛弱。

2. 应用

戊二醛消毒在医学领域中的应用日益增加，从 20 世纪 60 年代开始，将 2% 碱性戊二醛溶液作为临床和实验室器械的消毒，并取得了满意的效果。使用方法如下：

（1）将戊二醛原液稀释到浓度为 2% 的水溶液，再加入 0.3%（重量）碳酸氢钠，使其变成 2% 碱性戊二醛溶液。

（2）将需要消毒的器械，用水冲洗干净后，放入 2% 碱性戊二醛溶液中。

（3）若要杀灭一般细菌，只要浸泡 30 min 就可以达到消毒。

（4）从容器中取出器械后，由于戊二醛本身也有一定毒性，应采用无菌水冲洗干净后才能应用，否则对机体有损害。

（十）甲醛消毒液的配制与应用

1. 配制

配制 4% 或 8% 甲醛水溶液，是指该溶液中含有 4% 或 8% 甲醛成分，不是含有 4% 福尔马林溶液。福尔马林溶液中一般含有 37% ~ 40% 甲醛。

例如，用含 37% 甲醛的福尔马林溶液配制 4% 甲醛水溶液，应按下式计算：

37/4 − 1 = 9.25 − 1 = 8.25。即将 1 份含有 37% 甲醛的福尔马林溶液加 8.25 份水，即成 4% 甲醛水溶液。

2. 应用

甲醛消毒有如下优点：工业品甲醛，价格便宜，熏蒸时不致损坏衣服、家具、皮革、橡胶、油漆和金属，特别适用于不耐热的物品，如毛毯、鞋、呼吸器和塑料导管等。

　　缺点是：用甲醛气体消毒圈舍或实验室时，它的气味和刺激性会遗留很久，不易除去，而且含有毒性，有可能是一种致癌物质。目前，很少使用甲醛消毒，用过氧乙酸来取代，且杀菌效果优越，短时间气味即迅速消失。

　　（1）手术室或实验室消毒：手术室或实验室消毒可采用福尔马林或多聚甲醛加热，产生甲醛气体。一般使用剂量如下：福尔马林为 20～25 mL/m³；多聚甲醛为 15 g/m³。福尔马林用一定量的水加热即可；多聚甲醛在电热锅上加热后使其气化。消毒的同时，要求相对湿度在 80%～90%，温度在 18～20 ℃ 以上。杀灭细菌需 1～2 h，杀死芽孢则需要 12～24 h。

　　（2）器械和物品消毒：消毒物品（如器械）可放在电热锅中进行，消毒时间在 3 h 以上。若消毒皮张或毛发等软质物品，应挂起或摊开，使其各个面都能接触到甲醛气体，其用量为 35～50 mL/m³。将福尔马林先放在消毒柜的底部，随后通入少量蒸汽，使柜内相对湿度保持在 70% 以上，同时将蒸汽通入夹层内，使柜室温度保持在 100 ℃ 左右，消毒时间 3 h 以上，可以达到消毒效果。

（十一）2%（0.4%）NaOH 溶液的配制与应用

1. 配制

用托盘天平称取 NaOH 80 g（16 g）于 5 000 mL 烧杯中，加纯化水至 4 000 mL，搅拌使其完全溶解后，移至配液桶中备用，一周内更换。

2. 用途

用于玻璃、不锈钢、橡胶类器具的消毒。

（十二）3% 双氧水溶液的配制与应用

1. 配制

用量筒量取注射用水 9 000 mL 倒入配液桶中，放冷至 30 ℃ 以下，再用量筒量取 30% 双氧水 1 000 mL 倒入注射用水中，搅拌混匀后备用，24 h 更换。

2. 用途

用于工具、设备、容器的消毒。

四、消毒液使用注意事项

　　（1）新洁尔灭溶液与肥皂等阴离子表面活性剂有配伍禁忌，易失去杀菌效力，所以用肥皂洗手后必须将肥皂冲洗干净。

　　（2）75% 乙醇溶液配制后必须密闭保存并当天用完。

　　（3）处理洁净室器具、设备等的消毒液应定期更换，以免产生耐药菌株，一周更换一次。

　　（4）配制消毒液时操作人员必须戴橡胶手套，防止烧伤。

　　（5）废碱液的处理：用冷水稀释后倒入地漏。

（6）消毒液配制后由配制人员做好记录，包括：在容器上贴标签，注明品名、浓度、配制时间、配制人等。

【实训作业】

（1）在配制和使用新洁尔灭消毒液时是否可以先用肥皂水将手洗干净再进行？

（2）在配制消毒液时一般是否可以徒手进行？

技能训练九　化学消毒剂有效成分的测定

【实训目的】

掌握常用化学消毒剂有效成分的测定方法。

【实训准备】

（1）试剂：见分项测定要求。

（2）用具：各种型号量筒、塑料桶、水桶、水槽、广口瓶、待消毒器具及物品等。

【操作方法】

一、有效氯含量的测定

有效氯的测定包括最经典的碘量法和快速试纸法。

（一）碘量法

1. 试剂

2 mol/L 硫酸、10% 碘化钾、0.5% 淀粉、0.05 mol/L 硫代硫酸钠标准溶液。

2. 方法

（1）取液体含氯消毒剂 1.0 mL 于 250 mL 容量瓶中，加蒸馏水至刻度，混匀。准确称取固体含氯消毒剂 1 g（精确至 0.001），研磨后以蒸馏水溶解，转入 250 mL 容量瓶中（若有效氯含量预计 <70%，则用 100 mL 容量瓶），称量杯及研钵用蒸馏水洗 3 次，洗液全部转入容量瓶中。

（2）向 100 mL 碘量瓶中加入 2 mol/L 硫酸 10 mL、10% 碘化钾 10 mL 和混匀的消毒液 5 mL。盖紧瓶盖，振摇混匀后，加蒸馏水数滴于碘量瓶盖缘，置暗处 5 min。打开盖，让瓶盖蒸馏水流入瓶中。用硫代硫酸钠标准溶液（装于 25 mL 滴定管中）滴定游离碘，边滴边摇匀。待溶液呈淡黄色时，加入 0.5% 淀粉溶液 10 滴，溶液立即变为蓝色，继续滴定至蓝色消失，记录用去的硫代硫酸钠溶液的总量。重复测 3 次，取 3 次平均值进行计算。

3. 计算

由于 1.0 mL 1 mol/L 硫代硫酸钠标准溶液相当于 0.035 5 g 有效氯，故可按下式计算有效氯含量。

$$有效氯含量 = \frac{M \times V \times 0.035\ 5}{W} \times 100\%$$

式中　M——硫代硫酸钠标准溶液的摩尔浓度；

$\quad\quad\quad V$——滴定所用的硫代硫酸钠标准溶液毫升数；

$\quad\quad\quad W$——碘量瓶中所含消毒剂原药克数（溶液消毒剂为毫升数）。

（二）试纸法

1. 试纸性能

反应范围：10 ~ 50 000 ppm；比色范围：10 ~ 20 000 ppm；反应颜色：淡黄→黄→橙→橙红→棕→褐色；5 000 ~ 50 000 ppm 则为黑褐色→紫黑色；反应稳定时间达 20 min 以上。标准比色板为 10，25，50，100，150，200，300，500，1 000，2 000 ppm。

2. 使用方法

测试时一手握试纸盒，拇指压住试纸于出口处，另一手拉出纸条，在楔状齿上割断，浸入消毒液后立即取出，与标准比色板上的色块进行比色。

二、有效碘含量的测定

1. 试剂

0.5% 淀粉溶液、浓醋酸和 0.1 mol/L 硫代硫酸钠标准溶液。

2. 方法

向 100 mL 碘量瓶中精确加含碘消毒剂样液 5.0 mL 及醋酸 1 滴。用 0.1 mol/L 硫代硫酸钠标准溶液滴定（通常用 25.0 mL 滴定管，若预计有效碘浓度 > 5% 时，用 50.0 mL 滴定管），边滴边摇匀。待溶液呈淡黄色时，加入 0.5% 淀粉溶液 10 滴（溶液立即变蓝色），继续滴定至蓝色消失，记录用去的硫代硫酸钠总量。重复测 3 次，取 3 次平均值进行以下计算。

3. 计算

由于 1.0 mL 1 mol/L 硫代硫酸钠标准溶液相当于 0.126 9 g 有效碘，可按下式计算有效碘含量：

$$有效碘含量 = \frac{M \times V \times 0.126\ 9}{W} \times 100\%$$

式中　M——硫代硫酸钠标准溶液摩尔浓度；

$\quad\quad\quad V$——滴定用硫代硫酸钠标准溶液毫升数；

$\quad\quad\quad W$——碘量瓶中所含消毒剂原药克数（液体消毒剂为毫升数）。

三、过氧乙酸浓度的测定

1. 试剂

2 mol/L 硫酸、10% 碘化钾、0.01 mol/L 高锰酸钾、10.0% 硫酸锰溶液、3.0% 钼酸铵、0.5% 淀粉溶液、0.05 mol/L 硫代硫酸钠标准溶液。

2. 方法

取 1.0 mL 过氧乙酸样液加入 100.0 mL 容量瓶中，用蒸馏水稀释至刻度后摇匀，即为过氧乙酸稀释液。向 100.0 mL 碘量瓶中加入 2.0 mol/L 硫酸 5.0 mL、10.0% 硫酸锰溶液 3 滴、混匀的过氧乙酸稀释液 5.0 mL，摇匀后用 0.01 mol/L 高锰酸钾溶液滴定至溶液呈粉红色。随即加入 10.0% 碘化钾溶液 10.0 mL 与 3.0% 钼酸铵 3 滴，摇匀并用 0.05 mol/L 硫代硫酸钠标准溶液滴定至淡黄色。加入 0.5% 淀粉溶液 3 滴，继续用硫代硫酸钠滴定至蓝色消失。记录硫代硫酸钠标准溶液的用量。重复试验 3 次，取 3 次平均值进行计算。

3. 计算

由于 1.0 mL 1.0 mol/L 硫代硫酸钠相当于 0.038 0 g 过氧乙酸，按下式计算过氧乙酸含量：

$$过氧乙酸浓度（W/V）= \frac{M \times V \times 0.038\ 0}{W} \times 100\%$$

式中 M——硫代硫酸钠标准溶液摩尔浓度；

　　　V——滴定中消耗硫代硫酸钠标准溶液毫升数；

　　　W——碘量瓶中所含过氧乙酸样液毫升数。

四、过氧化氢浓度的测定

1. 试剂

2.0 mol/L 硫酸与 10.0% 硫酸镁溶液。配制并标定 0.02 mol/L 高锰酸钾标准溶液。

2. 方法

用移液管吸取市售的过氧化氢样品 2 mL，置于 250 mL 容量瓶中，加水稀释至刻度，充分混合均匀。再吸取稀释液 25.00 mL，置于 250 mL 锥形瓶中，加水 20 ~ 30 mL 和 2 mol/L 硫酸 20 mL，用高锰酸钾标准溶液滴定至溶液呈粉红色并经 30 s 不褪色，即为终点，记录高锰酸钾用量。重复测 3 次，取 3 次平均值进行计算。根据高锰酸钾标准溶液用量，计算未经稀释的样品中过氧化氢的质量浓度（mg/L）。

3. 计算

1.0 mL 1 mol/L 高锰酸钾标准溶液相当于 0.085 05 g 过氧化氢，可按下式计算过氧化氢含量：

$$过氧化氢浓度（W/V）= \frac{M \times V \times 0.085\ 05}{W} \times 100\%$$

式中 M——高锰酸钾标准溶液摩尔浓度；

　　　V——滴定所用的高锰酸钾标准溶液毫升数；

W——碘量瓶中过氧化氢样液毫升数。

五、甲醛含量的测定

1. 试剂

5% 氢氧化钠溶液、稀盐酸溶液（1 份盐酸加 2 份蒸馏水）与 0.5% 淀粉溶液。配制并标定 0.1 mol/L 硫代硫酸钠标准溶液与 0.05 mol/L 碘标准溶液。

2. 方法

取 1.0 mL 甲醛样液于 100.0 mL 容量瓶中，用蒸馏水稀释至刻度，混匀。向碘量瓶加入 5% 氢氧化钠 10.0 mL 和混匀的甲醛稀释液 5.0 mL，再自 25.0 mL 滴定管中缓慢加入 0.05 mol/L 碘标准溶液 20.0 mL，边加边摇匀，至溶液呈鲜黄色。精确记录用去碘标准溶液的毫升数。盖上碘量瓶盖并加蒸馏水于盖缘，放置 20 min 后，加入 25.0 mL 稀盐酸，并用 0.1 mol/L 硫代硫酸钠溶液滴定至溶液呈淡黄色。加入 0.5% 淀粉溶液 10 滴（溶液立即变蓝色），继续用硫代硫酸钠滴定至蓝色消失，记录硫代硫酸钠总用量。重复测 3 次，取 3 次的平均值进行计算。

3. 计算

因 1.0 mL 1.0 mol/L 碘标准溶液相当于 0.015 01 g 甲醛，可按下式计算甲醛的含量：

$$V_{IS} = \frac{M_S \times V_S}{2M_I}$$

$$V_{IF} = V_I - V_{IS}$$

$$甲醛含量（W/V）= \frac{M_I \times V_{IF} \times 0.015\,01}{0.050} \times 100\%$$

式中　V_{IS}——与硫代硫酸钠反应的碘溶液的毫升数；

　　　M_S——硫代硫酸钠溶液的摩尔浓度；

　　　V_S——滴定中消耗的硫代硫酸钠毫升数；

　　　M_I——碘溶液的摩尔浓度；

　　　V_I——滴定中消耗的碘溶液毫升数；

　　　V_{IF}——与甲醛反应消耗的碘溶液的毫升数；

　　　0.050——碘量瓶中所含甲醛溶液毫升数。

六、戊二醛含量的测定

1. 试剂

6.5% 三乙醇胺溶液、0.04% 嗅酚蓝乙醇溶液、盐酸羟胺中性溶液（17.5 g 盐酸羟胺加蒸馏水 75.0 mL 溶解，并加异丙醇稀释至 500.0 mL 摇匀。加 0.04% 溴酚蓝乙醇溶液 15.0 mL，用 6.5% 三乙醇胺溶液滴定至溶液显蓝绿色）。配制并标定 0.25 mol/L 硫酸标准溶液。

2. 方法

取戊二醛消毒液样品 10.0 mL（非消毒浓度的溶液需用 100.0 mL 容量瓶稀释后取样）置 250.0 mL 碘量瓶中，精确加入 6.5% 三乙醇胺溶液 20.0 mL 与盐酸羟胺中性溶液 25.0 mL 摇匀。静置反应 1 h 后，用 0.25 mol/L 硫酸标准溶液滴定。待溶液呈蓝绿色，记录硫酸标准溶液用量。同时以不含戊二醛的三乙醇胺、盐酸羟胺中性溶液作空白对照，重复上述操作。重复测 3 次，取其平均值进行计算。

3. 计算

由于 1.0 mL 1.0 mol/L 的硫酸标准溶液相当于 0.050 g 戊二醛，因此可按下式计算戊二醛的含量：

$$戊二醛含量（W/V）= \frac{M \times (V_2 - V_1) \times 0.050}{W} \times 100\%$$

式中　M——硫酸标准溶液摩尔浓度；

　　　V_1——样品滴定中用去的碘标准溶液毫升数；

　　　V_2——空白对照滴定中用去的碘标准溶液毫升数；

　　　W——戊二醛样品毫升数。

七、乙醇浓度的测定

选择合适容量的量筒，在量筒中加入适量乙醇样液，其量为比重计放入后能充分浮起为宜。将比重计下按后，缓慢放手，当其上浮静止且溶液中无气泡时，读取液面处比重计刻度即为其百分浓度。

八、二氧化氯浓度的测定

1. 试剂

10% 丙二酸、2 mol/L 硫酸、10% 碘化钾、0.05 mol/L 硫代硫酸钠标准溶液、0.5% 淀粉。

2. 方法

准确吸取待检样品 1.0 mL，加入盛有 100.0 mL 去离子水的碘量瓶中，再加入 10% 丙二酸 2.0 mL 混匀，反应 2 min 后，加 2.0 mol/L 硫酸及 10% 碘化钾各 10.0 mL，盖好盖后振摇混匀，加蒸馏水数滴于碘量瓶边缘，置暗处 5 min。用硫代硫酸钠标准溶液滴定游离状态的碘，边滴边摇匀。待溶液呈淡黄色时，加入 0.5% 淀粉溶液 10 滴，溶液立即变蓝色，继续滴定至蓝色消失，记录用去硫代硫酸钠标准溶液的毫升数。重复测 3 次，取 3 次平均值进行计算。

3. 计算

1.0 mL 1.0 mol/L 硫代硫酸钠标准溶液相当于 13.49 mg 二氧化氯，按以下公式计算其含量。

$$二氧化氯含量（W/V）= \frac{M \times V \times 13.49}{W} \times 100\%$$

式中　M——硫代硫酸钠标准溶液摩尔浓度；

　　　　V——样品消耗硫代硫酸钠标准溶液毫升数；

　　　　W——样品毫升数。

九、臭氧浓度的测定

1. 试剂

3.0 mol/L 硫酸、20% 碘化钾溶液、0.5% 淀粉溶液。配制并标定 0.1 mol/L 硫代硫酸钠标准溶液。

2. 方法

在 500.0 mL 具塞锥形瓶中加入蒸馏水 350.0 mL 与 20.0% 的碘化钾溶液 20.0 mL，然后将臭氧发生器的排气管通入锥形瓶液面以下，打开排气阀，采集臭氧气体 1～2 L 后，关闭排气阀。向具塞锥形瓶中加入 3.0 mol/L 硫酸 5.0 mL，塞好瓶口，静置 5 min。用 0.1 mol/L 硫代硫酸钠标准溶液滴定至溶液呈淡黄色时，加 0.5% 淀粉溶液 1.0 mL，继续滴定至无色。记录所用的硫代硫酸钠的用量。试验重复 3 次，取 3 次测定平均值进行计算。

3. 计算

1.0 mL 1.0 mol/L 硫代硫酸钠标准溶液相当于 24.00 mg 臭氧，因此按下式计算臭氧浓度。

$$臭氧浓度（mg/L）= \frac{M \times V \times 24.00}{W} \times 100\%$$

式中　M——硫代硫酸钠标准溶液摩尔浓度；

　　　　V——滴定所消耗的硫代硫酸钠标准溶液毫升数；

　　　　W——臭氧气体采样升数。

十、环氧乙烷含量的测定

1. 试剂

0.5% 甲基橙溶液及盐酸-氯化镁溶液（0.2 mol/L 盐酸中加入 $MgCl_2 \cdot 6H_2O$ 120 g，溶解并稀释至 100.0 mL）。配制并标定 0.1 mol/L 氢氧化钠标准溶液。

2. 方法

在 40.0 mL 容量瓶中加入 20.0 mL 盐酸-氯化镁溶液，塞好瓶塞后称重。于冰瓶中取出装有环氧乙烷的容器，吸取 3～4 滴环氧乙烷溶液（约 3～4 mg），快速放入容量瓶中，塞好瓶塞，混匀称重，两次重量差即为环氧乙烷样品重量。然后加入 0.5% 甲基橙溶液 1 滴作为指示剂，用 0.1 mol/L 的氢氧化钠标准溶液进行滴定，当红色溶液变为黄色时，记录氢氧化钠用量，重复 3 次，取其平均值进行计算。同时以蒸馏水代替环氧乙烷作空白对照，重复上述操作。

3. 计算

1.0 mL 1.0 mol/L 氢氧化钠标准溶液相当于 0.044 g 环氧乙烷，可按下式计算其含量。

$$环氧乙烷含量（W/W）= \frac{M \times (V_2 - V_1) \times 0.044}{W} \times 100\%$$

式中　*M*——氢氧化钠溶液摩尔浓度；

　　　V_1——样品滴定中消耗的氢氧化钠溶液毫升数；

　　　V_2——空白对照滴定中消耗的氢氧化钠溶液毫升数；

　　　W——环氧乙烷样品克数。

十一、醋酸洗必泰含量的测定

1. 试剂

甲基橙饱和丙酮溶液（0.1 g 甲基橙加约 50.0 mL 丙酮，振动使其溶解成饱和溶液）。备冰醋酸和醋酸，配制并标定 0.1 mol/L 高氯酸标准溶液。

2. 方法

取醋酸洗必泰 0.15 g（精确至 0.001 g），加入到含丙酮 30.0 mL 与冰醋酸 2.0 mL 的 100.0 mL 碘量瓶中，振荡使其溶解后，加甲基橙饱和丙酮溶液 1.0 mL，用高氯酸标准溶液滴定。待溶液呈橙色，记录高氯酸标准溶液的用量，重复测 3 次，取平均值进行计算。同时以不含洗必泰的丙酮与冰醋酸溶液作空白对照，重复上述操作。

3. 计算

1.0 mL 1.0 mol/L 高氯酸标准溶液相当于 0.312 8 g 醋酸洗必泰，按下式计算其含量。

$$醋酸洗必泰含量（W/W）= \frac{M \times (V_2 - V_1) \times 0.312\,8}{W} \times 100\%$$

式中　*M*——高氯酸标准溶液摩尔浓度；

　　　V_1——样品滴定中消耗的高氯酸溶液毫升数；

　　　V_2——空白对照滴定中消耗的高氯酸溶液毫升数；

　　　W——醋酸洗必泰样品克数。

十二、新洁尔灭含量的测定

1. 试剂

配制氢氧化钠试剂（4.3 g 氢氧化钠加蒸馏水溶解成 100.0 mL 溶液）、溴酚蓝指示液（0.1 g 溴酚蓝加 0.5 mol/L 氢氧化钠溶液 3.0 mL，溶解，再加蒸馏水至 200.0 mL）、氯仿。配制并标定 0.02 mol/L 四苯硼钠标准溶液。

2. 方法

取新洁尔灭样品 0.250 g（如果为溶胶，取 5.0 mL），置 250.0 mL 碘量瓶中。加蒸馏水

50.0 mL 与氢氧化钠试剂 1.0 mL，摇匀。再加溴酚蓝指示液 0.4 mL 与氯仿 10.0 mL。用四苯硼钠标准溶液滴定，边滴边摇匀，接近终点时需强力振摇。待氯仿层的蓝色消失，记录四苯硼钠的用量。重复 3 次，取 3 次平均值进行计算。

3. 计算

1.0 mL 1.0 mol/L 四苯硼钠标准溶液相当于 0.398 45 g 新洁尔灭，按下式计算新洁尔灭含量。

$$新洁尔灭含量（W/W）= \frac{M \times V \times 0.398\ 45}{W} \times 100\%$$

式中　　M——四苯硼钠标准溶液摩尔浓度；

　　　　V——滴定中消耗的四苯硼钠标准溶液毫升数；

　　　　W——碘量瓶中新洁尔灭样品克数或毫升数。

技能训练十　标准溶液的配制与标定

【实训目的】

掌握常用标准溶液的配制与标定的操作步骤和要领。

【实训准备】

（1）试剂：见分项标准溶液配制要求。

（2）用具：各种型号量筒、塑料桶、水桶、水槽、广口瓶、待消毒器具及物品等。

【操作方法】

下列所有标准溶液的标定，精确度均要求至 0.001 mol/L。

一、硫代硫酸钠标准溶液

（1）配制 0.05 mol/L 和 0.1 mol/L 的硫代硫酸钠溶液时，分别称取 13.0 g 与 26.0 g 硫代硫酸钠，溶于 1 000.0 mL 蒸馏水中，加约 0.2 g 无水碳酸钠于棕色瓶中，置暗处 2 d 后标定其浓度。

（2）标定浓度时，称取经 130 ℃ 烘干 3 h 的分析纯重铬酸钾 0.1 g（精确至 0.001 g），置于 250 mL 碘量瓶中，加蒸馏水 40.0 mL 溶解，加 2.0 mol/L 硫酸 15.0 mL 和 10% 碘化钾溶液 10.0 mL，塞好塞子后混匀，加蒸馏水数滴于碘量瓶盖缘，置暗处 5 min 后，加入 90.0 mL 蒸馏水，用装于 50.0 mL 酸式滴定管中的硫代硫酸钠溶液滴定至溶液呈淡黄色，加 0.5% 淀粉溶液 10 滴（溶液立即变蓝），继续滴定至溶液由蓝色变为亮绿色，记录硫代硫酸钠总用量，按下式计算硫代硫酸钠浓度：

$$硫代硫酸钠摩尔浓度 = \frac{碘量瓶中铬酸钾克数}{0.49 \times 滴定中用去的硫代硫酸钠毫升数}$$

二、碘标准溶液

（1）配制 0.05 mol/L 和 0.1 mol/L 的碘标准溶液时，分别称 6.5 g 碘片、18.0 g 碘化钾与 13.0 g 碘片、36 g 碘化钾，溶于 1 000.0 mL 蒸馏水中，加浓盐酸 3 滴，混匀，装于棕色瓶中，保存于暗处。

（2）标定浓度时，向 100.0 mL 碘量瓶中加已知浓度的硫代硫酸钠标准溶液 25.0 mL 及 0.5% 淀粉溶液 2.0 mL 摇匀，用装于 25.0 mL 酸式滴定管中的碘溶液滴定至溶液变成蓝色，记录用去的碘溶液毫升数，按下式计算碘溶液的摩尔浓度。

$$碘溶液摩尔浓度 = \frac{25 \times 硫代硫酸钠溶液摩尔浓度}{碘溶液毫升数}$$

三、高锰酸钾标准溶液

（1）配制 0.02 mol/L 高锰酸钾标准溶液时，称取 3.3 g 高锰酸钾，溶于 1 000.0 mL 蒸馏水中，煮沸 15 min，冷却后装于玻璃瓶中，塞紧塞子，静置 2 d 后用石棉过滤，将滤液混匀装瓶保存。

（2）标定浓度时，称取经 105 ℃ 烘干至恒重的草酸钠 0.2 g（精确至 0.001 g）置烧杯中，加蒸馏水 250.0 mL 溶解后，加硫酸 10.0 mL，置水浴上加热至 70 ℃，边加入高锰酸钾溶液边搅拌。待溶液变成粉红色并持续 30 s 不褪色时（此时温度仍小于 60 ℃），记录用去的高锰酸钾溶液毫升数，用下式计算其浓度。

$$高锰酸钾溶液摩尔浓度 = \frac{草酸钠克数}{0.335\ 0 \times 5 \times 高锰酸钾溶液毫升数}$$

四、氢氧化钠标准溶液

（1）配制 0.1 mol/L 氢氧化钠标准溶液时，称取 4.5 g 氢氧化钠溶于 1 000.0 mL 蒸馏水中，装于瓶中。用橡皮塞塞紧，静置数日，如果有沉淀，则将上清转入另一带橡皮塞瓶中贮存。

（2）标定浓度时，称取经 105 ℃ 烘干至恒重的苯二甲酸氢钾 0.4 g（精确至 0.001 g），置于 250.0 mL 碘量瓶中，加蒸馏水 50.0 mL 溶解，加 2 滴酚酞指示剂（1.0 g 酚酞加乙醇溶液 100.0 mL），用氢氧化钠溶液（装于 25.0 mL 碱式滴定管中）滴定，待溶液呈红色时，记录消耗的氢氧化钠溶液毫升数，按下式计算浓度。

$$氢氧化钠溶液摩尔浓度 = \frac{苯二甲酸氢钾克数}{0.204\ 42 \times 氢氧化钠溶液毫升数}$$

五、高氯酸标准溶液

（1）配制 0.1 mol/L 高氯酸溶液时，取冰醋酸 750.0 mL，缓缓加入高氯酸（浓度为 70% ~ 72%）8.5 mL，振摇混匀，在室温下缓缓滴加醋酸 23.0 mL 后摇匀，待冷却后，加冰醋酸使成 1 000 mL 溶液，摇匀，放置 24 h 后标定浓度。

（2）标定浓度时，称取经 105 ℃ 烘干至恒重的苯二甲酸氢钾 0.16 g（精确至 0.001 g）至 100.0 mL 碘量瓶中，加冰醋酸 20.0 mL 使之溶解，加结晶紫指示液 1 滴（0.5 g 结晶紫用冰醋酸溶解成 100.0 mL），用配制的高氯酸溶液进行滴定，待溶液由紫色变为蓝绿色时，记录用去的高氯酸溶液毫升数，同时用不含苯二甲酸氢钾的冰醋酸重复上述操作（空白对照），按下式计算高氯酸溶液含量。

$$高氯酸溶液摩尔浓度 = \frac{苯二甲酸氢钾克数}{0.204\,42 \times 样品组与空白组消耗高氯酸溶液毫升数的差值}$$

六、四苯硼钠标准溶液

（1）配制 0.02 mol/L 四苯硼钠标准溶液时，称取四苯硼钠约 7 g，精确至 0.01 g。加水 50 mL，微热助溶，加硝酸铝 0.5 g，振摇 5 min，加水 250 mL，再加入氯化钠 16.6 g，溶解后静置 30 min，用双层定量中速滤纸过滤，加水 600 mL，用氢氧化钠调 pH 为 8～9，加水至 1 000 mL，过滤，溶液置于棕色瓶中备用，有效期为 6 个月。

（2）标定浓度时，精确量取本溶液 10.0 mL，加醋酸-醋酸钠缓冲液（pH 为 3.7，取无水醋酸钠 20.0 g，加蒸馏水 300.0 mL 溶解，加溴酚蓝指示剂 1.0 mL 与冰醋酸 60～80 mL 至溶液由蓝色变为纯绿色，再加水稀释至 1 000.0 mL）10.0 mL 与溴酚蓝指示液 0.5 mL，用 0.01 mol/L 烃铵盐溶液（精确称取 3.400 1 g 干燥至恒重的氯化二甲基烃铵，加蒸馏水溶解，再加醋酸-醋酸钠缓冲液 10.0 mL，以蒸馏水稀释至 1 000.0 mL）滴定至蓝色。同时进行不含本溶液的空白滴定，因 1.0 mL 1.0 mol/L 四苯硼钠标准溶液相当于 1.0 mol/L 烃铵盐标准溶液，因此，可按下式计算浓度。

$$四苯硼钠溶液摩尔浓度 = \frac{样品组与空白组消耗的烃铵盐溶液毫升数差值 \times 0.01}{10}$$

七、烃铁盐标准溶液

（1）配制 0.1 mol/L 烃铵盐标准溶液时，取氯化二甲基苄基烃铵 3.8 g，加蒸馏水使之溶解，再加醋酸-醋酸钠缓冲液 10.0 mL，并加蒸馏水稀释至 1 000.0 mL，摇匀。

（2）标定浓度时，取经 150 ℃ 烘干 1 h 的分析纯氯化钾 0.18 g（精确至 0.001 g），置 250.0 mL 容量瓶中，加醋酸-醋酸钠缓冲液使之溶解并稀释至刻度，摇匀。精确取稀释液 20.0 mL，置 50.0 mL 碘量瓶中，精确加 0.02 mol/L 四苯硼钠溶液 25.0 mL，再加蒸馏水至刻度，摇匀后经干燥滤纸过滤，弃去初滤液，精确取后续滤液 25.0 mL，置 250.0 mL 碘量瓶中，加溴酚蓝指示液 0.5 mL，用配制的烃铵盐溶液滴定。待溶液呈蓝色时，记录消耗的烃铵盐溶液的毫升数。同时用不含氯化钾的醋酸-醋酸钠缓冲液作空白对照，重复上述操作。因 1.0 mL 1.0 mol/L 烃铵盐标准溶液相当于 0.074 55 g 氯化钾，因此，可按下式计算烃铵盐溶液的浓度。

$$烃铵盐溶液摩尔浓度 = \frac{氯化钾克数}{0.074\,55 \times 样品组与空白组消耗的烃铵盐溶液毫升数差值}$$

八、硫酸标准溶液

（1）配制 0.25 mol/L 硫酸标准溶液时，取 15.0 mL 硫酸，沿管壁缓缓加入盛有蒸馏水的烧杯中，待溶液温度降至室温，再加蒸馏水稀释至 1 000.0 mL，摇匀。

（2）标定浓度时，称取经 270～300 ℃ 烘干至恒重的基准无水碳酸钠 0.8 g（精确至 0.001 g），置 250.0 mL 碘量瓶中，加蒸馏水 50.0 mL 使之溶解。加甲基红-溴甲酚绿指示液（0.1% 甲基红乙醇溶液 20.0 mL 与 0.2% 溴甲酚绿乙醇溶液 30.0 mL 混匀）10 滴，用配制的硫酸溶液滴定。待溶液由绿色转为暗紫色时，煮沸 2 min。冷却至室温后，继续滴定至溶液由绿色变为暗紫色，记录消耗的硫酸溶液总毫升数。因为 1.0 mL 1.0 mol/L 硫酸标准溶液相当于 0.106 0 g 无水碳酸钠，因此，按下式计算硫酸溶液浓度。

$$硫酸溶液摩尔浓度 = \frac{无水碳酸钠克数}{0.106\,0 \times 硫酸溶液毫升数}$$

九、配制标准溶液时的注意事项

（1）碘化钾溶液应当天配制，配制的碘化钾溶液及所用的固体碘化钾易被空气氧化，每次取用后应及时密封，一旦变成黄色则不可再用。

（2）用硫代硫酸钠滴定需加淀粉指示剂时，一定待溶液呈淡黄色再加，过早加入淀粉溶液，游离碘易于与淀粉生成过多的碘淀粉吸附产物，影响滴定终点的准确性。

（3）测定时宜按规定浓度与量加药品与试剂，以免因滴定管液体用完仍反应不完全而导致滴定结果不准确。

（4）所用器材均需清洗干净，再用蒸馏水冲洗 3 遍。

（5）所用量器不得随意加热，容量瓶严禁加热。

第三节　生物消毒技术

生物消毒是利用动物、植物、微生物及其代谢产物和氧化分解污物中的有机物时放出的大量热能杀灭或去除外环境中的病原微生物。主要用于水、土壤、生物体表面、排泄物以及动物残肢体等的生物消毒处理。用于杀灭病原微生物的生物称之为消毒生物。

一、影响微生物的生物因素

自然界中能影响微生物生命活动的生物因素很多，在各种微生物之间，或是在微生物与高等动植物之间，经常呈现相互影响的作用，如寄生、共生和颉颃现象等。导致颉颃的物质基础是抗生素、细菌素等细菌的代谢产物。此外，植物中也存在杀菌物质如黄连素（小蘖碱），噬菌体则是可杀灭细菌的活的微生物。

（一）抗生素

某些微生物在代谢过程中产生的一类能抑制或杀死另一些微生物的物质称为抗生素。它们主要来源于放线菌（如链霉菌），少数来源于某些霉菌（如青霉菌等）和细菌（如多黏菌素），有些亦能用化学方法合成或半合成。到目前为止，已发现的抗生素达2 500多种，但其大多数对人和动物有毒性，临床上最常用的抗生素只有几十种。不同的抗生素其抗菌作用亦不相同，临床治疗时，应根据抗生素的抗菌作用选择使用。

（二）植物杀菌素

某些植物中存在有杀菌物质，这种杀菌物质一般称为植物杀菌素。中草药如黄连、黄柏、黄芩、大蒜、金银花、连翘、鱼腥草、穿心莲、马齿苋、板蓝根等都含有杀菌物质，其中有的已制成注射液或其他制剂的药品。

（三）噬菌体

噬菌体是寄生于细菌、霉形体、螺旋体、放线菌以及蓝细菌等的一类病毒，亦称细菌病毒。在自然界分布极广，凡是有上述各类微生物的地方，都有相应种类噬菌体存在，其数目与寄主的数量成正比。

1. 形态和结构

噬菌体有四种外形，即蝌蚪形、微球形、细杆形和柠檬形。典型的蝌蚪形噬菌体由头部和尾部两部分组成，头部呈二十面体，等轴对称或延长，是由蛋白质衣壳内含一分子的线状双股DNA构成；尾部主要含蛋白质，呈螺旋形并能收缩（80～455 nm）、或细长而不能收缩（64～570 nm）、或短而不能收缩三种类型，如图2-3所示。

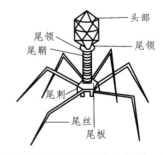

图2-3　蝌蚪形噬菌体结构模式图

2. 种类

（1）烈性噬菌体：指侵入寄主细胞后，抑制寄主细胞代谢，而形成大量子代噬菌体使寄主细胞崩解，释放出大量子代噬菌体，重新感染其他寄主细胞，这种现象称溶菌现象，这种噬菌体称烈性噬菌体。

（2）温和噬菌体：指侵入寄主细胞后，噬菌体DNA与细胞DNA并存，均以一定速度在细菌体内复制，并不发生溶菌现象，这样的噬菌体称温和型噬菌体。带有温和型噬菌体的细菌称溶源性细菌。

3. 噬菌体的应用

（1）细菌的鉴定和分型。

噬菌体的噬菌作用具有种和型的特异性，即一种噬菌体只能裂解一种和它相应的细菌或仅能作用于该种细菌的某一型，故可用于细菌的鉴定与分型。这对流行病学调查、追踪传染源以及细菌研究等具有重要意义。

（2）检测未知细菌。

应用噬菌体效价增长试验可检测标本中的相应细菌。即在疑有某些细菌存在的标本中，加入一定数量的已知相应噬菌体，37 ℃培养 6 ~ 8 h，再进行该噬菌体的效价测定。若其效价有明显增长，则表明标本中有某种细菌的存在。

（3）分子生物学研究的工具。

噬菌体的结构简单，易操作，曾作为研究病毒增殖的模式。其基因数较少，已成为研究核酸复制、转录、重组以及基因表达的调节、控制等的重要对象，促进了分子生物学等学科的发展。还可作为基因的载体，应用于遗传工程的研究。近年来应用丝状噬菌体表达特异抗原的基因，所谓噬菌体表面展示技术，已成为制备基因工程抗体的重要手段。

二、具有消毒功能的生物种类

目前，可用作消毒的生物有以下几种。

（一）抗菌生物

植物为了保护自身免受外界的侵袭，特别是微生物的侵袭，产生了抗菌物质。并且随着植物的进化，这些抗菌物质就愈来愈局限在植物的个别器官或器官的个别部位。能抵制或杀灭微生物的植物叫抗菌植物药。目前实验已证实具有抗菌作用的植物有 130 多种，抗真菌的有 50 多种，抗病毒的有 20 多种。有的既有抗细菌作用，又有抗真菌和抗病毒作用。中草药消毒剂大多是采用多种中草药提取物，主要用于空气消毒、皮肤黏膜消毒等。

（二）细菌

当前用于消毒的细菌主要是噬菌蛭弧菌，它可裂解多种细菌，如霍乱弧菌、大肠杆菌和沙门氏菌等，用于水的消毒处理。此外，梭状芽孢菌、类杆菌属中某些细菌，可用于污水、污泥的净化处理。

（三）噬菌体和质粒

一些广谱噬菌体，可裂解多种细菌，但一种噬菌体只能感染一个种属的细菌，对大多数细菌不具有专业性吸附能力，这使噬菌体在消毒方面的应用受到很大限制。细菌质粒中有一类能产生细菌素，细菌素是一类具有杀菌作用的蛋白质，大多为单纯蛋白，有些含有蛋白质和碳水化合物，对微生物有杀灭作用。

（四）微生物代谢等产物

一些真菌和细菌的代谢产物如毒素，具有抗菌或抗病毒作用，亦可用作消毒或防腐。

（五）生物酶

生物酶来源于动植物组织提取物或其分泌物、微生物体自溶物及其代谢产物中的酶活性物质。生物酶在消毒中的应用研究源于 20 世纪 70 年代，我国在这方面的研究走在世界前列。20 世纪 80 年代，我国就研制出用溶葡萄菌酶进行消毒杀菌的技术。现在用复合酶来消毒杀菌的生物消毒技术，已经实现了产业化。近年来，对酶的杀菌应用取得了突破，可用于杀菌的酶主要有：细菌胞壁溶解酶、酵母胞壁溶解酶、霉菌胞壁溶解酶、溶葡萄菌酶等，可用来消毒污染物品。此外，出现了溶菌酶、化学修饰溶菌酶及人工合成肽抗菌剂等。

三、生物发酵原理

粪便和土壤中有大量的嗜热菌、噬菌体及其他抗菌物质，嗜热菌可以在高温下发育，其最低温度界限为 35 ℃，适温为 50 ~ 60 ℃，高温界限为 70 ~ 80 ℃。在畜禽养殖场中最常用的生物消毒方法是粪便和垃圾的堆积发酵，它就是利用粪便和土壤中嗜热细菌繁殖产生的热量杀灭病原微生物。但此法只能杀灭粪便中的非芽孢性病原微生物和寄生虫卵，不适用于芽孢菌及患危险疫病畜禽的粪便消毒。

在堆积发酵时，开始阶段由于一般嗜热菌的发育使堆积物内的温度高到 30 ~ 35 ℃，此后嗜热菌便发育而将堆积物的温度逐渐提高到 60 ~ 75 ℃，在此温度下大多数病毒及除芽孢以外的病原菌、寄生虫幼虫和虫卵在几天到 3 ~ 6 周内死亡。粪便、垫料采用此法比较经济，消毒后不失其作为肥料的价值。

四、生物消毒方法

生物消毒方法多种多样，在畜禽生产中常用的有地面泥封堆肥发酵法、坑式堆肥发酵法以及沼气池发酵法等。

（一）地面泥封堆肥发酵法（见图 2-4）

堆肥地点应选择在距离畜舍、水池、水井较远处。挖一宽 3 m，两侧深 25 cm 向中央稍倾斜的浅坑，坑的长度据粪便的多少而定，坑底用黏土夯实。用小树枝条或小圆棍横架于中央沟上，以利于空气流通。沟的两端冬天关闭，夏天打开。在坑底铺一层 30 ~ 40 cm 厚的干草或非传染病的畜禽粪便，然后将要消毒的粪便堆积于上。粪便堆放时要疏松，掺 10% 马粪或稻草干粪需加水浸湿，冬天应加热水。粪堆高 1.2 m。粪堆好后，在粪堆的表面覆盖一层厚 10 cm 的稻草或杂草，然后再在草外面封盖一层 10 cm 厚的泥土。这样堆放 1 ~ 3 个月后即达消毒目的。

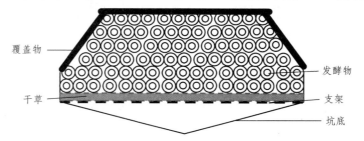

图 2-4　地面泥封堆肥发酵法示意图

（二）坑式堆肥发酵法

在适当的场所设粪便堆放坑池若干个，坑池的数量和大小视粪便的多少而定。坑池内壁最好用水泥或坚实的黏土筑成，其原理与地面泥封堆肥发酵法相似。堆粪之前，在坑底垫一层稻草或其他秸秆，然后堆放待消毒的粪便，上方再堆一层稻草等或健康畜禽的粪便，堆好后表面加盖或加约 10 cm 厚的土或草泥。粪便堆放发酵 1 ~ 3 个月即达目的。堆粪时，若粪便过于干燥，应加水浇湿，以便其迅速发酵。值得注意的是，生物发酵消毒法不能杀灭芽孢。因此，若粪便中含有炭疽、气肿等芽孢杆菌时，则应焚毁或加有效化学药品处理。

（三）沼气池发酵法

沼气池发酵法原理同坑式堆肥发酵法。是利用堆肥发酵原理，以粪污排泄物、农作物秸秆等有机质为原料，通过密闭容器产生大量热能和沼气的方法，如图 2-5 所示。热能可以杀灭发酵原料中大多数微生物，沼气则可以用来发电、供热，发酵产物可以用作肥料，如图 2-6 所示。沼气池发酵环保、经济、节能、低碳，不失为改善养殖场生态环境的好方法。

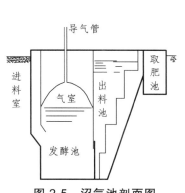
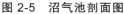

图 2-5　沼气池剖面图

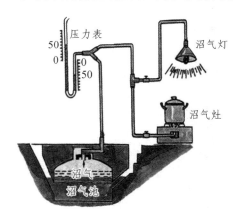

图 2-6　沼气发电、功能原理图

五、影响堆肥发酵效果的因素

（1）微生物的数量：堆肥是多种微生物作用的结果，但高温纤维分解菌起着更为重要的作用。为增加高温纤维菌的含量，可加入已腐熟的堆肥土（10% ~ 20%）。

（2）堆料中有机物的含量：有机物含量占 25% 以上，碳氮比例（C∶N）保持在 25∶1 为宜。

（3）水分：30% ~ 50% 为宜，过高会形成厌氧环境；过低会影响微生物的繁殖。

（4）酸度：可加入适量的草木灰、石灰等调节 pH 值。

（5）空气状况：需氧性堆肥需氧气，但通风过大会影响堆肥的保温、保湿、保肥，使温度不能上升到 50 ~ 70 ℃。

（6）封泥：堆表面封泥对保温、保肥、防蝇和减少臭味都有较大作用，一般以 5 ~ 10 cm 厚为宜，冬季可增加厚度。

（7）温度：堆肥内温度一般以 50 ~ 60 ℃ 为宜，气温高有利于堆肥效果和堆肥速度提高。

总体而言，绿色环保的生物消毒技术在水处理领域的应用前景广阔，研究表明，生物消毒技术可以在很多领域发挥作用，如用于饮水消毒、污水消毒、海水消毒、工业循环水及中水回用等消毒。生物消毒技术虽然目前还没有广泛应用，但是作为一种符合人类社会可持续发展理念的绿色环保型消毒技术，它具有成本相对低廉、理论相对成熟、研究方法相对简单的优势，故应用前景广阔。

【知识与技能检测】

1. 常见的消毒方法有哪些？
2. 外界环境对微生物的影响因素有哪些？
3. 常见的物理消毒方法有哪些？
4. 简述温度对微生物的影响。
5. 如何给刚注射过疫苗的金属注射器消毒？
6. 常见的化学消毒方法有哪些？
7. 消毒剂分为哪几类？常用消毒剂有哪些？
8. 怎样正确地选用消毒剂？
9. 常见的生物消毒方法有哪些？

第三章 养殖场常规消毒技术

【知识目标】

1. 了解养殖场区出入人员、车辆、设备的消毒程序。
2. 了解空气消毒的方法。
3. 了解畜禽场舍消毒原则。
4. 了解饮水、土壤消毒的方法。
5. 了解畜体消毒的作用及消毒药物的选用。
6. 了解粪污、畜禽尸体的消毒方法。
7. 了解疫源地的相关概念及消毒原则。

【技能目标】

1. 掌握养殖场区出入人员、车辆、设备的消毒方法。
2. 掌握养殖场空气、场舍、饮水、土壤的消毒方法。
3. 掌握畜体、粪污、畜禽尸体的消毒药物选择及消毒方法。
4. 掌握兽医诊疗室、屠宰加工企业用具、场地、设备及废弃品等的消毒方法。
5. 掌握疫源地的消毒程序及方法。
6. 掌握养殖场生产废弃物的无害化处理技术。

> 由于畜牧业的高度集约化发展，消毒防疫工作在畜禽饲养中也就显得更加重要。消毒是防制和扑灭各种动物传染病的重要技术措施，也是兽医综合卫生措施中的一个重要环节。只有进行全面、彻底的日常消毒，才能保障养殖业的经济效益。

第一节 出入人员、设备消毒技术

一、出入人员的消毒

人们的衣服、鞋子可被细菌或病毒等病原微生物污染，成为传播疫病的媒介。养殖场要有针对性地建立防范对策和消毒措施，防控进场人员，特别是外来人员传播疫病。为了便于实施消毒，切断传播途径，需在养殖场大门和生产区设更衣室、消毒室和淋浴室，供外来人员和生产人员更衣、消毒。要限制与生产无关的人员进入生产区。

生产人员进入生产区时，要更换工作服（衣、裤、靴、帽等），必要时进行淋浴、消毒，并在工作前后洗手消毒。一切可染疫的物品不准带入场内，凡进入生产区的物品必须进行消毒处理。要严格限制外来人员进入养殖场，经批准同意进入者，必须在入门处喷雾消毒，再更换场方专用的工作服后方准进入，但不准进入生产区。此外，养殖场要谢绝参观，必要时安排在适当距离之外，在隔离条件下参观。

在养殖场的入口处，设专职消毒人员和喷雾消毒器、紫外线杀菌灯、脚踏消毒槽（池），对出入的人员实施衣服喷雾或照射消毒以及脚踏消毒。

脚踏消毒池消毒是国内外养殖场用得最多的消毒方法，但对消毒池的使用和管理很不科学，影响消毒效果。消毒池中有机物含量、消毒液的浓度、消毒时间长短、更换消毒液的时间间隔、消毒前用刷子刷鞋子等对消毒效果均有一定的影响。所以在实际操作中要注意以下几点：

➢ 消毒液要有一定的浓度。

➢ 工作鞋在消毒液中浸泡时间至少达 1 min。

➢ 工作人员在通过消毒池之前先把工作鞋上的粪便刷洗干净，否则不能彻底杀菌。

➢ 消毒池要有足够深度，最好达 15 cm 深，使鞋子全面接触消毒液。

➢ 消毒液要保持新鲜。一般大单位（工作人员 45 人以上）最好每天更换一次消毒液，小单位可每 7 天更换一次。衣服消毒要从上到下，普遍进行喷雾，使衣服达到潮湿的程度。用过的工作服，先用消毒液浸泡，然后进行水洗。用于工作服的消毒剂，应选用杀菌、杀病毒力强，对衣服无损伤，对皮肤无刺激的消毒剂。不宜使用易着色，有臭味的消毒剂。通常可使用季铵盐类消毒剂、碱类消毒剂及过氧乙酸等做浸泡消毒，或用福尔马林做熏蒸消毒。

二、出入车辆的消毒

运输饲料、产品等车辆，是养殖场经常出入的运输工具。这类车辆与出入的人员比较，不但面积大，而且所携带的病原微生物也多，因此对车辆更有必要进行消毒。为了便于消毒，大、中型养殖场可在大门口设置与门同等宽的自动化喷雾消毒装置。小型养殖场设喷雾消毒器，对出入车辆的车身和底盘进行喷雾消毒。消毒槽（池）内装满消毒液，供车辆通过时进行轮胎消毒。有的在门口撒干石灰，那是起不到消毒作用的。车辆消毒应选用对车体涂层和金属部件无损伤的消毒剂，具有强酸性的消毒剂不适合用于车辆消毒。消毒槽（池）的消毒剂，最好选用耐有机物、耐日光、不易挥发、杀菌谱广、杀菌力强的消毒剂，并按时更换，以保持消毒效果。车辆消毒一般可使用百毒杀、强力消毒王、优氯净、过氧乙酸、苛性钠、抗毒威及农福等。

三、出入设备用具的消毒

装运产品、动物的笼、箱等容器以及其他用具，都可成为传播疫病的媒介。因此，对由场外运入的容器与其他用具，必须做好消毒工作。为防疫需要，应在养殖场入口附近（和畜禽舍有一定距离）设置容器消毒室，对由场外运入的容器及其他用具等，进行严格消毒。消毒时注意勿使消毒废水流向畜禽舍，应将其排入排水沟。其操作流程如下：

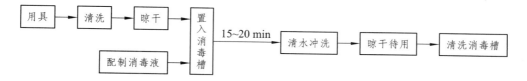

（一）用具消毒设备

用具消毒设备由淋浴和消毒槽两部分组成。在消毒槽内设有蒸汽装置，用以进行消毒液加温。消毒液必须在每天开始作业前和午前 10 时与午后 1 时更换 3 次，与此同时拔掉槽底的塞子，将泥土、污物等排出洗净。消毒时注意保持消毒液的浓度、温度与作用时间。消毒液经蒸汽加温，在冬季一般保持在 60 ℃ 左右，浸泡时间为 15 ~ 20 min，多数细菌和病毒可被杀死，能收到好的消毒效果。温度过高易烫伤消毒作业人员，浪费燃料。

（二）适时更换消毒液

消毒液容器内常附着粪便和其他有机物，会降低消毒效果，应根据消毒情况及时清洗容器（消毒槽），并适时更换消毒液。

（三）充分进行水洗

容器内外常附着粪便和其他有机物，如果不洗干净，一些病原微生物不能彻底消灭，所以消毒前要洗刷干净。对于新购置的设备仪器，要先消毒后使用，其包装材料要做无菌或无害处理，不要随意丢弃或带入场区。

第二节　空气消毒技术

空气中缺乏微生物所需要的营养物质，加上日光的照射、干燥等因素，不利于微生物的生存，因此，微生物在空气中不能进行生长繁殖，只能以浮游状态存在。但是，空气中确有一定数量的微生物，一些是随着尘土飞扬而进入空气中的微生物。几乎所有土壤表层所存在的微生物均有可能在空气中出现，人畜的排泄物、分泌物排出体外，干燥后其中微生物也可随之飞扬到空气中。一些是人、畜禽的呼吸道及口腔排出的微生物，随着呼出气体、咳嗽、鼻喷形成气溶胶悬浮于空气中。如患有结核病的奶牛在咳嗽时，喷出的痰沫中含有结核杆菌，在顺风状态下可飞扬 5 m 以上，造成空气的微生物污染。空气中微生物的种类和数量受地面活动、气象因素、人口密度、地区、室内外、畜禽饲养量等因素影响。一般畜禽舍室内被污染的空气中微生物数量可达每立方米 106 个以上，特别是在添加粗饲料、更换垫料、畜禽出栏、打扫卫生时，空气中微生物数量会大大增加。因此，必须对畜禽舍的空气进行消毒，尤其应注意对病源污染畜禽舍及幼畜雏禽舍的空气进行消毒。

一、通风换气

通风换气是迅速减少畜禽舍内空气中微生物含量的最简便、最迅速，也是最有效的措施。它能排除因畜禽呼吸和皮肤蒸发及飞沫、尘埃污染了的空气，换以清新的空气。其缺点是不能杀灭空气中的微生物。在具体实施时，应打开畜禽舍的门窗、通风口，提高室内温度，以加大通风换气量、提高换气速度。一般室内外温差越大，换气速度越快。

二、紫外线照射

紫外线的杀菌效能，除与波长有关外，还与光源的强度、照射的距离以及照射时间有密切的关系。一般功率越大、照射距离越短、照射时间越长，则杀菌效能越好。因此，在利用紫外线照射消毒空气时，应有足够的强度（功率）、一定的照射时间和距离。一般紫外线对细菌的致死量，强度为 $0.05 \sim 50 \ mW \cdot s/cm^2$、照射距离为 $1 \sim 1.5 \ m$、照射时间为 $0.5 \sim 1 \ h$。紫外线照射只能杀死其直接照射部分的细菌，对阴影部分的细菌无杀灭作用，所以紫外线灯架上不应附加灯罩，以扩大照射范围。另外，紫外线对人、畜禽具有一定的副作用，可引起眼炎、皮炎等，在通风不良的舍内还会产生臭氧，故在使用紫外线照射消毒时应加以注意。紫外线照射一般适用于小范围室内空间的消毒，畜禽舍内空气消毒使用较少。

三、化学消毒

消毒空气时常用消毒药液进行喷雾或熏蒸。用于空气消毒的消毒药剂有乳酸、醋酸、过氧乙醇、甲醛、环氧乙烷等。

乳酸蒸气消毒空气时，按每立方米空间 10 mg 的用量加等量水，放在器皿中加热蒸发。消毒时应保证门窗密闭，相对湿度在 60% ~ 80%，乳酸蒸气保持 30 ~ 90 min。此外，乳酸蒸气亦可用来消毒室内霉菌，按每立方米 0.1 mL 用量，用水稀释 1 ~ 2 倍，加热蒸发。

醋酸、食醋也可用来消毒空气，用量为每立方米 3 ~ 10 mL，加水 1 ~ 2 倍稀释，加热蒸发。并且用食醋进行空气消毒时，不需将畜禽赶出，但其消毒效果较乳酸差。

过氧乙酸消毒空气的方法有喷雾法及熏蒸法两种。喷雾消毒时，用 0.3% ~ 0.5% 浓度的溶液进行，用量为每平方米 1 000 mL，喷雾后密闭 1 ~ 2 h。喷出的过氧乙酸细雾滴覆盖物体表面，既可对表面进行消毒，其挥发的气体对空气中的微生物也有杀灭作用。熏蒸消毒时，用 3% ~ 5% 浓度溶液加热蒸发，密闭 1 ~ 2 h，用量为每立方米空间 1 ~ 3 g。喷雾或熏蒸时，室内相对湿度应在 60% ~ 80% 为宜。亦可使用 3%过氧化氢喷雾。

甲醛气体消毒是空气消毒中最常用的一种方法。一般使用氧化剂和福尔马林溶液作用，使其产生甲醛气体。常用的氧化剂有高锰酸钾、生石灰等。用量为每立方米空间：福尔马林25 mL、高锰酸钾 25 g、水 12.5 mL。消毒时先检查消毒空间的密闭情况，空气消毒时应注意消毒气体不得外泄，然后计算用量。先将福尔马林和水放入容器中，再倒入高锰酸钾，用木棒轻轻搅拌，经几秒钟即可见浅蓝色刺激眼鼻的甲醛气体蒸发出来。此时应迅速离开畜禽舍，将门关闭，经 12 ~ 24 h 后打开门窗通风。使用高锰酸钾作氧化剂进行甲醛气体消毒时成本较高，有时也可用等量的生石灰、漂白粉等代替，或直接对福尔马林溶液加热，使其蒸发出甲醛气体。当消毒空间较大时，可多设几个消毒点，以利室内甲醛气体均匀散布。甲醛气体熏蒸消毒时，应保持室温在 15～18 ℃，室内相对湿度 60%～80% 以上。如急需使用畜禽舍时，可用氨气中和甲醛气体，方法为每 100 m³ 空间用氯化铵（或碳酸氢铵）500 g、生石灰 1 kg、75 ℃ 水 750 mL，混合后盛于桶内放入畜禽舍内，或者每 100 m³ 空间用 25% 浓度的氨水 1 250 mL 进行中和，20～30 min 后，打开畜禽舍门窗，再通风 20～30 min。

环氧乙烷气体消毒空气时，一般消毒空间的相对湿度最好在 30%～50%，温度以 40～54 ℃ 为宜，不能低于 18 ℃，消毒时间通常为 6～24 h，时间越长越好，一般用量为每立方米空间 300～700 g。

第三节　畜禽场舍的消毒技术

畜禽场舍是畜禽生活和生产的场所，由于环境和畜禽本身的影响，舍内容易存在和孳生微生物。畜禽场舍的消毒是保证畜禽健康和饲养管理人员安全的重要措施。畜禽场舍一般每半月或一月消毒一次。此外，在春秋季节或畜禽淘汰、转群后或入舍前，应对畜禽舍内外进行彻底的清扫、消毒，为入舍畜群创造一个洁净卫生的条件，有利于减少畜禽疾病发生。

一、畜禽场舍消毒原则

畜禽场舍消毒的目的是尽可能减少病原的数量。消毒工作应遵循一定的原则：第一，所选用的消毒剂应与清洁剂相容。如果所用清洁剂含有阳离子表面活性剂，则消毒剂中应无阴离子物质（酚类及其衍生物如甲酚不能与非离子表面活性剂和阳离子物质如季铵盐相溶）。第二，大多数消毒应在非常清洁的表面上进行，因为残留的有机物有可能使消毒剂效果降低甚至失活。第三，在固定地点进行设备清洁和消毒更有利于卫生管理。第四，用高压冲洗器进行消毒时，所选压力应低一些，以防造成二次污染。第五，经化学药液消毒后再熏蒸消毒，能获得最佳的消毒效果。

二、畜禽场舍消毒技术

畜禽场舍的消毒工作一般分清扫、刷洗和喷洒、熏蒸两步进行。机械清扫是做好畜禽场舍环境卫生最基本的一种方法。清除了污物，大量的病原微生物也被同时清除。喷洒药物和熏蒸消毒是进一步保证消毒效果的有效措施，两者必须并用，才能起到良好的消毒效果。

（一）舍外场地消毒

场地的消毒据场地被污染的情况不同，处理方式也不同。一般情况下，平时的预防消毒应经常清扫，保持场地的清洁卫生，定期用一般性的消毒药喷洒即可。若发生了疫情，场地被细菌芽孢污染后，应首先用 1% 漂白粉溶液或其他对芽孢有效的消毒药液喷洒，然后将表土挖起一层撒上干漂白粉，与土混合后将此表土深埋，这样重复一次即可。对于其他传染病所污染的地方，如为水泥地，则应用消毒液仔细刷洗；若系泥地，可将地面深翻 30 cm 左右，撒上干漂白粉，按每平方米面积 3～5 kg，然后以水湿润、压平。

（二）畜禽舍消毒

应用合理的清理程序能有效地清洁畜禽舍及相关环境。好的清洁工作应能清除场内 80% 的微生物，这将有助于消毒剂能更好地杀灭余下的病原菌。畜禽舍的消毒步骤如下：

1. 清洁、冲洗

清洁和冲洗往往是同步进行的。

➤ 移走动物并清除地面和裂缝中的垫料后，将消毒剂直接喷洒于舍内各处。

➤ 彻底清理更衣室、卫生隔离栏栅和其他与禽舍相关场所。

➤ 彻底清理饲料输送装置、料槽、饲料贮存器和运输器以及称重设备。

➤ 将在畜禽舍内无法清洁的设备拆卸至临时场地进行清洗，并确保其清洗后的排放物远离禽舍。

➤ 将废弃的垫料移至畜禽场外，如需存放在场内，则应尽快严密地盖好以防被昆虫利用，并转移至临近畜禽舍。

➤ 取出屋顶电扇以便更好地清理其插座和转轴。在墙上安装的风扇则可直接清理，但应能有效地清除污物。干燥状态下清理难以触及进气阀门的内外表面及其转轴，特别是积有更多灰尘的外层。对不能用水来清洁的设备，应干拭后加盖塑料防护层。

➤ 清除在清理过程并干燥后的畜禽舍中所残留粪便和其他有机物。

➤ 将饮水系统排空、冲洗后，灌满清洁剂并浸泡适当的时间后再清洗。

➤ 对水泥地板用清洁剂溶液浸泡 3 h 以上，再用高压水枪冲洗。应特别注意冲洗不同材料的连接点和墙与屋顶的接缝，使消毒液能有效地深入其内部。饲喂系统和饮水系统也同样用泡沫清洁剂浸泡 30 min 后再冲洗。在应用高压水枪时，出水量应足以迅速冲掉这些泡沫及污物，但注意不要把污物溅到清洁过的表面上。

➤ 泡沫清洁剂能更好地黏附在天花板、风扇转轴和墙壁的表面，浸泡约 30 min 后，用水冲下。由上往下，用可四周转动的喷头冲洗屋顶和转轴，用平直的喷头冲洗墙壁。

➤ 清理供热装置的内部，以免当畜禽舍再次升温时，蒸干的污物碎片被吹入干净的房舍。

➤ 注意水管、电线和灯管的清理。

➤ 以同样的方式清洁和消毒禽舍的每个房间，包括死禽贮藏室。

➤ 清除地板上残留的水渍。

➤ 检查所有清洁过的房屋和设备，看是否有污物残留。

➤ 清洗和消毒错漏过的设备。

➤ 重新安装好畜禽舍内设备包括通风设备。

> 关闭房舍，给需要处理的物体（如进气口）表面加盖好可移动的防护层。
> 清洗工作服和靴子。

2. 喷洒消毒药

畜禽场舍清扫、洗刷干净后，即可用消毒药进行喷洒或熏蒸。喷洒消毒时，消毒液的用量一般是每平方米 1 L，泥土地面、运动场可适当增加（见表 3-1）。消毒时应按一定的顺序进行，一般从离门远处开始，以地面、墙壁、棚顶的顺序喷洒，最后再将地面喷洒一次。喷洒后应将畜禽舍门窗关闭 2～3 h，然后打开门窗通风换气，再用清水冲洗饲槽、地面等，将残余的消毒剂清除干净。另外，在进行畜禽场舍消毒时，也应将场舍附近以及饲养用具等同时进行消毒，其他不易用水冲洗和火碱消毒的设备可以用其他消毒液涂擦消毒。

畜禽场舍消毒常用的消毒液有 20% 石灰乳、5%～20% 漂白粉溶液、30% 草木灰水、1%～4% 氢氧化钠溶液、3%～5% 来苏儿、4% 福尔马林溶液等。

表 3-1　畜禽场舍消毒液参考用量（L/m²）

物体种类	消毒液用量
表面光滑的木头	0.35～0.45
原木	0.5～0.7
砖墙	0.5～0.8
土墙	0.9～1.0
水泥地、混凝土表面	0.4～0.8
泥地、运动场	1.0～2.0

3. 移出设备的消毒

畜禽舍内移出的设备用具放到指定地点，先清洗再消毒。如果能够放入消毒池内浸泡的，最好放在 3%～5% 的火碱溶液或 3%～5% 的福尔马林溶液中浸泡 3～5 h；不能放入池内的，可以使用 3%～5% 的火碱溶液彻底全面喷洒。消毒 2～3 h 后，用清水清洗，放在阳光下曝晒备用。

4. 熏蒸消毒

应用福尔马林熏蒸消毒畜禽舍，按每立方米空间用福尔马林 25 mL、水 12.5 mL、高锰酸钾盐 25 g 进行。消毒过程中应保持畜禽舍密闭，经 12～24 h 后打开门窗通风换气。当急需使用畜禽舍时，可用氨气中和甲醛气体。消毒时应将畜禽舍内用具、饲槽、水槽、垫料等物品适当摆开，以利气体穿透。对已经消毒过的移出设备和需要设备及用具也要移入舍内，再次密闭熏蒸后待用。熏蒸常用的药物用量与作用时间，随甲醛气体的产生方法与病原微生物的种类不同而异。在室温为 18～20 ℃，相对湿度为 70%～90% 时，处理剂量见表3-2。

此外，在畜禽饲料场及畜禽舍门口应设计消毒池（槽），里面盛放 2% 氢氧化钠溶液或 5% 来苏儿溶液和草包，以便人、车进出时进行鞋底和轮胎的消毒。消毒池的长度不小于轮胎的周长，宽度与门宽相同，池内消毒液应注意添换，使用时间最长不要超过 1 周。

表 3-2　甲醛熏蒸消毒处理剂量

生气方法	微生物类型	使用药物与剂量	作用时间（h）
福尔马林加热法	细菌繁殖体	福尔马林 12.5～25 mL/m³	12～24
	细菌芽孢	福尔马林 25～50 mL/m³	12～24
福尔马林高锰酸钾法	细菌繁殖体	福尔马林 42 mL/m³	12～24
		福尔马林 21 g/m³	12～24
福尔马林漂白粉法	细菌繁殖体	福尔马林 20 mL/m³	12～24
		漂白粉 20 g/m³	12～24
多聚甲醛加热法	细菌芽孢	多聚甲醛 10～20 g/m³	12～24
醛氯消毒合剂	细菌繁殖体	3 g/m³	1
微囊醛氯消毒合剂	细菌繁殖体	3 g/m³	1

技能训练十一　畜禽场舍消毒

【实训目的】

掌握畜禽场舍消毒的一般方法和要求。

【实训准备】

1% 氢氧化钠或过氧乙酸溶液、喷洒水壶、喷雾器等。

【操作方法】

1. 清扫或刷洗

先对畜禽舍进行清扫，清除粪便、垫料、剩余饲料，圈栏和墙壁上附着的污物，顶棚上的蜘蛛网、尘土等。为了避免尘土及微生物飞扬，清扫时可先用清水或消毒液喷洒。扫除的污物须集中进行烧毁或生物热发酵。对水泥地面的场舍，还应再用清水进行洗刷。

机械清扫在清除污物的同时，可以大大减少舍内微生物的数量，有效地提高消毒效果。

2. 选配药液

畜禽场舍消毒常用的消毒剂有 20% 石灰乳、5%～20% 漂白粉溶液、30% 草木灰水、1%～4% 氢氧化钠溶液、3%～5% 来苏儿、4%福尔马林溶液等，可根据具体情况选择适当的消毒剂并按 1 000 mL/m² 的用量进行配制。运动场或泥土地面可适当增加用量。

3. 喷洒消毒

从离门远处开始，按照地面—墙壁—棚顶的顺序喷洒药液，最后再将地面喷洒一次。饲养用具等一并喷洒消毒。完毕后将畜禽舍门窗关闭 2～3 h，然后打开门窗通风换气，并用清水冲洗饲槽、地面等，将残余的消毒剂清除干净。另外，畜禽场舍外围也应同时进行消毒。

【实训作业】

制订一套畜禽场消毒方案。

第四节　饮水消毒技术

水中的微生物主要来自土壤、空气、动物排泄物、工厂和畜牧场及生活污物等。微生物在水中的分布及含量很不均匀，它受水的类型、有机物的含量及环境条件等因素影响，且常常因水的自净作用而难以长期生存。但也有些病原微生物可在水中生存相当长时间（见表3-3），并可通过水引起传染。畜牧业日常生产中要消耗大量的水，水质的好坏直接影响到畜禽的健康及产品的卫生质量。畜牧生产用水总的要求应符合饮用水的标准。为了杜绝经水传播的疾病发生和流行，保证畜禽健康，水源必须经过消毒处理后才能饮用。

表 3-3　病原微生物在各种水中生存的时间（天）

病原菌	灭菌的水	被污染的水	自来水	河水	井水
大肠杆菌	8～365	—	2～262	21～183	—
伤寒沙门氏杆菌	6～365	2～42	2～93	4～183	1.5～107
志贺氏杆菌	2～72	2～4	15～27	12～92	—
霍乱弧菌	3～392	0.5～213	4～28	0.5～92	1～92
钩端螺旋体	16	—	—	150 天以内	7～75
土拉杆菌	3～15	2～77	92 天以内	7～31	12～60
布拉氏杆菌	6～168	—	5～85	—	4～45
坏死杆菌	—	—	—	4～183	—
鼻疽杆菌	365	—	—	—	—
马腺疫链球菌	9	—	9	—	—
结核杆菌	—	—	—	150	—
口蹄疫病毒	—	103	—	—	—

一、水的消毒方法

水的消毒方法分为两类：物理消毒法和化学消毒法。

（一）物理消毒法

物理消毒法有煮沸消毒法、紫外线消毒法、超声波消毒法、磁场消毒法、电子消毒法等。通常使用的消毒方法为煮沸消毒。

1. 水的预处理

对于混浊的原水，消毒前应经过预处理。预处理的方法有滤过和沉淀两种，原水的预处理一般由当地水务部门统一进行。

（1）滤过。

根据滤过池的砂粒粒径和沙层厚薄以及滤过速度，又有缓速过滤法和急速过滤法之分。缓速过滤法其滤池砂层较厚，达 110 ~ 165 cm。上层为粒径 0.3 ~ 0.5 mm 的细砂，一般厚 60 ~ 90 cm。原水以每日 3 ~ 5 m 的速度通过。急速过滤法其滤池砂层较缓速法薄，厚度 80 ~ 130 cm，最上层的砂粒也较粗，粒径 0.5 ~ 0.8 mm，厚度达 55 ~ 70 cm，原水以每日 120 ~ 180 m 的速度通过。过滤池过滤后，可除去原水中大部分固形成分和部分细菌。

（2）沉淀。

沉淀法有普通沉淀和药物沉淀两种。普通沉淀即原水在每分钟 30 cm 以下的流速或静止状态下 8 ~ 12 h，能滞留原水中的浮游物质使其自然沉降。通常浊度能下降 60%，细菌数减少 80%。药物沉淀即应用凝集剂的胶状沉淀吸附水中微细物质使其沉降，从而得到比较清洁的水。常用的药物是明矾或硫酸铝。明矾或硫酸铝本身无杀菌能力，但进入水中后与水中的碳酸盐作用后水解出氢氧化铝的胶状沉淀，胶状沉淀吸附水中的悬浮物质及细菌，同时沉降下来。

2. 煮沸消毒法

煮沸消毒是一种最简便且效果确实可靠的一种饮水消毒方法。当水温达到 70 ℃ 时，即可杀死多种致病菌繁殖体。一般水煮沸后再煮 5 ~ 10 min 即可达到消毒的目的。细菌芽孢抗煮沸能力较强，有的需要煮沸 15 min，有的需要数小时。如炭疽杆菌芽孢，经煮沸 15 ~ 20 min 即可死亡。破伤风杆菌芽孢煮沸 1 h、肉毒梭菌芽孢煮沸 5 h 才能杀死。此外，煮沸消毒法还可以破坏细菌产生的毒素。如肉毒杆菌素经煮沸 4 ~ 20 min 即可完全破坏。煮沸消毒只要温度和时间合适，就可达到消毒目的。这种方法在畜禽饮用水消毒中使用不多，一般用来做仪器设备、用具清洗消毒时用。

（二）化学消毒法

化学消毒法主要有氯消毒法、碘消毒法、溴消毒法、臭氧消毒法、二氧化氯消毒法等。其中以氯消毒法使用最为广泛，且安全、经济、便利、效果可靠，是养殖场饮用水消毒的常用方法。

应用化学消毒法消毒时首先应选择合适的消毒剂。理想的饮用水消毒剂应无毒、无刺激性，可迅速溶于水中并释放出杀菌成分，对水中的病原性微生物杀灭力强，杀菌谱广，不会与水中的有机物或无机物发生化学反应和产生有害有毒物质，不残留，价廉易得，便于保存和运输，使用方便等。目前常用的饮用水消毒剂主要有氯制剂、碘制剂和二氧化氯。

1. 氯制剂消毒

这种方法是世界上广为使用的一种方法，已有近百年历史。常用的氯制剂可分为液态氯、无机氯制剂和有机氯制剂三种，以无机氯制剂中的漂白粉、漂白粉精最为常用。

养殖场常用于饮用水消毒的氯制剂有漂白粉、二氯异氰尿酸钠、漂白粉精、氯氨 T 等，其中前两者使用较多。漂白粉含有效氯 25%～32%，价格较低，应用较多，但其稳定性差，遇日光、热、潮湿等分解加快，在保存中有效氯含量每日损失量在 0.5%～3.0%，从而影响到其在水中的有效消毒浓度；二氯异氰尿酸钠含有效氯 60%～64.5%，性质稳定，易溶于水，杀菌能力强于大多数氯胺类消毒剂。氯制剂溶解于水中后产生次氯酸而具有杀菌作用，杀菌谱广，对细菌、病毒、真菌孢子、细菌芽孢均有杀灭作用。氯制剂的使用浓度和作用时间、水的酸碱度和水质、环境和水的温度、水中有机物等都可影响氯制剂的消毒效果。

用漂白粉消毒饮用水时，一般加氯量为每升水 1～3 mg，最多不超过 5 mg。加氯后经过一定的消毒时间（常温 15 min，低温 30 min），每升水中维持总余氯量在 0.5～1.0 mg。加氯量的多少，主要取决于水质。水质差时，每升水的加氯量也可大于 3 mg，但不超过 5 mg。不同水源水消毒的加氯量参考表 3-4。有条件时，最好先测定水的耗氯量再决定加氯量。

表 3-4　不同水源水消毒的加氯量

水源种类	加氯量（mg/L）	1 m³ 水中漂白粉量（g）
深井水	0.5～1.0	2～4
浅井水	1.0～2.0	4～8
土坑水	3.0～4.0	12～16
泉水	1.0～2.0	4～8
湖河水（清洁透明）	1.5～2.0	6～8
湖河水（水质混浊）	2.0～3.0	8～12
塘水（环境较好）	2.0～3.0	8～12
塘水（环境不好）	3.0～4.5	12～18

2. 碘制剂消毒

可用于消毒水的碘制剂有碘元素（碘片）和有机碘、碘伏等。碘片在水中溶解度极低，常用 2% 碘酒来代替；有机碘化合物含活性碘 25%～40%；碘伏是一种含碘的表面活性剂，在兽医上常用的碘伏类消毒剂为阳离子表面活性物碘。碘及其制剂具有广谱杀灭细菌、病毒的作用，但对细菌芽孢、真菌的杀灭力略差。其消毒效果受到水中有机物、酸碱度和温度的影响，碘伏易受到其颉颃物的影响，可使其杀菌作用减弱。

碘消毒作用比较迅速，受水的理化性质影响较小。但无机碘难溶于水、不便贮存和携带，而有机碘价格昂贵，因此，碘消毒主要用于紧急情况下的饮水消毒。

消毒时常将碘配制成 2.5% 或 2% 的碘溶液，直接加入水中，一般每升水中加入 2.5% 碘液 0.4 mL（每升水中含碘 10 mg），作用 10 min 即可饮用。

3. 二氧化氯消毒

二氧化氯是目前消毒饮用水最为理想的消毒剂。二氧化氯是一种很强的氧化剂，它的有效氯的含量为 26.3%，杀菌谱广，对水中细菌、病毒、细菌芽孢、真菌孢子都具有杀灭作用。二氧化氯的消毒效果不受水质、酸碱度、温度的影响，不与水中的氨化物起反应，能脱掉水中的色和味，改善水的味道。但是二氧化氯制剂价格较高，大量用于饮用水消毒会增加消毒成本。目前常用的二氧化氯制剂有二元制剂和一元制剂两种。其他种类的消毒剂则较少用于饮用水的消毒。

从经济效益出发，漂白粉虽然价廉，但效果极易下降，不能保证对水的有效消毒；二氧化氯价高，用于养殖场中大量水的消毒成本稍高；二氯异氰脲酸钠价格适中，易于保存，最适合用于规模化养殖场对饮用水的消毒。

二、化学消毒操作方法

为了做好饮用水的消毒，首先必须选择合适的水源。在有条件的地方尽可能地使用地下水。在采用地表水时，取水口应在养殖场自身的和工业区或居民区的污水排放口上游，并与之保持较远的距离；取水口应建立在靠近湖泊或河流中心的地方，如果只能在近岸处取水，则应修建能对水进行过滤的滤井；在修建供水系统时应考虑到对饮用水的消毒方式，最好建筑水塔或蓄水池。

（一）一次投入法

在蓄水池或水塔内放满水，根据其容积和消毒剂稀释要求，计算出需要的化学消毒剂量，在进行饮用水前，投入到蓄水池或水塔内拌匀，让家畜饮用。

一次投入法需要在每次饮完蓄水池或水塔中的水后再加水，加水后再添加消毒剂，需要频繁在蓄水池或水塔中加水加药，十分麻烦。适用于需水量不大的小规模养殖场和有较大的蓄水池或水塔的养殖场。

（二）持续消毒法

养殖场多采用持续供水，一次性向池中加入消毒剂，仅可维持较短的时间，频繁加药比较麻烦，为此可在贮水池中应用持续氯消毒法，可一次投药后保持 7~15 d 对水的有效消毒。具体方法是选用竹筒、塑料袋、陶瓷罐或小口瓶等容器，现在也有一种塑料瓶式的持续加氯容器，其瓶盖为密封球型。可浮于水面，瓶体上部有可调节小孔，消毒剂装入后可根据消毒用量调节孔的开闭，使用方便。使装漂白粉容器浸于水面下 40 cm 左右，借助取水时振荡，使容器中的氯液不断渗出扩散至水中，达到连续消毒的效果。一般 7 d 左右取出容器检查和调换药物，并经常测定水中的余氯，必要时也可测定消毒后水中细菌总数来确定消毒效果；在出现特殊情况时，如水源被污染或新开辟水源，可采用过量氯化消毒法，通常按常量加氯量的 10 倍（即 10~20 mg/L）进行。

投入漂白粉时，注意不要把干粉直接投入水中，以免漂白粉大部分浮在水面上不溶于水，而降低消毒效果。如果用漂白粉液，其放置时间也不可过长，以免药效损失。

三、注意事项

1. 选用安全有效的消毒剂

饮水消毒的目的虽然不是为了给畜禽饮消毒液，但归根结底消毒液会被畜禽摄入体内，而且是持续饮用。因此，对所使用的消毒剂，要认真地进行选择，以避免给畜禽带来危害。

2. 正确掌握浓度

进行饮水消毒时，要正确掌握用药浓度，并不是浓度越高越好。既要注意浓度，又要考虑副作用的危害。

3. 检查饮水量

饮水中的药量过多，会给饮水带来异味，引起畜禽的饮水量减少。应经常检查饮水的流量和畜禽的饮用量，如果饮水不足，特别是夏季，将会引起生产性能的下降。

4. 避免破坏免疫作用

在饮水中投放疫苗或气雾免疫前后各 2 d，计 5 d 内，必须停止饮水消毒。同时，要把饮水用具洗净，避免消毒剂破坏疫苗的免疫作用。

技能训练十二　饮水消毒

【实训目的】

掌握饮水的消毒要求，能按照不同水质选择相应的消毒方法。

【实训准备】

紫外线水液消毒器、漂白粉、托盘天平、1 000 mL 量筒、烧杯、待消毒水样等。

【操作方法】

1. 紫外线消毒法

与传统的水消毒技术相比，紫外线消毒技术具有杀菌能力强、不必添加其他消毒剂或提高温度、不残留任何有害物质的特点。随着紫外线消毒技术的发展，人们还将其应用于污水处理、饮料、酒类、牛奶、果汁等方面的消毒。

紫外线水消毒器的主要组件是一支紫外线灯，外有一特别设计的石英外壳，装置在冷却水套内，有固定式和套管式两种。当水从一端流向另一端，流经外层水套时就会被消毒，消毒效果决定于暴露于紫外线的时间长短及紫外线的强度。消毒所需剂量是照射强度与照射时间的乘积：K（杀菌剂量）$= I$（照射强度）$\times t$（照射时间）。

用紫外线水消毒时应注意以下几点：

➤ 管道内安装紫外线灯管不应浸于水中，以免降低灯管温度，减小输出强度。

➤ 由于紫外线的穿透力有限，流过的水深度一般不宜超过 2 cm。

➤ 新灯管、石英外壳在使用前，用蘸有 75% 酒精的纱布擦拭，清除油渍、手汗及灰尘。

以后应定期擦拭清洁，以免影响紫外线穿透率及照射强度。

➤ 紫外线杀菌灯管有一定的使用寿命，其照射强度无法用肉眼判定。因此连续使用六个月至一年的紫外线灯，必须及时更新。

2. 化学消毒法

传统的水消毒方法大多使用氯制剂（漂白粉等），利用其在水中分解产生次氯酸，具有极强的氧化和氯化作用，从而呈现强大且迅速的杀菌效能。在进行水消毒时，最好先将水体进行过滤、沉淀等预处理，以提高消毒效果。具体操作步骤如下：

① 测定漂白粉有效氯：漂白粉在酸性溶液中能氧化碘化钾析出碘，用硫代硫酸钠滴定析出的碘量即可算出漂白粉中的有效氯含量。漂白粉有效氯一般在 25% ~ 32%，当含量低于 15% 时就不能用于消毒。

② 测定漂白粉加入量：取一定体积的水样数份，分别加入不同量的已知浓度的漂白粉稀释液，30 min 后测定余氯，取其余氯最适当（0.3 mg/L）的水样，计算出漂白粉加入量。没有条件时，通常根据不同水质估计所需的加氯量（见表 3-4）。

③ 按下式计算所需漂白粉总量。

漂白粉需要量（mg）= ［加氯量（mg/L）×水量（L）］/漂白粉有效氯含量（%）

④ 将漂白粉加入待消毒水中，搅匀后，静置消毒一段时间（常温 15 min，低温 30 min），即可饮用。

除漂白粉外，抗毒威、高锰酸钾、过氧乙酸、百毒杀等也可作为水的消毒剂。在进行水的化学消毒时，应特别注意：

➤ 某些消毒剂如高锰酸钾等，宜现配现饮，久置会失效。

➤ 消毒剂应按规定的浓度配入水中，浓度过高或过低，都会产生不良影响。

➤ 饮水中只能投入一种消毒剂。

在使用疫（菌）苗前后三天应禁用消毒水，以免影响免疫效果。

【实训作业】

（1）采用紫外线消毒时，如何才能提高消毒效果？

（2）消毒 10 kg 深井水，需加漂白粉（含有效氯 28%）多少克？

第五节　土壤消毒技术

在自然界中，土壤是微生物的主要存在场所，1 g 表层泥土中可含微生物 10^6 个。土壤中的微生物数量、类群，随着土层深度、有机物含量、温度、湿度、pH、土壤种类不同而有所不同，一般以 10 ~ 20 cm 的浅层土壤中的微生物最多。土壤中的微生物种类有细菌、放线菌、真菌等，其中细菌含量较多。

一、土壤微生物的危害

病原微生物常随着病人及患病畜禽的排泄物、分泌物、尸体和污水、垃圾等污物进入土壤污染，不同种类的病原微生物在土壤中生存的时间有很大的差别，如表 3-5 所示。一般无芽孢的病原微生物生存时间较短，几小时到几个月不等，而有芽孢的病原微生物生存时间较长，如炭疽杆菌芽孢在土壤中存活可达十几年以上。

表 3-5　几种病原微生物在土壤中生存时间

病原微生物名称	在土壤中生存时间
结核杆菌	5 个月，甚至 2 年之久
伤寒沙门氏杆菌	3 个月
化脓性球菌	2 个月
猪丹毒杆菌	166 天（土壤中尸体内）
巴氏杆菌	14 天（土壤表层）
布氏杆菌	100 天
猪瘟病毒	3 天（土壤与血液一起干燥）

土壤中的病原微生物除了来自外界污染的以外，土壤中本身就存在着较长时期生活的病原微生物，如肉毒梭状芽孢杆菌等。土壤中的厌氧芽孢杆菌以芽孢形态存在于土壤中，在动物厌气性创伤感染中起着很大的作用。土壤中的病原微生物通过施肥、水源、饲料等途径而传染给畜禽，因此，土壤的消毒，特别是对被病原微生物污染的土壤进行消毒是十分必要的。

二、土壤消毒方法

（一）自然净化法

通过日光照射、干燥、种植植物等方法消灭土壤中病原微生物的方法称为自然净化法。自然净化法中生物学和物理学因素起着重要的作用。疏松土壤可增强土壤中微生物间的颉颃作用，使其充分接受阳光中紫外线的照射。种植黑麦、葱蒜、三叶草、大黄等植物不但可以杀灭土壤中的病原微生物，使土壤净化，而且可以绿化养殖场区，并起到天然隔离作用。

（二）化学消毒法

在实际工作中，主要是运用化学消毒法进行土壤消毒，以迅速消灭土壤中的病原微生物。化学消毒常用的消毒剂有漂白粉或 5%～10% 漂白粉澄清液、4%甲醛溶液、10%硫酸苯酚合剂溶液、2%～4% 氢氧化钠热溶液等。

消毒前应首先对土壤表面进行机械清扫，被清扫的表土、粪便、垃圾等集中深埋或生物热发酵或焚烧，然后用消毒液进行喷洒，每平方米用消毒液 1 000 mL。如果是芽孢杆菌污染的地面，在用消毒液喷洒后还应掘地翻土 30 cm 左右深，撒上干漂白粉并与土混合。漂白粉用量为每平方米 5 kg，然后加水湿润，原地压平。如为一般传染病，漂白粉用量为每平方米 0.5 ~ 2.5 kg。

现在规模化养殖场区大多为水泥硬化地面，消毒相对容易。广大农村个体养殖户场区规划建造简单，因地制宜，有些甚至是旧畜舍改造而成，需要对场区及时消毒。

技能训练十三　土壤消毒

【实训目的】

掌握土壤消毒基本操作方法，能根据不同污染情况采取相应的消毒措施。

【实训准备】

漂白粉、甲醛液、10% 氢氧化钠、量筒、小台秤、铁锹等。

【操作方法】

（1）对病畜停留过的畜舍、运动场等，首先进行机械清扫，将清扫的表土、粪便和垃圾等集中深埋或生物热发酵或焚烧。

（2）一般传染病污染的地面土壤，可按 1 000 mL/m^2 用量喷洒消毒液。消毒剂有漂白粉或 5% ~ 10% 漂白粉澄清液、4% 甲醛溶液、2% ~ 4% 氢氧化钠热溶液等。面积较小的，可同时按 0.5 kg/m^2 用量撒上干漂白粉，进行翻地、加水湿润压平。

（3）对于被芽孢杆菌污染的地面，在用消毒液喷洒后，按 5 kg/m^2 用量撒上干漂白粉，然后掘地翻土 30 cm 左右深，漂白粉与土壤混合后加水湿润压平。

（4）大牧场被污染后一般利用阳光或种植对病原微生物有害的植物，使土壤发生自净作用。

【实训作业】

被芽孢菌污染的土壤消毒时为什么还要深翻？

第六节　带畜（禽）体消毒技术

畜禽饲养过程中，畜舍内和畜禽的体表存在大量的病原微生物，病原微生物不断孳生繁殖，达到一定数量，引起畜禽发生传染病。带畜（禽）体消毒就是在畜禽入舍后至出舍前整个饲养期内，对畜禽舍内一切物品及畜禽体、空间进行的消毒措施，以杀死空中悬浮和附着在畜禽体表的病原菌，阻止其在舍内积累。此法最初是 20 世纪 60 年代末期由日本提出的"鸡体消毒法"的消毒方案。即从初生雏鸡开始，用消毒液喷雾，在此之后至成年阶段，每天喷雾，进入成年鸡以后，每隔 1～2 d 喷雾一次。带畜（禽）体消毒是现代集约化饲养综合防疫的重要组成部分，是控制畜禽舍内环境污染和疫病传播的有效手段之一。实践证明，坚持每日或隔日对畜禽群进行喷雾消毒，可以大大减少疫病发生的可能。

一、带畜（禽）体消毒的作用

不管畜禽舍消毒得多么彻底，如果忽略了畜禽体表的消毒，也不可能防止以后病原体的侵入。因为大部分病原体是来自畜禽自身，如果不对畜禽体表进行消毒，尽管在进雏、入栏前对畜禽舍进行彻底消毒，其效果只能维持较短时间。而且，只要有畜禽存在，畜禽舍的污染程度就会日益加重。实施畜禽体表消毒，对于改善畜禽舍环境具有重要意义。

1. 杀灭病原微生物

病原微生物能通过空气、饲料、饮水、用具或人体等进入畜禽舍。通过带畜（体）消毒，可以全面彻底地杀灭环境中病原微生物，并能杀灭畜禽体表的病原微生物，避免病原微生物在舍内积累而导致传染病的发生。

2. 净化空气

带畜（体）消毒，能够有效地降低畜禽舍空气中浮游的尘埃和尘埃上携带的微生物，减缓氨气产生速度，降低氨气浓度，使舍内空气达到净化，减少畜禽呼吸道疾病的发生，确保畜禽群健康。

3. 防暑降温

在夏季每天进行喷雾消毒，不仅能够减少畜舍内病原微生物含量，而且可以降低舍内温度，缓解热应激，减少死亡率。

二、带畜（禽）体消毒药的选用

（一）选用原则

（1）有广谱的杀菌能力：广谱消毒药对多种病原菌具有控制和杀灭作用。

（2）有较强的消毒能力：所选用的消毒药应具有强大的杀菌和杀病毒能力，能够在短时间内杀灭入侵养殖场的病原菌。病原菌一旦侵入动物机体，消毒药将无能为力。

（3）价格低廉，使用方便：养殖场应尽可能地选择低价高效的消毒药。消毒药的使用应尽可能方便，以降低不必要的开支。

（4）性质稳定，便于贮存：每个养殖场都贮备有一定数量的消毒药，且消毒药在使用以后还要求可长时间地保持杀菌能力，这就要求消毒药本身理化性质要相当稳定，在存放和使用过程中不易被氧化和分解。

（5）对畜禽机体毒性小：在杀灭病原的同时，不能造成工作人员和畜禽中毒。

（6）无腐蚀性和无毒性：目前，养殖业所使用的养殖设备大多采用金属材料制成，所以在选用消毒药时，特别要注意消毒药的腐蚀性，以免造成畜禽圈舍设备生锈。同时也应避免消毒引起的工作人员衣物蚀烂、皮肤损伤。带畜（禽）体消毒，舍内有畜禽存在，消毒药液要喷洒或喷雾或熏蒸，如果毒性大，可能损害畜禽。

（7）不受有机物的影响：畜禽舍内脓汁、血液、机体的坏死组织、粪便和尿液等的存在，往往会降低消毒药物的消毒能力。所以选择消毒药时，应尽可能选择那些不受有机物影响的消毒药。

（8）无色无味，对环境无污染：有刺激性气味的消毒药易引起畜禽的应激，有色消毒药不利于圈舍的清洁卫生。消毒过程中不能产生对环境有害的次生物、中间产物、挥发物以及残留物等。

（二）常用的带畜（禽）体消毒药

带畜（禽）体消毒药物种类较多，常用的有以下几种：

（1）百毒杀：为广谱、速效、长效消毒剂，能杀死细菌、霉菌、病毒、芽孢和球虫等，效力可维持 10～14 d。0.015% 百毒杀用于日常预防性带畜消毒，0.025% 百毒杀用于发病季节的带畜消毒。

（2）强力消毒灵：是一种强力、速效、广谱，对人畜无害、无刺激性和腐蚀性的消毒剂。易于储运、使用方便、成本低廉、不使衣物着色是其最突出的优点。它对细菌、病毒、霉菌均有强大的杀灭作用。按比例配制的消毒液，不仅用于带畜（体）消毒，还可进行浸泡、熏蒸消毒。带畜（体）消毒浓度为 0.5%～1%。

（3）过氧乙酸：为广谱杀菌剂，消毒效果好，能杀死细菌、病毒、芽孢和真菌。0.3%～0.5% 溶液带畜消毒，还可用于水果、蔬菜和食品表面消毒。稀释后不能久贮，应现配现用，以免失效。

（4）新洁尔灭：有较强的除污和消毒作用，可在几分钟内杀死多数细菌。0.1% 新洁尔灭溶液用于带畜体消毒，使用时应避免与阳离子活性剂（如肥皂等）混合，否则会降低效果。

三、带畜（禽）体消毒的方法

（一）喷雾法或喷洒法

消毒器械一般选用高压动力喷雾器或背负式手摇喷雾器，将喷头高举空中，喷嘴向上以画圆方式先内后外逐步喷洒，使药液如雾一样缓慢下落。要喷到墙壁、屋顶、地面，以均匀湿润和畜禽体表稍湿为宜，不得直喷畜禽体。喷出的雾粒直径应控制在 80～120 μm 之间，不要小于 50 μm。雾粒过大易造成喷雾不均匀和畜禽舍太潮湿，且在空中下降速度太快，与空气中的病原微生物、尘埃接触不充分，起不到消毒的作用；雾粒太小则易被畜禽吸入肺泡，引起肺水肿，甚至引发呼吸道病。同时必须与通风换气措施配合起来。喷雾量应根据畜禽舍的构造、地面状况、气象条件适当增减。

畜禽体表喷雾消毒的关键是选用杀菌作用强而对畜禽无害的药物。目前日本主要使用巴可马（一种阳离子清洁剂），以 500 倍稀释后喷雾，每平方米用量为 60～240 mL。我国试用于畜禽体表消毒的药物有 0.1% 新洁尔灭、0.2%～0.3% 过氧乙酸、0.2%～0.3% 次氯酸钠、0.2% 二氯异氰尿酸钠（抗毒威）、150 mg/L 百毒杀等，最好每 3～4 周更换一种消毒药。

（二）熏蒸法

对化学药物进行加热使其产生气体，达到消毒的目的。常用的药物有食醋或过氧乙酸。每立方米空间使用 5～10 mL 的食醋，加 1～2 倍的水稀释后加热蒸发；30%～40% 的过氧乙酸，每立方米用 1～3 g，稀释成 3%～5% 溶液，加热熏蒸，室内相对湿度要在 60%～80%。若达不到此数值，可采用喷热水的办法增加湿度，密闭门窗，熏蒸 1～2 h，打开门窗通风。

四、带畜（禽）体消毒程序

（一）畜禽舍清洁

首先将畜禽圈舍、环境及畜禽体表彻底清扫干净，然后打开门窗，让空气流通，然后用高压水枪对地面沉积物及污物进行彻底清洗。

（二）消毒药的选择及配制

针对不同畜禽场地，根据畜禽的日龄、体质状况、季节和传染病流行特点等因素，有针对性地选用不同的带体消毒药，并参照说明书，准确用药。配药最好选用深井水，含有杂质的水会降低药效。还要根据畜禽的日龄和季节确定水温，低龄畜禽用温水，一般畜禽夏季用凉水，冬季用温水，水温一般控制在 30～45 ℃ 之间。在夏季，尤其是炎热的夏伏天，可选在最热的时候消毒，以便消毒的同时起到防暑降温的作用。

（三）消毒器的选择

一般选用高压动力喷雾器、背负或手摇喷雾器。有条件的还可选用电动喷雾器，可以随时调节雾粒大小及流量。

五、带畜（禽）体消毒的注意事项

（一）消毒前进行清洁

带畜（体）消毒的着眼点不应限于畜禽体表，而应包括整个畜禽所在的空间和环境，否则就不能全面杀灭病原微生物。先对消毒的畜禽舍环境进行彻底的清洁，如清扫地面、墙壁和天花板上的污染物，清理设备用具上的污垢，清除光照系统（电源线、光源及罩）、通风系统上的尘埃等，以提高消毒效果和节约药物的用量。

（二）正确选择消毒药

应根据不同的消毒对象、消毒目的、消毒方法和消毒时间选择合适的消毒剂。体表喷雾消毒时，选择的消毒液应广谱高效，对畜禽无害，如吸入毒性小、刺激性小、皮肤吸收低，不影响毛质，不引起皮肤脱脂，在蛋、肉中不残留，不着臭，无异味，对笼具器材无腐蚀性等；根据不同消毒药物的作用、特性、成分、原理，按一定的时间交替使用，以防病原微生物产生耐药性。

（三）正确配制及使用消毒药

带畜（禽）体消毒过程中，根据畜禽群体状况、消毒时间、喷雾量及方法等，正确配制和使用药物。注意不要随意增高或降低药物浓度，有的消毒药要现配现用，有的可以放置一段时间，按消毒药的说明要求进行，一般情况下，配好消毒药不要放置过长时间再使用。如过氧乙酸是一种消毒作用较好、价廉、易得的消毒药。按正规包装应将 30% 过氧化氢及 16% 醋酸分开包装（称为二元包装或 A、B 液，用之前将两者等量混合），放置 10 h 后即可配成 0.3 %～0.5% 的消毒液，A、B 液混合后在 10 d 内效力不会降低，但 60 d 后消毒力下降 30% 以上，存放时间愈长愈易失效；选择带畜（禽）体消毒药时，不要随心所欲，要有针对性选择。不要随意将几种不同的消毒药混合使用，否则会导致使药效降低，甚至药物失效。选择 3～5 种不同的消毒剂交替使用，因为不同消毒剂抑杀病原微生物的范围不同，交替使用可以相互补充，杀死各种病原微生物。

（四）注意稀释用水

配制消毒药液应选择杂质较少的深井水或自来水，寒冷季节水温要高一些，以防水分蒸发引起畜禽受凉而患病；炎热季节水温要低一些，并选在气温最高时，以便消毒的同时起到防暑降温的作用。喷雾用药物的浓度要均匀，必须由兽医人员按说明规定配制，对不易溶于水的药应充分搅拌使其溶解。

（五）免疫接种时慎用带畜（禽）体消毒

消毒药可以降低疫苗效价，畜禽接种疫苗前后 3 d 内禁止带畜（禽）体消毒，同时也不能投服消毒灭菌药物，以防破坏免疫效果。

（六）严防应激反应发生

应注意环境卫生保护，消毒必须与通风换气措施配合起来，便于畜禽体表及畜禽舍干燥，以减少畜禽应激；可固定喷药时间，或在下午、晚上等时间，在暗光下进行喷雾消毒。也可在消毒前 12 h 内给畜群饮用 0.1% 维生素 C 或水溶性多维溶液。

技能训练十四　畜（禽）体表消毒

【实训目的】

通过实训，掌握畜禽体表消毒操作要领，能独立而正确地进行动物的体表消毒。

【实训准备】

（1）试剂：0.1%新洁尔灭、0.1%过氧乙酸，喷雾消毒器等。

（2）场地：牛、猪、家禽等动物养殖场。

【操作方法】

畜（禽）体的消毒常用喷雾消毒法。既可减少畜体及环境中的病原微生物，净化环境，防止疾病的感染和传播，又可沉降畜禽舍内飘浮的尘埃，降低氨气浓度，夏季还有防暑降温作用。畜禽体表喷雾消毒的关键是选用杀菌作用强而对畜禽无害的药物。

（1）药液配制：按15～30 mL/m³用量配制0.1%过氧乙酸溶液。可用于畜（禽）体表消毒的药物还有0.1%新洁尔灭、0.2%次氯酸钠溶液等。

（2）调节雾粒大小：调节喷雾器械装置，使喷雾粒子直径为80～100 μm，喷雾距离以1～2 m为宜。

（3）喷雾消毒：从畜禽舍的一端（里端）开始，边喷雾边匀速走动，使舍内各处喷雾量均匀。

（4）注意事项：体表喷雾消毒时，应选择对畜禽无毒，刺激性小，在蛋、肉中无残留的消毒剂；应注意环境及消毒液的温度，必须与通风换气措施配合起来，以减少畜禽应激，便于畜禽体表及畜禽舍干燥；在鸡场，若支原体、大肠杆菌等病原污染严重时，则容易引发呼吸道疾病。

【实训作业】

（1）根据实习过程，总结畜禽体表消毒的操作要领。

（2）如何尽量减小体表消毒给动物造成的应激反应？

第七节　粪污消毒处理技术

粪尿和污水是养殖场最多的废弃物，也是病原微生物滋生的主要场所，特别是患有传染病的畜禽粪污排泄物中存在大量的病原菌，是养殖场主要的疫病传染源，所以对养殖场粪污进行消毒灭菌或无害化处理是确保安全生产的重要措施。

一、污水的消毒

养殖场污水包括畜禽尿液和冲洗设备（场所）以及清理粪便排出的废液。这些废液中存在大量的病原微生物，一定要通过滤过法、沉淀法、化学处理法等进行消毒后再做他用。滤过法、沉淀法的具体方法参照饮水消毒技术。

污水消毒比较实用的是化学消毒法。先将污水集中排入污水处理池，加入化学消毒剂进行消毒。消毒剂的用量视污水量而定（一般 1 L 污水用 2~5 g 漂白粉）。

现在，规模化、集约化养殖场在规划设计时已将粪污处理系统作为养殖场整体规划的重要组成部分列入了厂区布局规划，国家对新建养殖场的环境评估要求也越来越严格，以后粪污处理系统必将作为养殖场的先决准入条件。

二、粪便的消毒处理

畜禽粪便中含有大量病原微生物和寄生虫卵，尤其是患有传染病的畜禽，病原微生物数量更多。因此，畜禽粪便应该进行严格的消毒处理。粪便的消毒方法有焚烧法、掩埋法、化学药品消毒法和生物热消毒法。其中生物热消毒法是对粪便最有效的消毒方法，粪便消毒多采用此法。

1. 焚烧法

此种方法是消灭一切病原微生物最有效的方法，但大量焚烧粪便显然是不合适的。因此，常用于一些危险的传染病病畜的粪便（如炭疽、马脑脊髓炎、牛瘟、禽流感等）消毒。焚烧的方法是在地上挖一个壕，深 75 cm，宽 75~100 cm，长度依养殖规模或贮粪量而定，一般 2~3 m。在距壕底 40~50 cm 处加一层铁炉底（炉底孔密些比较好，否则粪便易漏下），在铁炉底下面放置木材等燃料，上面放置欲消毒的粪便，如果粪便太湿，可混合一些干草，以便迅速烧毁。

比较先进的方法是采用高温灼烧炉焚烧，将粪便直接送入高温灼烧炉全部燃烧，消毒灭菌彻底、效益高、安全性好。不足之处是投资成本大，利用率不高。

焚烧法损失了大量的肥料，还需耗费燃料，而且一般只有在发生传染病时才使用，故生产中很少普遍应用。

2. 化学药品消毒法

畜禽粪便绝大多数成分为有机质，不宜使用凝固蛋白质性能强的消毒剂，适用于粪便消毒的化学消毒剂有漂白粉或 10%~20% 漂白粉液、0.5%~1% 的过氧乙酸、5%~10% 硫酸苯酚合剂、20% 石灰乳等。使用时应细心搅拌，使消毒剂浸透混匀。由于粪便中的有机质严重影响化学消毒药品的消毒效果，同时运用化学消毒药品消毒粪便时，很难充分混匀，需要耗费大量人力物力，且难以达到彻底消毒的目的，生产实践中不常用化学药品消毒法。

3. 掩埋法

将污染的粪便与漂白粉或新鲜的生石灰混合，然后深埋于地下 2 m 左右，此种方法简便易行，在目前农村散养或养殖小区条件下比较实用。但存在以下问题：一是有次发传染病隐患。粪便刚刚掩埋后，病原微生物还没有彻底杀灭，病原微生物经地下水散布可能再次引发传染病。二是耗时费力。粪便掩埋后到彻底杀灭病原微生物需要至少一周以上甚至更长时间才能保证其消毒灭菌效果，耗费时间较长；同时需要土方开挖、粪药拌匀、掩埋密封等繁重劳作，劳动力成本较高，且很难保证消毒效果。三是造成土地浪费。用于掩埋粪便的土地不能接近水源，要远离圈舍和居民区，短时间内不能利用，土地利用率不高，造成浪费。四是污染环境。粪便掩埋后，一方面由于有机物分解释放出大量有害气体，另一方面随着地表水下渗浸入土壤，对土壤及周边环境造成污染。五是损失了大量肥料。

4．生物热消毒法

生物热消毒法是一种最常用的粪便消毒法，应用这种方法，能使被非芽孢病原微生物污染的粪便变为无害，且不丧失肥料的应用价值。粪便的生物热消毒通常有两种：一种是发酵池法，另一种为堆粪法。

（1）发酵池法。

此法适用于规模化的猪场和牛场的稀薄粪便的发酵。距养殖场 200～250 m 以外无居民、河流、水井、下风向、地势低处修建发酵池（池的数量和大小决定于每天运出的粪便数量）。池可筑成方形或圆形，池的边缘与池底要求坚固防水。如果土质干枯、地下水位低，可以不用砖和水泥。使用时先在池底倒一层干粪，然后将每天清出的粪便垫草等倒入池内，直到快满时，在粪便表面铺一层干粪或杂草，上面盖一层泥土封好。如条件许可，可用木板盖上，以利于发酵和保持卫生。粪便经上述方法处理后，经过 1～3 个月即可掏出作为肥料。在此期间，每天所积的粪便可倒入另外的发酵池，如此轮换使用。

发酵池可建成地上式和地下式两种（见图 3-1、3-2）。地下式安全可靠，但清除粪便较费力，入口设置为斜面式，可以实现半机械化作业；地上式成本较高，但经久耐用，可机械化作业，操作方便，省时省力。

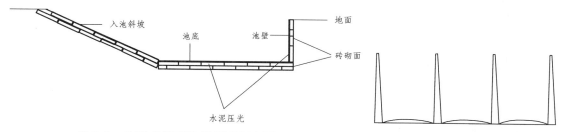

图 3-1　地下式发酵池纵剖面示意图　　　图 3-2　地上式发酵池纵剖面示意图

（2）堆粪法。

此法适用于较干固成形的粪便（如马、羊、鸡粪等）的处理。在距养殖场 100～200 m 或以外的地方设堆粪场。堆粪的方法如下：在地面挖一地面下弧形浅沟，两边深约 20 cm，中央深约 30 cm，以利于集留废液，宽 1.5～2 m，长度随粪便多少确定。先将非传染性的粪便或垫草等堆至厚 25 cm，其上堆放欲消毒的粪便、垫草等，高达 1.5～2 m，然后在粪堆外再覆上厚 10 cm 的非传染性粪便或垫草，如此堆放 3 周至 3 个月，即可用以肥田。当粪便较稀时，应加些杂草，太干时倒入稀粪或加水，使其不稀不干，以促进迅速发酵。通常处理牛粪时，因牛粪比较稀不易发酵，可以掺马粪或干草，其比例为 4 份牛粪加 1 份马粪或干草。北方地区堆粪法常用农作物秸秆（小麦秸、玉米秸、棉花秸）做垫草或覆盖物。

（3）沼气池发酵法。

根据生物热消毒法原理，把生物热发酵与生产沼气结合起来，处理粪便，这样既达到了粪便消毒的目的，又可充分利用生物热能，还不浪费肥料，可谓一举三得。生产的沼气可以广泛用于热水器、沼气饭煲、沼气炉灶、沼气灯及居民日常照明娱乐用电（沼气用户系统模式图见图 3-3）。沼气池发酵法具体内容见本章第十四节（养殖生产废弃物的无害化处理）。

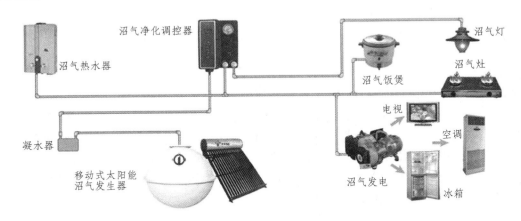

图 3-3 太阳能沼气用户系统模式图

采用生物热消毒应注意如下几点：

➤ 掩埋地点应选择远离学校、公共场所、居民住宅区、村庄、饮用水源地、河流等地势高燥，地下水位较低的地方。

➤ 堆料内不能只堆放粪便，还应堆放垫草之类的含有机质丰富的东西，以保证堆料中有足够的有机质，作为微生物活动的物质基础。

➤ 堆料应疏松、切忌夯压，以保证堆内有足够的空气。

➤ 堆料的干湿度要适当，含水量应在 50% ~ 70%。

➤ 堆肥时间要足够，须等腐熟后方可肥田，一般好气堆肥，在夏季需 1 个月左右，冬季需 2 ~ 3 个月方达腐熟。必须注意的是生物热消毒法虽然对粪便消毒很好，可以杀灭许多种传染性病原，如口蹄疫病毒、布氏杆菌、猪瘟病毒、猪丹毒病毒等，但对于炭疽、气肿疽病畜粪便，只能焚烧或经有效的消毒液化学消毒后深埋。

三、粪便消毒效果的检查

粪便消毒效果的检查方法有测温法和细菌学检查。

（一）测温法

用装有金属套管的温度计，测量发酵粪便的温度，根据粪便在规定的时间内达到的温度来评定消毒的效果。当粪便生物发热达 60 ~ 70 ℃ 时，经过 1 ~ 2 昼夜，可以使其中的巴氏杆菌、布氏杆菌、沙门氏菌及口蹄疫病毒死亡；经 12 h 可以杀死全部猪瘟病毒；经过 24 h 可以杀灭全部猪丹毒杆菌。不同病原需要的致死温度与所需时间如表 3-6 所示。

表 3-6　不同病原需要的致死温度与所需时间

病原名称	致死温度（℃）	所需时间
炭疽杆菌（非芽孢状态）	50～55	1 h
结核杆菌	60	1 h
鼻疽杆菌	50～60	10 min
布氏杆菌	65	2 h
巴士杆菌	抵抗力弱	—
马腺疫链球菌	70～75	1 h
副伤寒菌	60	1 h
猪丹毒杆菌	50	15 h
猪丹毒杆菌	70	数秒钟
狂犬病病毒	50	1 h
狂犬病病毒	52～68	30 min
口蹄疫病毒	50～60	迅速
传染性马脑脊髓炎病毒	50	1 h
猪瘟病毒	60	30 min
寄生蠕虫和幼虫卵	50～60	1～3 min（鞭虫卵 1 h）

（二）细菌学检查

按常规方法检查，要求不得检出致病菌。

技能训练十五　粪便消毒

【实训目的】

通过实习训练，掌握粪便消毒技术，能根据具体情况选择适当的消毒措施。

【实训准备】

养殖场、漂白粉或生石灰等。

【操作方法】

（1）掩埋法：将污染的粪便与漂白粉或生石灰混合后，深埋于地下 2 m 左右。

（2）焚烧法：在地上挖一深 75 cm、宽 75～100 cm 的坑，长度依粪便多少而定。在距坑底 40～50 cm 处加一层铁炉底，炉底孔以不使粪便漏下为宜。在炉底下面放置木材等燃料，在炉底上放置欲消毒的粪便，如果粪便太潮湿，可混合一些干草，以利燃烧。此法是消灭一切病原微生物最有效的方法，但只用于消毒患烈性传染病畜禽的粪便。

（3）化学消毒法：用 10%～20% 漂白粉液或 0.5%～1% 的过氧乙酸、20% 石灰乳等，与粪便混合。使用时应仔细搅拌，充分混合均匀。本法操作麻烦，效果难以确保，故不常用。

（4）生物热消毒法：生物热消毒法是利用粪便、土壤中的大量嗜热杆菌参与粪便、垫料、污水及废弃物和尸体的生物学发酵过程来达到消毒的目的，是粪便消毒最常用的方法。主要适用于污染的粪便、垫料、饲料及其他废弃物和污水等的消毒净化处理，方法简便，易于在生产中应用。应用本法既能杀灭粪便中非芽孢性病原微生物和寄生虫虫卵，又不失去粪便作为肥料的应用价值。但消毒途径过程缓慢，且对细菌芽孢无作用。因此，对严重污染，特别是被细菌芽孢污染时，不宜采用本法。

【实训作业】

试比较几种不同粪便消毒方法的优劣和适用对象。

第八节　畜禽尸体消毒处理技术

畜禽的尸体含有较多的病原微生物，也容易分解腐败，散发恶臭，污染环境。特别是发生传染病的病死畜禽的尸体，如处理不善，其病原微生物会污染大气、水源和土壤，造成疾病的传播与蔓延。因此，必须及时地无害化处理病死畜禽尸体。

一、无害处理原则

对于死亡畜禽的尸体，要严格按照"不准食用、不准出售、不准转运、及时实施无害化处理"的原则，对畜禽死前所在的圈舍、场地以及被畜禽尸体污染的场地及物品采取跟进消毒和无害化处理，防止造成更大疫情，给人民群众生命健康造成危害。

二、无害处理方法

（一）焚烧法

焚烧法主要针对一些危害人、畜健康极为严重的传染病病畜的尸体。焚烧时，先在地上挖一十字形沟（沟长约 2.6 m，宽 0.6 m，深 0.5 m），在沟的底部放木柴和干草作引火用，于十字沟交叉处铺上横木，其上放置畜尸，畜尸四周用木柴围上，然后洒上煤油焚烧，尸体烧成黑炭为止。或用专门的焚烧炉焚烧。焚烧是一种较完善的方法，但不能利用产品，且成本高，故不常用。

（二）高温处理法

此法是将畜禽尸体放入特制的高温锅（温度达 150 ℃）内或有盖的大铁锅内熬煮，达到彻底消毒的目的。鸡场也可用普通大锅，经 100 ℃ 以上的高温熬煮处理。猪、牛等大家畜场可将家畜尸体肢解后熬煮，但是患恶性传染病的畜禽尸体严禁肢解。此法可保留一部分有价值的产品，但要注意熬煮的温度和时间，必须达到消毒的要求。

（三）土埋法

土埋法是利用土壤的自净作用使其无害化。此法虽简单但不理想，因其无害化过程缓慢，某些病原微生物能长期生存，从而污染土壤和地下水，并会造成二次污染，所以不是最彻底的无害化处理方法。采用土埋法，必须遵守卫生要求。深埋地点应选择高岗地带，远离居住区、水源、泄洪区和交通要道，坑的大小和深度应根据畜禽尸体的数量和多少来决定，但坑的覆土厚度不少于 1.5 m，坑底铺垫 2 cm 厚的生石灰。尸体入坑后，再撒上 2 cm 的生石灰或洒上消毒剂，覆盖厚土，填土不要太实，以免尸体腐败产气，造成气泡冒出和液体渗漏。对于洪灾造成的动物尸体主要做深埋处理，对动物尸体先用 10% 漂白粉澄清液按每平方米 200 mL 的用量喷雾，作用 12 h 后，装入塑料袋，挖 1.5～2 m 以下深坑，将动物尸体放入，再用漂白粉干粉撒在尸体上，填土掩埋。

埋尸坑四周设栅栏并做上标记。

（四）发酵法

将尸体抛入尸坑内，利用生物热的方法进行发酵，从而起到消毒灭菌的作用。尸坑一般为井式，深达 9～10 m，直径 2～3 m，坑口设木盖，坑口高出地面 30 cm 左右。将尸体投入坑内，堆到距坑口 1.5 m 处，盖封木盖，经 3～5 个月发酵处理后，尸体即可完全腐败分解。

三、无害处理的注意事项

在处理畜尸时，不论采用哪种方法，都必须注意以下几方面：

➤ 将所有死亡的畜禽尸体及其排泄物、被污染物、各种废弃物等一并进行处理，以免造成环境污染。

➤ 对死亡畜禽尸体体表、死前圈舍、活动场地要在清扫、冲刷的基础上，进行完全彻底地喷洒消毒。

➤ 在畜禽尸体深埋运输的过程中，对运载工具底部要用密闭的防水物品铺垫，上部充分遮盖，运输完毕后，运载工具应彻底进行清洗和消毒。

➤ 禽畜尸体接触人员要采取严格的卫生防护措施，使用的车辆、工具均要消毒。

➤ 对健康的畜禽要加强疫情监测，随时掌握畜禽的健康状况，圈舍要坚持每天一次的消毒，连续消毒 21 d，粪便及时进行清理并堆积发酵。

四、常用消毒药品及使用方法

（一）石灰水

用新鲜石灰配成的 10% ~ 20% 的石灰水，可用来消毒场地，粉刷棚圈墙壁、桩柱等。石灰水的配制方法：1 kg 生石灰加 4 ~ 9 kg 水。先将生石灰放在桶内，加少量水使其溶解，然后加足水量。石灰水现配现用，放置时间过长会失效。

（二）草木灰水

适用于对棚圈、用具和器械等消毒。草木灰水配制方法：在 10 kg 水中加 2 ~ 3 kg 新鲜草木灰，加热煮沸（或用热水浸泡 3 昼夜），待草木灰水澄清后使用。将草木灰水加热后使用有显著的消毒效果。

（三）烧碱

2% 烧碱溶液可用来消毒棚圈、场地、用具和车辆等。3% ~ 5% 的烧碱溶液可消毒被炭疽芽孢污染的地面。消毒棚圈时，将家畜赶（牵）出栏圈，经半天时间，将消毒过的饲槽、水槽、水泥地或木板地用水冲洗后，再让家畜进圈。

（四）过氧乙酸

2% ~ 5% 的过氧乙酸溶液，可喷雾消毒棚圈、场地、墙壁、用具、车船、粪便等。

（五）复合酚

复合酚 100 ~ 300 倍液适用于消毒畜舍、场地、污物等。

（六）百毒杀

用百毒杀 3 000 倍稀释液喷洒、冲洗、浸渍，可用来消毒畜舍、环境、机械、器具、种蛋等。百毒杀 2 000 倍液可用于紧急预防畜禽舍的消毒。百毒杀 10 000 ~ 20 000 倍稀释液可预防储水塔、饮水器被污物堵塞，可以杀死微生物、除藻、除臭、改善水质。

此外，可选用蓝光 A + B、灭毒杀、杀毒霸、杀毒先锋等药品，按说明书要求配制后对环境、器械等进行消毒。

第九节　动物交易市场消毒技术

一、动物交易市场的消毒

畜禽及其产品进行集市交易，具有由分散到集中，再由集中到分散的特点，由于畜禽及其产品来源复杂，很容易由于集市交易而引起疫病传播。所以，做好集贸市场的消毒（包括出售肉品等畜禽产品的场所、货架、器具，畜禽交易集散地的消毒工作）是保证集市交易正常进行和做好防疫的重要环节。

每次集市散集后，应及时清除交易场地上的粪便垃圾，将粪便垃圾倒入指定的发酵池内。畜禽集散地的地面、圈栏、饲槽、拴牲畜的木桩、敞篷等应每隔 3 ~ 4 d 消毒一次。

集市的脏水沟、垃圾箱、粪便发酵池等，每天用 3% ~ 5% 的来苏儿、0.5% 过氧乙酸或 0.02% 次氯酸钠溶液喷雾一次；集市内的敞篷、站栏、木柱、场地等，每周用 3% ~ 5% 的来苏儿、2% ~ 4% 氢氧化钠溶液消毒 1 ~ 2 次；肉案等每天用 0.5% 过氧乙酸或 30 mg/L 次氯酸钠溶液喷雾消毒 1 次，每周用 1% ~ 2% 热氢氧化钠溶液消毒 1 ~ 2 次；对集市内的专用水源也应注意经常消毒。

集市上若发生烈性传染病时，应立即停止畜禽和畜禽产品交易，封锁集市，隔离病畜禽，并将疫情第一时间上报当地畜禽检疫检验部门，同时进行现场临时消毒。临时消毒工作应在当地畜禽检疫站的兽医人员监督指导下进行。首先，将病死畜或其产品存放的地点及被污染的地方进行消毒，再挖除 10 cm 深的表土，做第二次喷洒消毒，而后填进新土再消毒一次。挖出的土经消毒后送到发酵坑内。消毒药应选用对所发生的疫病病原杀灭力最强的药物。

二、运输工具的消毒

运输工具可能因经常运输畜禽或其产品而被污染，装运前后和运输途中若不进行消毒，可能会造成运输畜禽的感染及畜禽产品的污染，严重时会引起病原沿途散播，造成疫病流行。因此，装运畜禽及其产品的运载工具，必须进行严格的消毒。畜禽及其产品运出县境时，运载工具消毒后不应由畜禽防检机构出具消毒证明。

（一）运输工具消毒原则

运输工具（包括装运畜禽的车厢、船只、用具等）在运输前后都必须在指定地点进行消毒，以防止病原菌的散布。对运输途中未发生传染病的运输工具只进行一般的粪便清除及热水洗刷即可；运输过程中发现过一般传染病或有感染一般传染病可疑者，应先清除粪便，用热水洗刷后，再进行消毒；运输过程中发生恶性传染病的运输工具应经 2 次以上的消毒，并在每次消毒后均用热水清洗，两次消毒的间隔时间为 0.5 h。最后一次消毒后 2 ~ 4 h 以后用热水洗刷后再使用。没发生过传染病的车船内的粪便，不经处理可直接作肥料；发生过一般传染病的车船内的粪便，须经发酵处理后再利用；发生过恶性传染病的车船内的粪便，应集中烧毁。

（二）运输工具的消毒

1. 运输前的消毒

在装运畜禽或其产品前，首先对运载工具进行全面的清扫和洗刷，然后选用 2% ~ 5% 漂白粉澄清液、2% ~ 4% 氢氧化钠溶液、4% 福尔马林溶液、0.5% 过氧乙酸、60 mg/L 次氯酸钠、1∶200 的碘伏或优氯净（抗毒威）、20%石灰乳等进行消毒，每平方米用量为 0.5～1 L。金属笼筐也可使用火焰喷灯烧灼消毒。

2. 运输途中的消毒

使用火车、汽车、轮船、飞机等长途运送畜禽及其产品时，应经常保持运载工具内的清洁卫生，条件许可时，每天打扫 1～2 次，清扫的粪便、垃圾等集中在一角，到达规定地点后，将其卸下集中消毒处理。途中可在运载工具内撒布一些漂白粉或生石灰进行消毒。如运输途中发生疫病时，应立即停止运输，并与当地畜禽防检机构取得联系，妥善处理病畜禽，根据疫病的性质对运载工具进行彻底的消毒。发生一般传染病时，可选用 2%～4% 的氢氧化钠热溶液、3%～5% 来苏儿溶液喷洒。清除的粪便、垫料等垃圾，集中堆积发酵处理；发生烈性传染病时，应先用消毒药液进行喷洒消毒，然后彻底清扫，清扫的粪便、垫料等垃圾堆积烧毁，清扫后的运载工具再选用 10%漂白粉澄清液、4%福尔马林液、0.5%过氧乙酸、4%氢氧化钠溶液进行消毒，每平方米使用消毒液 1 L，消毒半小时后用 70 ℃ 热水喷洗运载工具内外，然后再使用消毒液进行一次消毒。

3. 运输后的消毒

运输途中未发生疫病时，运输后先将运载工具进行清扫，然后可按运输前的消毒方法进行消毒，或用 70 ℃ 的热水洗刷。运输途中发生过疫病的，运输后运载工具的消毒可参照运输途中的消毒方法进行。

运载工具消毒时，应注意根据不同的运载工具选用不同的消毒方法和消毒药液，同时应注意防止消毒药液沾污运载工具的仪表零件，以免腐蚀生锈，消毒后应用清水洗刷一次，然后用抹布仔细擦干净。

第十节　兽医诊疗消毒技术

兽医诊疗消毒包括兽医诊疗室和兽医器械消毒。兽医诊疗室是养殖场的一个重要场所，主要承担疾病的诊断、病理解剖、病样送检、病料化验及病畜处理等职能。兽医器械是养殖场使用比较频繁的附属物件，包括手术器械、衣物、车间用品等。所以对于兽医诊疗室及兽医器械进行消毒是养殖场消毒体系非常重要的内容。

一、兽医诊疗场所的消毒

兽医诊疗场所的消毒包括场地、兽医室（诊断室、手术室、处置室和治疗室）的消毒以及兽医人员的消毒，这是常规性和定期性的工作。

（一）养殖场兽医诊疗场地的消毒

养殖场兽医诊疗场地是对病畜禽进行诊疗的主要场所，病畜禽携带的病原微生物经各种途径排出体外后，污染诊疗区地面、墙壁等，在每次诊疗前后应用 3%～5% 来苏儿溶液等进行消毒。

（二）诊疗室的消毒

诊疗室的消毒工作是预防和消除交叉感染的重要手段。诊疗室内空气可用紫外线在术前或手术间歇时间进行照射，也可使用 1% 漂白粉澄清液或 0.2% 过氧乙酸作空气喷雾，有时也用乳酸等加热熏蒸，有条件时采用空气净化调节装置，以防空气中的微生物降落于创口或器械的表面，引起创口感染。诊疗过程中的废弃物如棉球、棉拭、污物、污水等，应集中进行焚烧或生物热发酵处理，不可到处乱倒乱抛。被病原体污染的诊疗场所，在诊疗结束后应进行彻底的消毒，推车可用 3% 漂白粉澄清液、5% 来苏儿液或 0.2% 过氧乙酸擦洗或喷洒。室内空气用福尔马林熏蒸，同时打开紫外线灯照射，2 h 后打开门窗通风换气。台面和地面用 0.1% 的新洁尔灭溶液擦拭，或用 0.2% 过氧乙酸擦拭消毒。

（三）无菌室的消毒

有条件的养殖场自设单独的无菌室。无菌室在使用前后可用紫外线照射 0.5～1 h，或将无菌室紧闭门窗，按每立方米空间用福尔马林 25 mL，加高锰酸钾 25 g，水 12.5 mL，熏蒸 4 h 以上或过夜。

（四）培养基的灭菌

培养基分装后，必须进行灭菌，以达到完全无菌的目的。培养基灭菌常用方法有高压灭菌及流动蒸气灭菌两种。高压灭菌法是最可靠的灭菌方法，一般基础培养基通常在 121.3 ℃ 灭菌 15～20 min；含糖培养基常采用 115 ℃ 灭菌 10～15 min，以免糖类因高热而分解。流动蒸气灭菌主要用于间歇灭菌，一般鸡蛋培养基、血清培养基及其他不耐热的培养基，可采用这种方法灭菌，通常在 80～100 ℃ 温度下，灭菌 30 min，每天 1 次，连续 3 d 即可达到无菌的目的。

此外，含有尿素、血清等不耐热物质的培养基，也可用过滤除菌法或化学药物灭菌法，如在尿素液内加入麝香草酚结晶，作用 24 h 后，可杀灭尿素液内的杂菌。

（五）意外事件的处理

手术室或无菌室内如有传染性细菌散布在桌上或地上，应立即用 5% 石碳酸或 5% 来苏儿，倒在被污染处，10 min 以后，用布或棉花拭净。盛标本、病毒的试管以及培养管等破碎片或标本、病毒泼洒在工作台或地面时，应用该病毒敏感的消毒药剂覆盖，处理半小时以上。当病原体或标本沾染手时，应用该病原体敏感的消毒剂浸泡洗刷，再用 75% 酒精擦拭，最后用肥皂水洗净。工作服等沾有病原体时，须经 121.3 ℃ 20 min 高压蒸气处理。试管架等沾有病原体时，浸泡在敏感的消毒液内半小时。

二、诊疗对象及操作者的消毒

（一）诊疗对象的消毒

1. 皮肤消毒

在给病畜禽进行注射、输血、手术时，应对注射、手术部位的皮肤进行严格的消毒。

常用于皮肤消毒的药物有 5% 碘酊、75% 酒精、0.1% 新洁尔灭、0.5% 洗必泰、0.1% 度米芬等溶液；口腔、直肠、阴道等处黏膜消毒时，常用 2% 红汞、0.1% 雷夫奴尔溶液；眼结膜消毒时，常用 2% ~ 4% 的硼酸溶液；蹄部消毒，常用 2% ~ 3% 来苏儿溶液。

2. 手术部位消毒

手术部位消毒时，应从手术区中心开始向四周涂擦消毒液，但对感染或肛门等处进行消毒时，则应从清洁的周围开始向内涂擦。术部消毒方法有碘酊消毒法及新洁尔灭消毒法等两种。

碘酊消毒：先用 75% 酒精对术部脱脂，然后用 5% 碘酊涂擦，3 ~ 5 min 后用 75% 酒精脱碘，脱碘后用 5% 碘酊再涂擦一次，最后用 75% 酒精脱碘。

新洁尔灭消毒：首先用 0.5% 新洁尔灭溶液对术部清洗 3 次，每次 2 min；然后用浸有 0.5% 新洁尔灭的纱布覆盖术部 5 min。

3. 注射、穿刺部位消毒

注射、穿刺部位消毒时，先用 75% 酒精脱脂，然后用 5% 碘酊涂擦，再用 75% 酒精脱碘，脱碘后即可进行注射或穿刺。

（二）诊疗人员的消毒

诊疗人员与病畜禽接触应更衣，根据需要穿戴已消毒的工作服、手术衣、帽、口罩、胶靴等，并应修剪指甲、清洗手臂，然后进行彻底消毒。这里只讲手和手臂的消毒，手术部位及其他消毒按照有关动物外科手术消毒规范进行。

1. 手的消毒

无菌操作前，应先用肥皂水洗刷双手，进行无菌操作前用 75% 酒精棉球擦手；检验操作结束后，用 0.1% 新洁尔灭或 0.1% 过氧乙酸洗手数分钟。

2. 手臂消毒

在接产或直肠检查等深部手术时需进行手臂消毒，方法有以下几种：

（1）酒精浸泡法：双手及上臂中 1/3 伸入 70% ~ 75% 酒精桶中浸泡，同时用小毛巾轻轻擦洗皮肤 5 min。擦洗过程中，不可接触到桶口。浸泡结束后，用小毛巾擦去手臂上的酒精、晾干。双手在胸前保持半伸拉状态，进入手术室后穿上手术衣。

（2）新洁尔灭（或洗必泰）浸泡法：将手臂分别在两桶 0.1% 新洁尔灭溶液桶中依次浸泡 5 min，水温为 40 ℃，同时用小毛巾擦洗，浸泡后擦干，再用 2% 碘酊涂擦指甲缝和手的皱纹处，最后用 75% 酒精脱碘，在手术室内穿上手术衣。

（3）氨水浸泡法：手臂分别在两桶 0.5% 氨水溶液中依次浸泡擦洗 5 min，水温 40 ℃，浸泡后擦干，再用 2% 碘酊涂擦指甲缝及皮肤皱纹处，最后用 75% 酒精脱碘。

无论选用哪种方法，都要事先用肥皂水刷洗，并用清水冲洗干净后再行消毒。经过消毒后的手臂，不可接触未消毒的物品，如不慎接触未消毒物品，应重新进行洗刷消毒。

三、兽医诊疗器械的消毒

兽医诊疗器械主要是玻璃器皿和金属器皿，日常用品主要是手套、工作服、靴子、口罩、水盆等。兽医诊疗器械及用品是直接与畜禽接触的物品，用前和用后都必须按要求进行严格的消毒。对于日常用品按照每天清洗一次、消毒一次的原则定期消毒。对诊疗器械因其种类和使用范围不同，消毒方法和要求也不一样。一般对进入畜禽体内或与黏膜接触的诊疗器械，如手术器械、注射器及针头、胃导管、导尿管等，必须经过严格的消毒灭菌；对不进入动物组织内也不与黏膜接触的器具，一般要求去除细菌的繁殖体及亲脂类（有囊膜）病毒。

（一）常用玻璃器皿的消毒

1. 用于组织及细胞培养玻璃器皿的消毒

（1）清洗。

用于组织或细胞培养的玻璃器皿（如培养瓶、三角烧瓶、移液管、吸管等），不论是已用过的还是新购进的，均须先经清洗液浸泡 20 h（也可用稀硫酸浸泡），然后取出用自来水浸泡 4～6 h，再用自来水冲洗 10 次以上，或用流水冲洗 10 min 左右，最后用蒸馏水冲洗 6 次或用双蒸馏水冲洗 3 次，放入温箱中干燥。

（2）包装。

清洗干燥后的玻璃器皿须经包装后方可消毒，以防消毒后被杂菌污染。培养瓶在塞好软木塞后，外面用牛皮纸包裹；吸管和移液管包扎前应先在上管口塞入少量普通棉花（不宜太紧或太松），而后用麻绳包扎，装入玻璃筒内消毒；试管以 4～6 支为一组，用方形牛皮纸包裹在一起进行消毒；青霉素小瓶，可直接放入铝饭盒内消毒。

（3）消毒。

包装好的玻璃器皿，均采用干热灭菌法，160 ℃ 下维持 1.5 h 左右。消毒后的器皿，应在 1 周内使用，过期使用应重新消毒。

翻口橡皮塞的清洗是采用肥皂水煮沸 20 min 后，用流水冲洗 10 次，再以蒸馏水冲洗 2 次，而后浸泡于双蒸馏水中备用。临用前煮沸消毒 15 min，亦可取出晾干包装，经高压灭菌消毒后使用。

2. 普通用途玻璃器皿的清洗与消毒

（1）清洗前的预处理。

新购入的玻璃器皿常附有游离碱质，不可直接使用，应先在 1%～2% 盐酸溶液中浸泡数小时，以中和其碱质，然后再用肥皂水及清水刷洗以除去遗留的酸质。

使用过的玻璃器皿，若被病原微生物污染过，在洗涤前必须进行严密的消毒。其方法如下：

吸管、载玻片、盖玻片等可浸泡于 5% 石碳酸、2%～3% 来苏儿或 0.1% 升汞中 48 h。若其中有炭疽材料时，还应在升汞溶液中加入盐酸使其含量为 3%。浸泡吸管的玻璃筒底部应垫上棉花，以防投入吸管时管尖破裂。

一般玻璃器皿，如试管、烧杯、烧瓶、平皿等均可放入高压消毒器内，在 103.4 千帕（15磅）压力下消毒 20～30 min。盛有固体培养基或涂有油脂（如液体石蜡或凡士林等）的玻璃器皿应于消毒后，随即趁热将内容物倒净，用温水冲洗，再以 5% 肥皂水煮沸 5 min，然后以清水反复冲洗数次，倒立使之干燥。

（2）洗涤、干燥。

将预处理过的玻璃器皿浸泡于水中，用毛刷或试管刷擦上肥皂，刷去油脂和污垢，然后用自来水冲洗数次，最后用蒸馏水冲洗。经清水冲洗后，若发现玻璃器皿上还有未洗干净的油脂时，可置于 1%～5% 苏打溶液或 5% 肥皂水中煮沸 0.5 h，再用毛刷刷去油脂和污垢，最好用清水或蒸馏水冲洗干净。

吸管不容易洗涤，洗刷时应小心，绝不可急躁。具体操作如下：吸管从消毒液中取出后，先用细铁丝取出管口的棉塞，若棉塞太紧不易取出时，可将铁丝尖端压扁，插入棉塞与管壁之间，轻轻转动即可将棉塞拉出。然后，将吸管浸泡于 5% 热肥皂水中，缠纱布或棉花少许于细铁丝尖端上，用以刷洗管内的油脂和污垢。铁丝尖端的纱布或棉花应随时更换。经上述刷洗后，再用一根橡皮管，一端接冲洗球，一端接吸管的尖端，在流动的自来水中反复冲洗数次，最后依此法用蒸馏水冲洗数次，倒立于垫有纱布的铜丝筐、玻璃筒或干净的搪瓷盆中干燥。

洗净的玻璃器皿通常倒插于干燥架上，让其自然干燥，必要时还可放到温箱或 50 ℃ 左右干燥箱中，加速其干燥。温度不宜太高，以免器皿破裂。干燥后用干净的纱布或毛巾拭去干后的水迹，再做进一步的处理。

（3）包装。

清洗干燥的玻璃器皿在消毒之前，须分开妥当包装，以免消毒后又被杂菌污染。

吸管包装比较特殊，先将吸管口塞入少许棉花，以防使用时将病原微生物吸入口中，同时又可滤过口中吹出的空气。塞入的棉花应松紧适宜。塞好棉花后，将吸管一一分别用纸包裹，再用麻绳和报纸每 10 支包成一束，包裹时吸管的口端应位于包扎纸的折叠端。包裹好后置于金属盒内直接进行消毒。

平皿、青霉素瓶等，用无油质的纸将其单个或数个包成一包，置于金属盒内或直接进行消毒。

一般的玻璃器皿，如试管、烧杯、三角瓶等包装前应先做好大小、长短、深浅、松紧均适合的棉塞或纱布棉塞，将试管或三角瓶口塞好，外面再用纸张包好，烧杯可直接用纸张包扎。制作棉塞最好选择纤维长的新棉花，不能用脱脂棉。制作时据试管或瓶口的大小取适量棉花，分成数层，互相重叠，使其纤维纵横交错，然后折叠卷紧，做成长 4～5 cm 的棉塞。棉塞做好后应慢慢旋转塞入，塞入部分和露出部分的长度大约相等，棉塞的大小、长短、深浅、松紧均须合适，勿过深、过紧或太浅、太松，以试管棉塞易于拔出，手提棉塞略加摇晃却不至从管中脱落为佳。

（4）消毒。

上述包装好的玻璃器皿放入干热灭菌器内干热消毒，于 160～180 ℃ 下 1～2 h。也可采用高压消毒法，在 103.4 kPa（15 磅）压力下，20～30 min。

载玻片、盖玻片的处理：用过的载玻片和盖玻片须分别浸泡于 2% 来苏儿或 5% 石碳酸溶液中消毒 48 h，然后在 5% 肥皂水中煮沸 30 min，再用清水冲洗干净后，拭干保存，或浸于 95% 酒精中备用。

（二）各种常用诊疗器械的消毒

1. 玻璃类

（1）新添置器皿：兽医室内新添置的玻璃器皿，可用水冲洗后，放入 3% 的盐酸溶液内洗刷，再移到 5% 的碱液内中和，最后用水冲洗干净，烘干即可。

（2）体温计：先用 1% 过氧乙酸溶液浸泡 5 min，然后浸入 75% 酒精溶液备用。或先用 1% 过氧乙酸溶液浸泡 5 min 做第一道处理，然后再放入另一 1% 过氧乙酸溶液中浸泡 30 min 做第二道处理。

（3）注射器：针筒用 0.2% 过氧乙酸溶液浸泡 30 min，清洗、煮沸或高压蒸汽灭菌后备用。注意：针头用肥皂水煮沸消毒 15 min 后洗净、消毒后备用；煮沸时间从水沸腾时算起，消毒物应全部浸入水内。

（4）各种接管：将各种接管分别浸入 0.2% 过氧乙酸溶液中，浸泡 30 min 后用清水冲洗干净；再将接管用肥皂水刷洗，清水冲净，烘干后分类装入盛器，经高压灭菌后备用。有积污的玻璃管，须用清洁液浸泡 2 h 后洗净，再消毒处理。

（5）吸管、毛细管和玻片：吸管、毛细管和玻片用后直接投入 3%～5% 来苏儿溶液或 0.1%～0.3% 新洁尔灭溶液内浸泡消毒 4 h 以上，然后再进行洗涤。

（6）被污染的器皿：污染细菌、病毒的玻璃器皿及检验用过的培养皿（基）、试管、采样管（瓶）等均应置于高压灭菌器内，经 121.3 ℃ 20 min 灭菌，致病性芽孢杆菌污染的玻璃器皿，需经 121.3 ℃ 30 min 的灭菌。

2. 搪瓷类

（1）搪瓷药杯、换药碗：将药杯用清水冲净残留药液，然后浸泡在 1:1 000 新洁尔灭溶液中 1 h；将药碗用肥皂水煮沸消毒 15 min，然后将药杯与换药碗分别用清水刷洗冲净后，煮沸消毒 15 min 或高压灭菌（如为玻璃或塑料类，可用 0.2% 过氧乙酸浸泡 2 次，每次 30 min 后清洗烘干）。注意：药杯与换药碗不能放在同一容器中煮沸或浸泡。若用后的药碗有各种药液颜色，应煮沸消毒后用去污粉擦净、清洗、揩干后再浸泡。冲洗药杯内残留药液下来的水须经处理后再弃去。

（2）搪瓷盘：浸泡在 1% 漂白粉清液中 1 h，再用肥皂水刷洗、清水冲净后备用；漂白粉清液每两周更换 1 次，夏季每周更换 1 次。

（3）污物敷料桶：将桶内污物倒去后，用 0.2% 过氧乙酸溶液喷雾消毒，放置 30 min；再用碱或皂水将桶刷洗干净，清水洗净后备用。注意：污物敷料桶每周消毒 1 次；桶内倒出的污物敷料须消毒处理后回收或焚毁后弃去。

3. 器械类

（1）诊疗中用的刀、剪等器械：可放入蒸馏水中煮沸 15～20 min，或在 0.1% 的新洁尔灭溶液中浸泡半小时以上，然后用无菌蒸馏水冲洗后再使用；亦可将器械浸在 95% 酒精内，使用时取出经过火焰，待器械上的酒精燃烧完毕即可使用，若反复烧灼 2 次以上，则可确保无菌。如器械上带有动物组织碎屑，应先在 5% 石炭酸中洗去碎屑，然后蘸取 95% 酒精燃烧。刀剪等器械消毒洗净后，应立即擦干后保存，防止生锈。

（2）污染的锐利器械：污染的镊子、钳子等放入 1% 皂水中煮沸消毒 15 min；再用清水将其冲净后，煮沸 15 min 或高压消毒备用。污染的其他锐利器械浸泡在 2% 中性戊二醛溶液中 1 h，再用皂水将器械用超声波清洗，清水冲净，揩干后，浸泡于第二道 2% 中性戊二醛溶液中 2 h；将经过第一二道消毒后的器械取出后用清水冲洗，然后浸泡于 1：1 000 新洁尔灭溶液消毒盒内备用。注意被脓、血污染的镊子、钳子或锐利器械应先用超声波清洗干净，再行消毒。刷洗下的脓、血水按每 1 000 mL 加过氧乙酸原液 10 mL 计算（即 1% 浓度），消毒 30 min 后，才能倒弃。器械盒每周消毒一次。器械每次使用前应用生理盐水淋洗。

（3）开口器：将开口器浸入 1% 过氧乙酸溶液中，30 min 后用清水冲洗；再用皂水刷洗，清水冲洗，揩干后，煮沸或高压蒸汽消毒备用。注意浸泡时开口器应全部浸入消毒液中。

4. 橡胶类

（1）硅胶管：将硅胶管拆去针头，浸泡在 0.2% 过氧乙酸溶液中，30 min 后用清水冲洗；再用皂水冲洗硅胶管管腔后，用清水冲净、揩干。拆下的针头按注射器针头消毒处理（见玻璃类注射器项）。

（2）手套：将手套浸泡在 0.2% 过氧乙酸溶液中，30 min 后用清水冲洗；再将手套用皂水清洗，清水漂净后晾干；再将晾干后的手套用高压蒸汽消毒或环氧乙烷熏蒸消毒后备用。注意：手套应浸没于过氧乙酸溶液中，不能浮于液面上或部分暴露于空气中。

（3）橡皮管、投药瓶：用浸有 0.2% 过氧乙酸的揩布擦洗物件表面；再用皂水将其刷洗、清水洗净后备用；橡皮塞煮沸消毒 15 min。

（4）导尿管、肛管、胃导管等：将物件分类浸入 1% 过氧乙酸溶液中，浸泡 30 min 后用清水冲洗；再将物件用皂水刷洗、清水洗净后，分类煮沸 15 min 或高压消毒后备用。注意：物件上胶布痕迹需用乙醚擦除。

（5）输液输血皮条：将皮条上针头拆去后，用清水冲净皮条中残留液体，再浸泡在清水中；再将皮条用皂水反复揉搓，清水冲净，揩干后，高压消毒备用。注意：拆下的针头按注射器针头消毒处理（见玻璃类注射器项）。

5. 实验动物

使用过的鸡胚、实验动物及其排泄物、送检材料等在检验结束后，鸡胚应煮沸消毒半小时以上；实验动物尸体焚烧处理。小白鼠排泄及鼠缸内垃圾 121.3 ℃ 20 min 高压消毒或焚烧；家兔排泄物按 1 份加漂白粉 5 份，充分搅拌后消毒处理 2 h；剩余送检病料及标本高压灭菌或焚烧处理。

6. 其他

（1）手术衣、帽、口罩等：将其分别浸泡在 0.2% 过氧乙酸溶液中 30 min，用清水冲洗；

再用皂水搓洗，清水洗净、晒干，高压灭菌备用。或洗涤后放入高压蒸气灭菌器，在 121.3 ℃加热 20 min 即可。注意：口罩应与其他物件分开洗涤。

（2）创巾、敷料等：污染血液的创巾、敷料等先放在冷水或 5%氨水内浸泡数小时，然后在皂水中搓洗，最后在清水中漂净；污染碘酊的创巾、敷料等用2%硫代硫酸钠溶液浸泡 1 h，清水漂洗、拧干，浸于 0.5% 氨水中，再用清水漂净；经清洗后的创巾、敷料高压蒸汽灭菌备用。注意：被传染性物质污染的创巾、敷料等，应先消毒、后洗涤、再灭菌。

（3）推车：每月定期用去污粉或皂粉将推车擦洗 1 次；污染的推车应及时用 0.2% 过氧乙酸溶液擦拭，30 min 后再用清水揩净。

（4）有机玻璃及塑料板：血清学反应使用过的有机玻璃板及塑料板，可浸泡在 1% 盐酸或 2%～3% 的次氯酸钠溶液内处理 2 h 以上或过夜。

第十一节　其他附产品消毒技术

皮革加工厂、骨粉厂、养殖场或屠宰加工场常常有大量收购的动物体杂骨、毛皮以及产品包装等，这些物品来自千家万户，患病和健康畜禽毛、皮、杂骨常混杂在一起，在收购、运输、贮存、加工和使用过程中，很容易散布病原，对人、畜造成危害，因此，对毛、皮、杂骨类原料及其包装进行消毒后才能做进一步处理。

一、毛、皮类的消毒

毛类包括猪鬃、马鬃、马尾、羊毛、兔毛、驼毛、家禽羽绒、羽毛等；皮张类包括生皮、生板皮、盐浸皮、新鲜皮等。毛皮的消毒是控制和消灭炭疽的重要措施之一，也是控制其他传染病的最有效手段。凡调进的毛、皮，在入库出厂前都必须进行严格的消毒。毛皮的消毒方法应按所患传染病病原的抵抗力来考虑，做到既要杀灭病原，又不损坏毛皮。毛皮常用的消毒方法有如下几种。

1. 福尔马林蒸汽消毒法

本法适用于被炭疽芽孢污染的皮毛及各种病畜的皮毛和被污染的干皮张、毛、羽和绒。一般在密闭的房间里进行。消毒室总容积不超过 10 m³，毒室温度应在 50 ℃ 左右，湿度调节在 70%～90%，按加热蒸发甲醛溶液 80～300 mL/m³ 的量通入甲醛气体，用药封闭 24 h。本法的缺点是对皮毛组织有一定的损伤。

2. 环氧乙烷气体熏蒸消毒法

环氧乙烷穿透力和扩散力很强，可杀灭细菌及芽孢、真菌、病毒等病原体，适用于怀疑被炭疽杆菌、口蹄疫、沙门氏菌、布鲁氏菌污染的干皮张、毛、羽和绒。此方法简便易行，可用于大批量皮张消毒，省时、省力，适用于病皮、健皮。消毒方法是将毛皮放置在密闭的消毒库或特制的聚氯乙烯密闭篷幕内，码成垛型，但高度不超过 2 m，各行之间保持适当距离，以利于气体穿透和人员操作。然后按 400～700 g/m³ 的用量导入环氧乙烷，对炭疽芽孢污染的物品，用药量为 0.8～1.7 kg/m³。篷内湿度为 30%～50%，温度为 25～40 ℃，熏蒸 24～48 h。消毒结束后，打开封口，通风 1 h。

此法消毒对皮毛的质量无影响，故一般较大的肉联厂或皮毛加工厂多采用此法消毒皮毛。本法只用于生干皮的消毒。

3. 盐酸食盐溶液消毒法

本法是一种操作简便、成本低廉、效果较好的消毒方法，被鼻疽、牛瘟、牛肺疫、恶性水肿、气肿疽、狂犬病、羊快疫、羊肠毒血症、肉毒梭菌中毒症、羊猝狙、马流行性淋巴管炎、马传染性贫血病、马鼻腔肺炎、马鼻气管炎、蓝舌病、非洲猪瘟、猪瘟、口蹄疫、猪传染性水疱病、猪密螺旋体痢疾、急性猪丹毒、牛鼻气管炎、黏膜病、钩端螺旋体（已黄染肉尸）、李氏杆菌病、布鲁氏菌病、鸡新城疫、马立克氏病、鸡瘟（禽流感）、小鹅瘟、鸭瘟、兔病毒性出血症、野兔热、兔产气荚膜梭菌病等传染病污染的皮毛和一般病畜皮毛的消毒可用此法。

具体方法：将 2.5% 盐酸溶液和 15% 食盐水溶液等量混合，然后将皮张浸泡在此溶液中，并使液温保持在 30 ℃ 左右，浸泡 40 h，皮张与消毒液之比为 1∶10。浸泡后捞出沥干，放入 2% 氢氧化钠溶液中，以中和皮张上的酸，再用水冲洗后晾干。也可按 100 mL 25% 食盐水溶液中加入 1 单位盐酸的比例配制消毒液，在 15 ℃ 条件下浸泡 48 h，皮张与消毒液之比为 1∶4。浸泡后捞出沥干，再放入 1% 氢氧化钠溶液中浸泡，以中和皮张上的酸，再用水冲洗后晾干。

此消毒法的缺点是浓度不易掌握，浓度高时易损伤皮张。

4. 过氧乙酸浸泡消毒法

适用于怀疑污染任何病原微生物的畜禽的新鲜皮、盐湿皮、毛、羽和绒的消毒。方法是将待消毒的皮、毛、羽和绒浸入新鲜配制的 2% 过氧乙酸溶液中，溶液须高于物品面 10 cm。浸泡 30 min 后捞出，用水冲洗后晾干。

5. 碱盐液浸泡消毒

用于被炭疽、鼻疽、牛瘟、牛肺疫、恶性水肿、气肿疽、狂犬病、羊快疫、羊肠毒血症、肉毒梭菌中毒症、羊猝狙、马流行性淋巴管炎、马传染性贫血病、马鼻腔肺炎、马鼻气管炎、蓝舌病、非洲猪瘟、猪瘟、口蹄疫、猪传染性水疱病、猪密螺旋体痢疾、急性猪丹毒、牛鼻气管炎、黏膜病、钩端螺旋体（已黄染肉尸）、李氏杆菌病、布鲁氏菌病、鸡新城疫、鸡马立克氏病、鸡瘟（禽流感）、小鹅瘟、鸭瘟、兔病毒性出血症、野兔热、兔产气荚膜梭菌病等传染病污染的皮毛消毒。

消毒时将病皮浸入 5% 碱盐液（饱和盐水内加烧碱），室温（17～20 ℃）浸泡 24 h，并随时加以搅拌，然后取出挂起，待碱盐液流净，放入 5% 盐酸液内浸泡，使皮上的酸碱中和，捞出，用水冲洗后晾干即可。

6. 石灰乳浸泡消毒

该法用于口蹄疫和螨病病皮的消毒。配制消毒液时，将 1 份生石灰加 1 份水制成熟石灰，再用水配成 10% 或 5% 混悬液，即石灰乳。消毒口蹄疫病皮时，石灰乳的浓度为 10%，浸泡 2 h 后取出晾干；螨病病皮的消毒所需石灰乳的浓度为 5%，浸泡 12 h 后取出晾干。

7. 盐腌消毒

该法用于布鲁氏菌病病皮的消毒。消毒时，将相当于皮重 15% 的食盐均匀撒于皮的表面。一般毛皮腌制 2 个月，胎儿毛皮腌制 3 个月。

二、杂骨的消毒

杂骨包括各种家畜的骨、角、蹄等。对杂骨的消毒，一般在堆积杂骨场的场地进行，对待运的杂骨则进行散装消毒。

1. 过氧乙酸浸泡消毒法

本法适用于怀疑污染任何病原微生物畜禽的骨、蹄、角。方法是将待消毒的骨、蹄、角浸入 0.3% 过氧乙酸溶液中，溶液须高于物品面 10 cm，浸泡 30 min 后捞出，用水冲洗后晾干。

2. 高压蒸煮消毒法

本法适用于怀疑污染炭疽杆菌、口蹄疫、沙门氏菌、布鲁氏菌污染的骨、蹄和角。方法是将骨、蹄和角放入高压锅内，蒸煮至骨脱胶或脱脂时为止。

3. 甲醛水溶液浸泡消毒法

本法适用于可疑污染一般病原微生物的骨、蹄和角。方法是将待消毒的骨、蹄、角浸入新配制的 1% 甲醛溶液中 30 h 后捞出，用水冲洗后晾干。

4. 喷洒消毒法

本法用于未消毒的骨、蹄和角的外包装。消毒时，先将骨、蹄和角外包装堆积 20～30 cm 厚，用含有效氯 3%～5% 的漂白粉溶液、3%～5% 的来苏儿溶液、4% 克辽林溶液、60 mg/L 次氯酸钠溶液、新鲜配制的 0.3% 过氧乙酸溶液进行喷雾消毒。

毛皮夏季消毒时可在消毒液中加 0.3%～0.5% 的敌敌畏，以杀灭其内的蝇蛆害虫。消毒后待药液干后即可包装调运。

三、动物产品外包装的消毒

动物产品外包装的消毒往往容易被人们忽视，而外包装材料，尤其是反复使用的包装材料上，含有大量的微生物。动物产品外包装上的微生物主要是细菌和霉菌（还有一些昆虫虫卵）等。这些微生物可通过包装材料污染动物产品，影响人畜健康。因此，对动物产品外包装材料进行消毒不容忽视。通常用来作为动物产品及其加工产品的包装材料有纸箱、木箱、塑料箱、聚乙烯薄膜、铝箔、聚乙烯复合膜等。消毒这些包装材料时，应根据材料性质，选择合适的消毒方法。

1. 浸泡法

耐腐蚀、耐湿的包装材料，如塑料箱等可使用此法消毒。常用 0.04%～0.2% 过氧乙酸溶液或 1%～2% 氢氧化钠溶液，浸泡 2～10 min。

2. 喷雾法

对木箱、塑料箱等，可用 0.05%～0.5% 的过氧乙酸进行喷雾消毒，喷雾后密闭 1～2 h。

3. 熏蒸法

对聚乙烯薄膜、铝箔、纸箱、木箱等，可用福尔马林、过氧乙酸或二氧化氯进行熏蒸消毒。每立方米用福尔马林 46 mL，作用 4 h；过氧乙酸 30 mL，作用 1 h；二氧化氯 4 g，作用 3 h，可杀灭细菌和病毒。

动物产品外包装的消毒，除使用上述的消毒方法外，还可使用物理消毒方法，如紫外线照射、阳光曝晒等。此外，对包装填充物（如木屑、纸屑等）也应进行消毒。

第十二节　屠宰加工企业消毒技术

屠宰加工企业即将宰杀的畜禽来自四面八方，健康状况复杂，不可避免地存在一些隐性感染或患病畜禽。此外，畜禽体表和肠道存在大量的微生物，可通过屠宰加工过程污染肉品，影响肉品卫生质量；屠宰加工中所产生的废污水，又能污染屠宰场及周围环境。因此，做好屠宰加工企业的消毒工作，对保障人民食肉的卫生和安全、避免污染、做好公共卫生、控制疫病传播等有着重要的意义。

一、屠宰场（点）的消毒

（一）污水消毒

屠宰场日常生产中要使用大量的水，水的质量直接影响到肉品及其他副产品的质量。因此，必须重视屠宰场用水的卫生，其总的要求应符合饮用水的标准。此外，屠宰场在烫毛、解体、开膛、劈半、清洗胃肠和冲洗设备、地板、圈舍等操作过程中可产生大量的污水，其中含有血、毛、油酯、碎骨肉及胃内饲料和肠道粪便等，这些污水在排放前应进行消毒处理，以防污染周围环境，散播病原，造成疫病流行和影响公共卫生。

屠宰场污水处理应根据日宰杀量及污水排放量的多少选用适宜的方法进行。如屠宰畜禽数量和污水排放量较小时，一般可采用沉淀发酵池连续交替处理法，可在离屠宰场一定距离的地方并排建造 2～4 个沉淀发酵池，一般冬季经 1 个月、夏季经 10 天左右发酵即可达到处理目的。如日宰杀量及污水排放量较大时，整个污水处理装置应由污水沉淀地、Ⅰ级过滤池、Ⅱ级过滤池、滤液接触消毒池几个部分组成。污水沉淀池的主要作用是将屠宰场污水通过栅栏网板流入池内，经一定时间沉淀，去除水中部分漂浮物质和大块固体物质。由污水沉淀池通过沉淀后的上层污水，经过废水提升泵扬程，再经管道进入Ⅰ级过滤池进行过滤。污水通过Ⅰ级过滤后，用多孔的管子引入装有滤料的Ⅱ级过滤池过滤。经过沉淀和过滤后的污水再通入接触消毒池，加入消毒剂，使之与污水充分混合发生作用，以提高污水处理和消毒效果。

（二）用具、场地消毒

屠宰加工和分割工作前后，必须对刀具、台案、机器、通道、排污沟、地面、墙裙、工作服、手套、围裙、胶靴等进行彻底洗刷消毒。屠宰和检验刀具每天洗净、煮沸消毒后浸入0.1%新洁尔灭溶液内或用0.5%过氧乙酸、60 mg/L次氯酸钠溶液浸泡消毒。每周末进行一次全面消毒，用含有效氯5%～6%的漂白粉溶液或1%～2%热氢氧化钠溶液或2%～4%的次氯酸钠溶液对地面、墙裙进行喷雾（洒）消毒。工作人员的手清洗后用75%的酒精擦拭或用0.025%的碘溶液洗手。胶靴、围裙等橡胶制品，用2%～5%福尔马林溶液进行擦拭消毒，工作服、口罩、手套等进行煮沸消毒。

屠宰场的贮畜场、候宰圈、病畜隔离舍、急宰车间及运输工具等也应定期进行严格消毒。

二、屠宰车间的消毒

消毒时可用1%～2%的氢氧化钠（烧碱）溶液或2%～4%的次氯酸钠溶液进行喷洒，保持1～4 h后，用水冲洗。这些消毒剂对病毒性传染病的消毒效果好，且经济实用，如在1%氢氧化钠溶液中加入5%～10%食盐时，不仅能在短时间内杀灭猪瘟病毒、猪丹毒杆菌、猪巴氏杆菌等病原体，还可提高对炭疽杆菌的杀灭能力，并且具有去除油污作用。例如，器械可用83 ℃热水消毒或0.015%的碘溶液消毒。0.025%的碘溶液无刺激、无气味、无染色性，具有较强的清洗效力，可用于工作人员洗手消毒。工作人员也可用25%酒精擦拭消毒双手。胶鞋、围裙等橡胶制品，用2%～5%的福尔马林溶液进行擦拭消毒，工作服、口罩、手套等应煮沸消毒。

临时性消毒是在生产车间发现炭疽等恶性传染病或其他疫病的情况下进行的、以消灭特定传染性病原为目的的消毒。具体要根据疫病的具体性质采用相应的有效消毒药剂，同时药品的有效剂量和消毒时间，均要依据消毒的范围和被污染的部分和物件情况确定。如对能形成芽孢的细菌如炭疽杆菌，应用10%的氢氧化钠热水溶液或10%～20%的漂白粉溶液进行消毒，也可用2%的戊二醛溶液进行消毒。对病毒性疾病的消毒，多采用3%氢氧化钠溶液喷洒消毒。

三、冷藏设备的消毒

冷库、冰柜、冰箱常用来低温保藏肉品、生物制品等，极易被微生物污染。被病原微生物污染的冷库、冰柜、冰箱其中贮存的肉品也易受到污染，并可随着肉品的发出而传播疫情。此外，由于肉食品存放时间过长或腐败变质、包装材料的霉变等，冷库、冰柜、冰箱中常会产生一些不愉快的气味，因此，定期或临时对冷库、冰柜、冰箱进行消毒和除霉是极为重要的。

（一）冷库消毒

冷库消毒方法有两种：一种是不升温，对已搬空的库房在低温条件下进行消毒，这种方法多用在发生疫情时的临时消毒；另一种是将冷库内全部搬空，升高温度清除地面、墙壁、管道、顶板上的污物，然后进行消毒，这种方法一般是定期进行的。

由于冷库内温度较低，会减弱消毒剂的作用，故在冷库消毒时须用温度较高的消毒液，并注意防止冻结，消毒前应先将冷库打扫干净，使用的消毒剂应无毒、无异味，不腐蚀冷库内的设施。消毒完毕后应打开库门，通风换气，驱除消毒剂的气味。

1. 临时消毒

临时消毒一般是在库内肉品搬空后，采用不升温，在低温条件下进行过氧乙酸和福尔马林熏蒸消毒。临时消毒通常使用下列化学药品进行消毒。

过氧乙酸：按每立方米空间 1～3 g，配成 3%～5% 的溶液（为了防冻，可在其中加入乙酸、乙二醇等有机溶剂），加热熏蒸，密闭 1～2 h；或用 0.05%～0.5% 的浓度进行喷雾，喷雾后密闭 1～2 h。

福尔马林：应用其蒸汽消毒库房，有效浓度为 1～3 mg/m³，空气相对湿度 60%～80%。在低温冷库，采用每立方米空间用 15～25 mL 甲醛，加入用沸水稀释成 10%～20% 的高锰酸钾，置于铝锅中，任其自然发热蒸发。也可将定量的福尔马林装在密闭铁桶内放在库外，在铁桶上面接一橡皮管通至库房内，然后在铁桶下面加热，使福尔马林蒸汽通过橡皮管进入库房。

2. 定期消毒

定期消毒应事先做好计划，做好准备工作。消毒前先将库房内的食品全部搬空，升高温度，用机械方法消除地面、墙壁、顶板上的污物和排水管上的冰霜，在霉菌生长的地方应用刮刀或刷子仔细清除。还要准备好足够的消毒药物、工具、容器以及消毒人员的防护用品。冷库消毒时不能使用剧毒、有气味的药物。定期消毒通常使用下列化学药品：

用 5%～20% 漂白粉澄清液（含有效氯 0.3%～0.4%）喷洒库内或与 20% 石灰乳混合后粉刷冷库墙壁。

用 0.5% 洗必泰刷洗库房污物，消毒库房内壁。

用 2%～4% 的次氯酸钠溶液加入 2% 碳酸钠，喷雾或喷洒在库房内，密闭 2 h 后通风换气。

用 8%～12% 的福尔马林溶液喷雾消毒。

用乳酸按每立方米库房空间 3～5 mL 粗制乳酸，加水 1～2 倍，放在瓷盘内，置于酒精灯上加热蒸汽消毒，密闭 30 min，具有消毒除霉作用。

用柠檬酸消毒冷库，也有较好效果，尤其在口蹄疫病毒污染冷库时，效果更好。

将 30% 石灰、10% 氯化苯甲烃铵和 5% 的食盐水混合后喷刷在冷库内墙壁上，杀菌除霉效果显著，并有去臭作用。

用 0.1% 乙内酰脲溶液按每立方米空间 0.1 kg 喷雾。

用 2% 羟基联苯酸钠溶液喷洒墙壁或者在刷白混合剂内加入 2% 的羟基联苯酸钠后涂刷墙壁，用于库房严重发霉时的除霉。注意不能与漂白粉相混，否则易使墙壁变成褐红色。

用 5%～10% 的过氧乙酸水溶液，按每立方米空间 0.25～0.5 mL 电热熏蒸或超低容量喷雾器喷雾。喷雾时工作人员应戴防护面具。用于低温冷库时可用乙二醇和乙醇有机溶剂防冻。

用硫酸铜 2 份，钾明矾 1 份混合，将混合物 1 份加 9 份水溶解，再加 7 份石灰粉刷墙壁可防霉菌污染，注意：石灰应临用时加。

除上述药物外，季铵盐、丙酸盐等也可用作冷库的杀菌除霉。紫外线有时也具有杀菌除霉作用。

应该注意的是，在使用漂白粉、乳酸、福尔马林、次氯酸钠等消毒冷库时，应将库门紧闭。作用一定的时间后，再打开库门，通风换气，以驱散消毒药的气味。用福尔马林消毒时，消毒完毕后可将一盆氨水放在库内用以吸收残留的福尔马林气味。

（二）冷库除臭

清除冷库内的异味和臭味，除了通风换气和氨水吸收外，还可使用臭氧。臭氧具有强烈的除臭杀菌作用，用前最好将库内物品全部搬出，按每立方米空间 40 mg 的量通入臭氧。冷库内贮存物品时，使用臭氧消毒除臭的用量为每立方米空间：肉类食品 2 mg、鱼类食品 1～2 mg、蛋类 3 mg、果蔬类 6 mg。但含脂肪多的肉食品不得使用臭氧除臭，以免引起脂肪变质。

（三）冰柜、冰箱消毒

冰柜和冰箱的消毒一般定期进行，每月 1 次。消毒时，先切断电源，取出内存物品，然后用抹布沾取消毒液擦拭，使用的消毒液及其浓度可参考冷库消毒方法，作用一定时间后，再用清水抹布擦干净，驱散消毒液气味后再放入贮存物品。

四、废弃品的化制消毒

肉联厂的废弃品是指在屠宰加工和胴体加工过程中产生的不符合兽医卫生要求的下脚料。除了因病死亡的动物尸体外，还包括各种有病变的组织器官及腺体、碎肉等。这些废弃品不仅外观性状不良，更主要的是它们大多携带各种病原微生物，必须经高温高压化制处理消灭病原体后，才可作为工业用或用作肥料。根据设备条件的不同，废弃品的化制方法有如下几种。

1. 土灶炼制法

在条件较差的小型屠宰场，废弃品较少，可采用土灶炼制法。这种方法成本低，不需要复杂的化制设备。但生产性能低，产品质量差，由于锅内温度不可能升得很高，因而成品容易发生再污染。所以，不能用于化制恶性传染病的病尸。

炼制时，先将肉切成 5 kg 左右的肉块，放入普通大铁锅内熬煮和熔炼，待肉煮烂后，分离其油脂作工业用，肉渣在没有病菌污染的情况下可供作饲料。熬煮时，开锅后用中等火力熬约 6 h。

2. 焚化法

是用火焚毁病畜尸体及废弃物品的方法。采取焚化法，可彻底杀灭病原微生物。焚化处理一般是在焚尸炉进行，焚化的对象主要是患恶性传染病的动物尸体。若没有焚尸炉时，也可将病尸体架在土坑上焚烧，即土坑焚尸法。这样做的缺点是不容易完全烧成灰烬，有时起不到消灭病原体的目的，操作不当，还有散布传染源的可能。若确因条件所限，只能用土法焚烧时，应在兽医的严格监督下进行焚烧后就地掩埋。

3. 干化法

是采用干化机进行化制处理，使废弃物在化制机内受干热与压力的作用而杀灭病原微生物，达到无害化处理的目的。在一般大型肉联厂多采用此法进行化制处理，干化法处理时需将被处理品切碎，不能直接化制大块的原料和不解体的尸体，因此，不能用于处理化制患恶性传染病的尸体。

4. 湿化法

是利用湿化机进行化制处理。湿化机实际上相当于一个大型的高压蒸汽消毒器，其容量一般为 2～3 t，有的可容 4～5 t，大动物尸体可不经解体直接投入湿化机内处理。

湿化机的工作原理是利用高压饱和蒸汽直接作用于动物尸体，用湿热将油脂熔化、蛋白质凝固，同时在高温高压作用下，病原微生物被杀灭。在一般大型肉联厂都应配备湿化处理机，以有效地处理因患恶性传染病而死的大型家畜全尸，在彻底消灭传染源的同时，又可废物利用，提取工业用油脂和肥料用油渣。

肉联厂废弃物品及病死畜禽的尸体化制处理必须在兽医的监督下进行。凡来自炭疽、牛瘟、鼻疽、气肿疽、狂犬病、恶性水肿、羊肠毒血症、羊快疫、马传染性贫血、马流行性淋巴管炎、绵羊蓝舌病、野兔热等恶性传染病的尸体一律禁止剥皮、解体，只准全尸化制或焚毁。化制工作应及时，废弃物及尸体送到化制车间后停留时间不得超过 2 d，尤其是传染病的尸体，更应及时处理化制，以消灭传染源，杜绝传染。化制完毕后，所有被污染的场地、车辆、用具、胶靴、工作服、工作帽、操作人员的手，都必须进行认真消毒。所有的化制产品在运出化制车间前必须经兽医卫生检验合格后方可发出。对各种成品尤其是骨肉粉、蛋白质等应进行细菌学检查，在保证成品完全灭菌、无传染性、无毒、无害的前提下方可发出。

另须注意的是：废弃物品尤其是病畜尸体向化制车间（站）搬运以及在化制车间（站）内搬运时，均应严格消毒，防止污染和扩散病原。必须用密闭、不透水且便于消毒的专用车辆进行搬运。所有搬运车辆及工具使用后都必须彻底清洗和消毒。

五、发现炭疽后的卫生消毒及防制措施

（1）屠宰后发现炭疽时，应立即停止生产，封锁现场，工作人员不得任意走动，避免扩大污染。同时对患畜进行会诊和细菌学检查，并划出污染范围加以控制。其同群牲畜应严格进行宰前细菌学检验，如发现恶性传染病时，应采取不放血的方法扑杀后作工业用或销毁，不得屠宰。

（2）为了防止病原菌的扩散，应将所有未与炭疽畜肉接触的肉尸和内脏迅速从车间内运走。将患畜和判定被污染的肉尸及其产品，分别装入不漏水的容器内，加盖后移出车间至指定地点。所有被污染的血液集中装入铁桶移出车间。

（3）随即对现场进行彻底消毒。屠宰车间的地面、设备和离地 2 m 以内的墙壁，所有被炭疽病畜停留或经过的畜圈和场院，20% 的漂白粉溶液（漂白粉应含有 25% 的有效氯，澄清的溶液应含有 5% 以上的有效氯，每平方米用 1 kg 溶液）或 10% 火碱溶液，或 5% 甲醛溶液消毒。清除所有的粪便和污物并焚毁。金属器械和用具应用 0.5% 碱水在有盖锅内煮沸 30 min。工作人员应进行消毒。必须注意，所有消毒工作应于屠宰后 6 h 之内完成。

（4）凡与炭疽病畜或病畜肉接触过的人员，必须接受卫生防护。

（5）当发现炭疽时，只有在保证消灭传染源的一切措施实行之后，方能恢复屠宰。在未达到充分消毒、清扫和洗刷之前不得继续屠宰。

第十三节　疫源地消毒防疫技术

疫源地是指传染源及其排出的病原体所波及的地区，它包括传染源、被污染的畜禽舍、牧地、活动场所以及这个范围内的可疑畜群和储存宿主。疫源地能不断向外界扩散和传播病原体，威胁其他地区和安全。做好疫源地消毒是防止传染病发生和流行、控制和扑灭传染病的重要措施之一。其主要目的是消灭病畜所散布的病原，病畜禽所在的畜禽舍、隔离场地、排泄物、分泌物及被病原微生物污染和可能被污染的一切场所、用具和物品等都是消毒的重点。

一、相关概念

（1）疫点（Epidemic spot）：指经国家指定的检测部门检测确诊为发生了一类传染病疫情的养殖场/户、养殖小区或其他有关的屠宰加工、经营单位；如为农村散养，则应将病畜禽所在的自然村划为疫点。

（2）疫区（Epidemic area）：指以疫点为中心，半径 3 km 范围内的区域。疫区划分时注意考虑当地的饲养环境和天然屏障（如河流、山脉等）。

（3）受威胁区（Menaced area）：指疫区外延 5 km 范围内的区域。

（4）无害化（Bio-safety disposal）：用物理、化学或生物学等方法处理病畜禽及其产品和其附属物品，不仅消灭病原微生物，而且要消灭它分泌排出的有生物活性的毒素，同时消除对人畜具有危害的化学物质。

（5）销毁（Destroy）：将病畜禽尸体及其产品或其附属物进行焚烧火化等处理，以彻底消灭它们所携带的病原体。

（6）紧急防疫消毒（Emergency disinfection-for epidemic）：在一类传染病疫情发生后至解除封锁前或在疫情稳定后的一段时间内，对养殖场以及畜禽的排泄物、分泌物及其污染的场所、用具等及时进行的防疫消毒措施。其目的是为了消灭由传染源排泄在外界环境中的病原体，切断传播途径，防止一类传染病的扩散蔓延，把传染病控制在最小范围并就地消灭。

（7）防护装备（Safeguard）：专用于现场消毒人员防护穿戴的防护服、口罩、胶靴、手套、护目镜等。

二、疫源地消毒

（一）疫源地的消毒原则

1. 时间要早

疫源地实施消毒的时间越早越好。一般情况下，县级动物卫生防疫监督机构接收到动物疫情快报，应在 6～12 h 内实施消毒，其他动物疫病在 12～48 h 内实施消毒。消毒持续时间应根据动物疫病流行情况及病原体监测结果确定。根据国家《动物疫情报告管理办法》，有下列情形之一的必须快报：发生一类或者疑似一类动物疫病；二类、三类或者其他动物疫病呈暴发性流行；新发现的动物疫情；已经消灭又发生的动物疫病。县级动物卫生防疫监督机构和国家动物疫情测报点确认发现上述动物疫情后，应在 24 h 内报至全国畜牧兽医总站。全国畜牧兽医总站应在 12 h 内报国务院畜牧兽医行政管理部门。

2. 范围要大

消毒的范围应包括可能被传染病动物排出病原体污染的范围或根据疫情监测的结果确定。一般情况下，疫区和疫点都是消毒范围，且尽可能大。对疑似疫源地按疑似疫源地进行消毒处理。不明原因的，应根据流行病学特征确定消毒对象和范围，采取严格的消毒方法进行处理。

3. 方法要好

疫源地消毒方法应根据消毒因子的性能、消毒对象及病原体种类等具体情况而选择，尽量避免破坏消毒对象和造成环境污染，在消毒时应注意以下问题。

（1）根据消毒对象的性质选择消毒方法。

消毒排泄物、分泌物、垃圾等废弃物时，只需考虑消毒效果。而消毒那些有价值的物品时，则应注意既不损坏被消毒物品，又要保证确实的消毒效果，如金属笼具等不能使用具有腐蚀性的消毒剂等；对饲槽、饮水器等的消毒，不宜使用有毒的化学消毒剂；对含有大量的有机物的环境及污物消毒时，不但消耗消毒剂，而且由于蛋白质的凝固而对微生物起保护作用，故不宜用凝固蛋白质性能强的消毒剂。垂直光滑的表面，喷洒药物不易滞留，应用消毒液冲洗或擦洗；粗糙的表面，易于滞留药物，可进行消毒液喷雾处理。

（2）根据消毒现场的特点选择消毒方法。

疫点或疫区的环境条件，如消毒现场的水源、畜禽舍的密闭性能、畜禽舍内有无畜禽等，对选择消毒方法及消毒效果有很大影响。在水源丰富地区的疫源地，可采用消毒液喷洒；缺水地区，则应用粉剂消毒剂撒布。畜禽舍密闭性好时，可用熏蒸法；密闭性差时，可用消毒液喷洒。畜禽舍内有动物时，则应选择毒性及刺激性较小的消毒剂等。

4. 杀虫、灭鼠

疫源地内的吸血昆虫、老鼠在疫病传播上具有重要作用，在对疫源地实施消毒的同时，应配合做好杀虫、灭鼠工作。

（二）疫源地的消毒程序

（1）消毒人员在接收到疫源地消毒通知后，应立即检查所需消毒工具、消毒剂和防护用品，做好一切准备工作，并迅速赶赴疫点实施消毒工作。

（2）消毒人员到达疫点了解动物发病及活动场所情况，禁止无关人员进入消毒区域。

（3）更换工作服（隔离服）、胶鞋，戴上口罩、帽子，必要时戴上防护眼镜。

（4）丈量消毒面积或体积，配制消毒药。

（5）消毒时，先消毒有关通道，然后再对疫点或疫区各区域进行消毒。消毒时应先上后下，先左后右，从里到外，按一定顺序进行。

（6）消毒完毕后，及时将衣物脱下，将脏的一面卷在里面，连同胶鞋一起放入消毒液桶内，进行彻底消毒。

（三）疫源地的消毒对象

疫源地的消毒对象包括病畜禽所在的房舍、隔离场地、病畜禽尸体、排泄物、分泌物及被病原体污染和可能被污染的一切场所、用具和物品等。疫源地消毒对象的选择，应根据所发生传染病的传播方式及病原体排出途径的不同而有所侧重，在实施消毒的过程中，应抓住重点，保证疫源地消毒的实际效果。如肠道传染病，消毒对象主要是病畜禽排出的粪便，以及被其污染的物品、场所等；呼吸道传染病，则主要是消毒空气、分泌物及污染的物品等。

（四）疫源地消毒技术

疫源地常规消毒程序为：5%的氢氧化钠溶液或10%的石灰乳溶液对养殖场的道路、畜舍周围喷洒消毒，每天一次；15%漂白粉溶液、5%的氢氧化钠溶液等喷洒畜舍地面、畜栏，每天一次。带畜（禽）消毒，用1∶400的益康溶液、0.3%农家福，0.5%~1%的过氧乙酸溶液喷雾，每天一次；粪便、粪池、垫草及其他污物化学或生物热消毒；出入人员脚踏消毒液，紫外线等照射消毒。消毒池内放入5%氢氧化钠溶液，每周更换1~2次；其他用具、设备、车辆用15%漂白粉溶液和5%的氢氧化钠溶液等喷洒消毒；疫情结束后，进行全面的消毒1~2次。此外，对不同消毒对象应采用不同的方法。

1. 排泄物和分泌物的消毒

患病畜禽的排泄物（粪、尿、呕吐物等）和分泌物（脓汁、鼻液、唾液等）中含有大量的病原体及有机物，必须及时、彻底地进行消毒。消毒排泄物和分泌物时，常按其量的多少用加倍量的10%~20%漂白粉或乳液或1/5量的漂白粉干粉与其作用2~6 h，也可使用0.5%~1%的过氧乙酸或3%~6%的来苏儿作用1 h。

2. 饲槽、水槽、饮水器等用具的消毒

使用化学药物消毒时，宜选用含氯制剂或过氧乙酸，以免因消毒剂的气味影响畜禽采食或饮水。消毒时，通常是将其浸于1%~2%漂白粉澄清液或0.5%的过氧乙酸中作用30~60 min，或将其浸于1%~4%的氢氧化钠溶液中6~12 h。消毒后应用清水将饲槽、水槽、饮水器等冲洗干净。对饲槽、水槽中剩余的饲料、饮水等也应进行消毒。

3. 畜禽舍、运动场的消毒

密闭性能好的畜禽舍，可使用熏蒸法消毒；密闭性能差的畜禽舍以及运动场所，可使用消毒液喷洒消毒。在消毒墙壁、地面时，必须保证所有地方都喷湿。在严重污染的地方应反复喷洒2~3次，或掘地30 cm，将表层土拌以漂白粉，埋入后盖以干净泥土压实。

4. 病死畜禽尸体的处理

合理安全地处理尸体，在防止畜禽传染病和维护公共卫生上都有重大意义。病死畜禽尸体处理的方法有掩埋、焚烧、化制和发酵四种，具体方法参照本章第八节（畜禽尸体消毒处理技术）。

进行疫源地消毒时，工作人员应注意防止疫情扩散及自身感染，消毒操作时应穿工作服，不得吸烟、饮食。所有的消毒工具均须用消毒液浸泡或擦拭，然后清洗擦干，最后工作人员应洗手消毒。

传染病疫源地内各种污染物的消毒方法及消毒剂参考剂量详见表3-7。

表 3-7　疫源地污染物的消毒方法及消毒剂参考剂量

污染物	消毒方法及消毒剂参考剂量	
	细菌性传染病	病毒和真菌性传染病
空气	（1）甲醛熏蒸，福尔马林用量 12.5～25 mL/m³，作用 12 h（加热法）。 （2）2% 过氧乙酸熏蒸，用量 1 g/m³，作用 1 h（20 ℃）。 （3）0.2%～0.5% 过氧乙酸，或 3% 来苏儿喷雾，30 mL/m³，作用 30～60 min。 （4）紫外线 60 000 μW·s/cm²	（1）甲醛熏蒸，福尔马林用量 25 mL/m³，作用 12 h（加热法）。 （2）过氧乙酸熏蒸，用量 3 g/m³，作用 90 min（20 ℃）。 （3）0.5% 过氧乙酸或 5% 漂白粉澄清液喷雾，作用 1～2 h。 （4）乳酸熏蒸，用量 10 mg/m³，加水 1～2 倍，作用 30～90 min。 （5）紫外线 100 000 μW·s/cm²
排泄物（粪、尿、呕吐物等）	（1）成形粪便加 2 倍量的 10%～20% 漂白粉乳液，作用 2～4 h。 （2）对稀便，可直接加漂白粉，用量为粪便的 1/5，作用 2～4 h	（1）成形粪便加 2 倍量的 10%～20% 漂白粉乳液，充分搅拌，作用 6 h。 （2）对稀便，可直接加漂白粉，用量为粪便的 1/5，充分搅拌，作用 6 h。 （3）尿液每 1 000 mL 加漂白粉 3 g 或次氯酸钙 2 g，充分搅拌，作用 2 h
分泌物（鼻涕、唾液、脓汁、乳汁、穿刺液等）	（1）加等量 10% 漂白粉或 1/5 量干粉作用 1 h。 （2）加等量 0.5% 过氧乙酸作用 30～60 min。 （3）加等量 3%～6% 来苏儿，作用 1 h	（1）加等量 10%～20% 漂白粉服液（或 1/5 量的干粉），作用 2～4 h。 （2）加等量的 0.5%～1% 过氧乙酸或二氯异氰尿酸钠，作用 30～60 min
饲槽、水槽饮水器等	（1）0.5% 过氧乙酸浸泡 30～60 min。 （2）1%～2% 漂白粉澄清液浸泡 30～60 min。 （3）0.5% 季铵盐类消毒浸泡 30～60 min。 （4）1%～2% 的氢氧化钠热溶液浸泡 6～12 min	（1）0.5% 过氧乙酸浸泡 30～60 min。 （2）3%～5% 漂白粉澄清液浸泡 30～60 min。 （3）2%～4% 的氢氧化钠热溶液浸泡 6～12 h
工作服、被单等织物	（1）高压蒸气灭菌，121 ℃ 15～20 min。 （2）煮沸 15 min（加 0.5% 肥皂）。 （3）甲醛 25 mL/m³，作用 12 h。 （4）环氧乙烷熏蒸，用量 800 mg/L，作用 4～6 h（20 ℃）。 （5）过氧乙酸熏蒸，用量 1 g/m³，作用 60 min（20 ℃）。 （6）2% 漂白粉澄清液或 0.3% 过氧乙酸或 3% 来苏儿浸泡 30～60 min。 （7）0.02% 碘伏浸泡 10 min	（1）高压蒸气灭菌，121 ℃，30～60 min。 （2）煮沸 15～20 min（加 0.5% 肥皂）。 （3）甲醛 25 mL/m³，作用 12 h。 （4）环氧乙烷熏蒸，用量 800 mg/L，作用 4～6 h（20 ℃）。 （5）过氧乙酸熏蒸，用量 3 g/m³，作用 90 min（20 ℃）。 （6）2% 漂白精澄清溶液浸泡 1～2 h。 （7）0.3% 过氧乙酸浸泡 30～60 min。 （8）0.03% 碘伏浸泡 15 min
书籍、文件纸张等	（1）环氧乙烷熏蒸，用量 800 mg/L，作用 4～6 h（20 ℃）。 （2）甲醇熏蒸，福尔马林用量 25 mL/m³，作用 12 h	同左

续表 3-7

污染物	消毒方法及消毒剂参考剂量	
	细菌性传染病	病毒和真菌性传染病
用具	（1）高压蒸气灭菌。 （2）煮沸 15 min。 （3）环氧乙烷熏蒸，用量 800 mg/L，作用 4～6 h（20 ℃）。 （4）甲醛熏蒸，福尔马林用量 50 mL/m³，作用 1 h（消毒间）。 （5）0.2%～0.3% 过氧乙酸，1%～2% 漂白粉澄清液，3% 来苏儿、0.5% 季铵盐类消毒剂浸泡或擦拭，作用 30～60 min。 （6）0.01% 碘伏浸泡 5 min	（1）高压蒸气灭菌。 （2）煮沸 30 min。 （3）环氧乙烷熏蒸，用量 800 mg/L，作用 4～6 h（20 ℃）。 （4）甲醛熏蒸，福尔马林用量 125 mL/m³，作用 3 h（消毒间）。 （5）0.5% 过氧乙酸或 5% 漂白粉澄清液浸泡或擦拭，作用 30～60 min。 （6）5% 来苏儿浸泡或擦拭，作用 1～2 h。 （7）0.05% 碘伏浸泡 10 min
畜禽舍、运动场及舍内用具	（1）污染草料与畜粪集中焚烧。 （2）畜圈四壁用 2% 漂白粉澄清液喷雾（200 mL/m²），作用 1～2 h。 （3）畜圈与野外地面，喷洒漂白粉 20～40 g/m²，作用 2～4 h（30 ℃）；1%～2% 氢氧化钠溶液，5% 来苏儿溶液喷洒，1 000 mL/m²，作用 6～12 h。 （4）甲醛熏蒸，福尔马林用量 12.5～25 mL/m³，作用 12 h（加热法）。 （5）2% 过氧乙酸熏蒸，用量 1 g/m³，作用 1 h（20 ℃）。 （6）0.2%～0.5% 过氧乙酸，3% 来苏儿喷雾或擦拭，作用 1～2 h	（1）污染草料与畜粪集中焚烧。 （2）畜圈四壁用 5%～10% 漂白粉澄清液喷雾（200 mL/m²），作用 1～2 h。 （3）畜圈与野外地面，喷洒漂白粉 20～40 g/m²，作用 2～4 h（30 ℃）；2%～4% 氢氧化钠溶液氢氧化钠溶液、5% 来苏儿溶液喷洒，1 000 mL/m²，作用 12 h。 （4）甲醛熏蒸，福尔马林用量 25 mL/m³，作用 12 h（加热法）。 （5）过氧乙酸熏蒸，用量 3 g/m³，作用 90 min（20 ℃）。 （6）0.5% 过氧乙酸或 5% 漂白粉澄清液喷雾或擦拭，作用 2～4 h。 （7）5% 来苏儿喷雾或擦拭，作用 1～2 h
运输工具	（1）1%～2% 漂白粉澄清液或 0.2%～0.3% 过氧乙酸，喷雾或擦拭 30～60 min。 （2）3% 来苏儿或 0.5% 季铵盐类消毒剂喷雾或擦拭 30～60 min。 （3）1%～2% 氢氧化钠溶液喷洒或擦拭，作用 1～2 h	（1）5%～10% 漂白粉澄清液或 0.5%～1% 过氧乙酸，喷雾或擦拭 30～60 min。 （2）5% 来苏儿喷雾或擦拭，作用 1～2 h。 （3）2%～4% 氢氧化钠溶液喷洒或擦拭，作用 2～4 h
医疗器械玻璃金属制品	（1）过氧乙酸 1% 浸泡 30 min。 （2）碘伏 0.01% 浸泡 30 min，蒸馏水冲洗	同左
手	（1）0.02% 碘伏洗手 2 min，清水冲洗。 （2）0.2% 过氧乙酸 2 min。 （3）70%～75% 乙醇、50%～70% 异丙醇洗手 5 min。 （4）0.05% 洗必泰、0.1% 新洁尔灭 5 min	（1）0.5% 过氧乙酸洗手，清水冲洗。 （2）0.05% 碘伏洗手 2 min，清水冲洗

三、发生 I 类传染病后的消毒防疫

根据动物疫病对养殖业生产和人体健康的危害程度，《中华人民共和国动物防疫法》规定一类传染病是指对人畜危害严重，需要采取紧急、严厉的强制预防、控制、扑灭措施的疾病。1999 年中华人民共和国农业部第 96 号公告中公布的一类动物疫病有：口蹄疫、猪水泡病、猪瘟、非洲猪瘟、非洲马瘟、牛瘟、牛传染性胸膜肺炎、牛海绵状脑病、痒病、蓝舌病、小反刍兽疫、绵羊痘和山羊痘、禽流行性感冒（高致病性禽流感）、鸡新城疫。

世界动物卫生组织在《国际动物卫生法典 2002》中规定的 A 类疫病有：口蹄疫（Foot and mouth disease）、水泡性口炎（VesictIlar stomatitis）、猪水泡病（Swine vesicular disease）、牛瘟（Rinderpest：）、牛传染性胸膜肺炎（Contagious bovine pleuropneumonia）、结节性皮肤病（Lumpy skin disease）、裂谷热（Rift valley fever）、非洲马瘟（African horse sickness）、非洲猪瘟（African swine fever）、古典猪瘟（Classical swine fever）、蓝舌病（Bluetongue）、小反刍兽疫（Peste des petits ruminants）、绵羊痘和山羊痘（Sheep pox and goat pox）、高致病性禽流感（Highly pathogenic avian influenza）、新城疫（Newcastle disease）。

（一）疫点消毒

疫点消毒是对发生疫情的养殖场／户等的消毒。分为紧急防疫消毒和终末消毒两种。

1. 疫点的紧急防疫消毒

养殖场的清理和消毒可以按下列步骤进行：首先选用刺激性小的消毒药，如 0.3% 二氧化氯或 0.3% 过氧乙酸等溶液，在病畜圈舍内进行喷雾消毒；然后，采用不放血的方法将病畜禽集中扑杀，并清理出圈舍；接着，再用上述消毒液将病畜圈舍再普遍喷洒一遍，以免病原微生物随尘土飞扬造成更大的污染。消毒过程为：

（1）清理圈舍。

彻底将圈舍内的污物、粪便、垫料、剩余饲料等各种污物清理干净，将顶棚上的尘埃与蜘蛛网等清扫出圈舍，集中堆放到指定的地点，以便统一销毁作无害化处理。可移动的设备和用具也要搬出圈舍，集中堆放到指定的地点清洗、消毒后，暴晒。污染场地如为水泥地，则应用消毒液仔细刷洗；若系泥地，可先撒上干漂白粉后，将地面深翻 30 cm 左右，再撒上干漂白粉，漂白粉用量按 3～5 kg/m²，然后以水湿润、压平。污染场地若为土地，应首先用 1% 漂白粉溶液或 3%～5% 热氢氧化钠消毒药液喷洒，然后挖除 10 cm 深的表土后，再做第二次喷洒消毒，而后填进新土再喷洒消毒一次。挖出的土撒上干漂白粉消毒后用密封运输工具运送到发酵坑内作无害化处理。

（2）焚烧。

圈舍清扫后，用火焰喷射器对圈舍 2 m 以下的墙裙、地面、笼具等不怕燃烧的物品进行火焰消毒，特别是残存的皮毛、皮屑和粪便。

（3）冲洗。

对圈舍的墙壁、地面、笼具，特别是屋顶木梁柁架等，用高压水枪彻底冲洗干净，做到无垃圾和粪迹。

（4）喷洒消毒药物。

待圈舍地面水干后，用消毒液对地面和墙壁进行喷雾、喷洒等消毒，注意角落及物体的背面，喷洒药液每平方米地面 1.5～1.8 L。

（5）熏蒸消毒。

关闭门窗和风机，用甲醛或过氧乙酸密闭熏蒸，7 h 后打开门窗。按每立方米空间使用 40% 甲醛溶液 42 mL、高锰酸钾 21 g 对圈舍进行甲醛蒸汽消毒。

疫情发生 1 周内应每日喷雾或喷洒消毒两次，以后每周一次。经上述消毒后，将圈舍闲置至解除疫区封锁时再经终末消毒后，方可再接新的畜禽入舍。

养殖场内的金属设施设备的消毒，采取火焰、熏蒸等方式消毒。器械用具用 0.3% 二氧化氯溶液浸泡消毒 2 h。对养殖场内圈舍外场区各种道路和可能污染的场地要重点消毒，可用 3%~5% 氢氧化钠溶液或 0.3% 二氧化氯溶液每日喷洒消毒 1~2 次。养殖场内的饲料、垫料、粪便等污物应随病畜禽尸体一起置于指定地点堆积密封作焚烧无害化处理。疫点消毒时，所产生的污水应集中进行消毒无害化处理后，方可排放；也可直接在污水沟里投洒生石灰或漂白粉进行消毒。

疫点内办公区、饲养人员的宿舍、公共食堂、道路等场所，应每日喷洒消毒 1~2 次。

疫点内场区出入口的消毒池内应保持有足量的 3% 氢氧化钠消毒液，每天更换一次。

2. 疫点的终末消毒

在解除封锁前，疫区全场（户、小区）还应进行一次彻底消毒。消毒的方法基本与紧急防疫消毒相同。

用消毒药喷洒 2~3 遍。有条件的可进行消毒效果检测。

在疫区从事养殖生产、屠宰加工、产品运销、疫区防疫消毒以及其他与病畜禽有接触的工作人员在工作结束后，尤其在场内发生疫情时，处理工作完毕，必须经消毒后方可离开现场，以免引起病原在更大范围内扩散。所用衣物用消毒剂浸泡后清洗干净，其他物品都要用适当的方式进行消毒。消毒方法如下：将穿戴的工作服、帽、手套、胶靴及器械浸泡于有效化学消毒液中，工作人员的手及皮肤裸露部位用消毒液擦洗、浸泡一定时间后，再用清水清洗掉消毒药液。平时的消毒可采用消毒药液喷洒法，不须浸泡。直接将消毒液喷洒于工作服、帽上；工作人员的手及皮肤裸露处以及器械物品可用蘸有消毒液的纱布擦拭，而后再用水清洗。

（二）道路消毒

疫情发生后，应在疫区周围各级各类道路路口设立消毒站，对所有过往的车辆及可能污染的场地进行全面消毒。疫区污染的场地和公路消毒方法与疫点养殖场的场地、道路消毒采用相同方法。

（三）交通运输车辆的消毒

出入疫点、疫区的交通要道设立临时性消毒点，对出入人员、运输工具及有关物品进行消毒。疫区内所有可能被污染的运载工具如车厢、船只、用具等必须在兽医人员监督指导下进行严格消毒。消毒处理场所应设在指定地点，以防疫病的散布。车辆的外面、内部及所有角落和缝隙都应用冲洗消毒，不得留死角。运输工具的消毒程序如下。

1. 清扫

将车厢或船只在途中积聚的粪便、剩余残饲料及污物清扫干净，堆放到指定地点。

2. 清洗

用 80 ℃ 以上的热水清洗车厢。清洗时，自车厢内顶棚开始，渐及车厢内、外各部，直至洗出的水不呈粪黄色为止。

3. 喷洒消毒液

用 3% 热氢氧化钠喷洒消毒。车船内的用具物品也同时加以清洗、消毒。在消毒后 2 ~ 4 h 用热水洗刷后再行使用。若确定为装载过一类传染病的病畜禽的运输工具，其车厢或船只应先喷洒一遍消毒药后，再清扫除污。而且都应经过 2 次以上的消毒，并在每次消毒后再用热水清洗，两次间隔时间为 30 min。在最后一次消毒 2 ~ 4 h 后，用热水洗刷，再行使用。

4. 车体消毒

车体消毒重点是车轮和车体表面，应选择无腐蚀性的有效消毒药物对车轮及车体表面进行严格彻底的消毒，消毒药的用量应比在圈舍的消毒药量大 1 倍以上。从车辆上清理下来的垃圾和粪便应集中烧毁作无害化处理。

（四）畜禽集贸市场的消毒

疫区的集贸市场在疫情确定后，应立即停止畜禽及其产品交易，封锁集市，清除、隔离和销毁病畜禽。同时，应在当地畜禽检疫站的兽医人员监督指导下对出售的畜禽产品及其产品的存放场所货架器具、畜禽交易集散地点进行紧急防疫大消毒。首先，将病死畜禽或其产品的所在地的地面、笼具、饲槽、敞棚及其他被污染的地方进行喷洒消毒，清洗后，再喷洒消毒一次；出售肉品的案板、刀具等用 82 ℃ 以上的热水洗刷后，再用消毒液喷洒消毒；刮擦和清洗笼具等所有与病畜禽接触过的物品，喷洒消毒；用密封的运输工具将饲料和粪便等污物运致指定的地点作焚烧等无害化处理。所产生的污水也参照前面讲述的方法进行无害化处理。

（五）屠宰加工厂的消毒

在发生一类传染病时，疫区的屠宰加工厂（场）应立即停止生产加工，将所有畜禽产品清理移出车间，集中于指定的地点按规定进行无害化处理。对车间的地面及各工作台面、设备、用具及墙裙等先用 82 ℃ 热水清洗后，用 3% 热氢氧化钠或 4% 次氯酸钠溶液喷洒消毒，保持 1 ~ 4 h 后，再用清水冲洗。当车间内油污大时，可采用 3% 氢氧化钠溶液中加入 5% ~ 10% 食盐配成的溶液进行喷洒消毒。

若屠宰加工厂（场）为疫点，则应用消毒液进行两次以上的喷洒消毒，并适当加大消毒液的浓度。

屠宰加工工具和相关器械可用 82 ℃ 热水消毒或 0.015% 的碘溶液或 0.3% 的二氧化氯浸泡消毒 30 min 以上。

候宰区与病畜禽接触过的工具、饲槽，病畜禽通过的道路、停留过的笼舍的地面、墙裙、用具等均应进行彻底清洗消毒，消毒与车间的方法相同。厂区道路及运载工具等的消毒同上述方法。

屠宰加工厂（场）内所有畜禽及其产品或病畜禽的胴体、血污，病畜禽的分泌物、排泄物，残存的饲料、垫料等各种废弃污物都应在指定地点进行焚烧等无害化处理。以上消毒过程中所产生的污水也必须经无害化处理后方可排放。

在疫区被封锁期间，屠宰加工厂（场）不得投入生产。必须在疫区解除封锁、厂（场）区进行了终末消毒后，方可再投入屠宰加工生产。

（六）散养户的消毒

散养户养殖场地和圈舍消毒技术要求为：

（1）扑杀畜禽后，场地必须清洗消毒。

（2）在进行清洗消毒之前要穿戴好防护衣物。

（3）圈舍中的粪便应彻底清除，院子里散落的粪便应当收集，并做堆积密封发酵或焚烧处理。

（4）清理堆积粪便时应淋水，以免扬起粪尘。

（5）用消毒剂彻底消毒场地和圈舍，用过的个人防护物品如手套、塑料袋和口罩等应彻底销毁。

（6）可重复使用的物品须用去污剂清洗两次，确保干净。能消毒的要进行消毒处理。

（7）将工作人员扑杀畜禽时穿过的衣服，用 70 ℃ 以上的热水浸泡 5 min 以上，再用肥皂水洗涤，在太阳下暴晒。

（8）处理污物后要洗手、更衣、洗澡。

（七）受威胁地区的预防性消毒

应加强受一类传染病威胁区的预防消毒工作，养殖场、畜禽产品集贸市场、畜禽产品加工厂、交通运输工具等各种与畜禽流通相关的场所都应加强预防消毒工作，应适当增加日常消毒工作的次数和密度。养殖场场区及其道路应每日进行喷洒消毒 2 次。

（八）疫病病原感染人情况下的消毒

有些家畜疫病可以感染人并引起人的发病，如近年来禽流感在人群中的发生。当发生人感染疫情时，各级疾病控制中心除应协助农业部门针对疫情开展消毒工作，进行消毒效果评价外，还应对疫点和病人或疑似病人污染或可能污染的区域进行消毒处理。

（1）加强对疫点、疫区人员（居民、工作人员、往来人口）特别是感染疫病的人员的现场消毒指导，进行消毒效果评价。

（2）对病人的排泄物、病人发病时生活和工作过的场所、病人接触过的物品及可能污染的其他物品进行消毒。

（3）对病人诊疗过程中可能的污染，既要按肠道传染病又要按呼吸道传染病的要求进行消毒。

技能训练十六　灭鼠、杀虫

【实训目的】

掌握灭鼠、杀虫的基本方法。

【实训准备】

各种灭鼠药、毒饵、捕鼠夹、棉花球、铁锹、杀虫喷雾剂等。

【操作方法】

1. 灭鼠

大体上可分两类，即器械灭鼠法和药物灭鼠法。

（1）器械灭鼠法：即利用各种工具如关、夹、压、扣、套、挖（洞）、灌（洞）等不同方式扑杀鼠类。使用鼠笼、鼠夹之类工具捕鼠，应注意诱饵的选择、布放的方法和时间。诱饵以鼠类喜吃的为佳。捕鼠工具应放在鼠类经常活动的地方，如墙脚、鼠的走道及洞口附近。鼠夹应离墙 6.67～10 cm，与鼠道成"丁"字形，后端垫高 3.33～6.67 cm。晚上放，早晨收，并应断绝鼠的食物来源。

（2）药物灭鼠法：可将消化道灭鼠药如磷化锌、杀鼠灵、安妥、敌鼠钠盐和氟乙酸钠等制成毒饵，投放于老鼠经常出入处和洞口。也可用三氯硝基甲烷或灭鼠烟剂放入鼠洞内，密封洞口，用熏蒸法杀灭老鼠。使用药物灭鼠应注意及时清除毒饵，保证人畜安全。

2. 杀虫

蚊、蝇、虻等昆虫是动物传染病的重要传播媒介，因此杀虫对防疫具有重要意义。杀虫措施应与控制昆虫孳生繁殖的环境相结合，才能收到较好的效果。

（1）物理杀虫法：可根据不同对象采取火焰焚烧、沸水浇烫等方法杀灭昆虫与虫卵。

（2）药物杀虫法：用化学杀虫剂如敌百虫、倍硫磷、除虫菊等通过喷洒、烟熏等方法杀灭虫体。

（3）生物杀虫法：以昆虫的天敌、病菌及雄虫绝育技术等方法以杀灭昆虫。因其无公害，无抗药性，已日益受到广泛的重视。

【实训作业】

如何能提高杀虫、灭鼠的效果？

第十四节　养殖生产废弃物的无害化处理

一、污水的无害化处理

养殖加工生产过程中产生的污水应进行无害化处理，特别是屠宰加工产生的污水，因其中含污物较多，属高浓度的有机废水，又具有较高的水温和不良气味，而且易腐败。这种污水如不经处理，任意排放，将污染江、河、湖、海和地下水，直接影响工业用水和城市居民生活用水的质量，甚至造成疫病传播，危害人、畜健康。

一般健康养殖场的污水来自畜禽舍的冲洗清洁用水，以及浪费的饮用水等。这些废水也应该按照国家污水处理的相关法规进行处理，确认无害后再排放到指定的管道中。

屠宰污水必须经无害化处理后才能做下一步处置。屠宰污水的无害化处理按其作用原理分为物理处理法（机械处理法）、化学处理法和生物处理法三种；按其处理的程度分为一级、二级、三级处理；按其处理程序通常分为机械处理和生物处理两道程序。因屠宰污水对生产、生活环境的潜在污染较为严重，且无害化处理程序复杂，过程严密，故就屠宰场的污水处理进行阐述，畜禽养殖场污水参照屠宰场污水处理程序进行处理，一般可确保无害。

（一）屠宰加工污水的预处理

预处理是针对二级处理来说的，是在污水排放到处理系统前所进行的处理，所以也称为一级处理或初级处理。预处理主要是去除可沉淀或上浮的悬浮固体物，从而减轻二级处理的负荷。最常用的预处理手段是筛滤、隔油、沉淀等机械处理方法。如用金属筛板、平行金属栅条筛板或金属丝编织的筛网等作为排水系统的沟盖，来阻留脂肪、组织块、羽毛及其他悬浮固体碎屑等较大的物体。经过筛滤处理的污水，再经过沉淀池（一次沉淀池或初级沉淀池）进行沉淀，然后进入生物处理阶段。

这种初级处理方法比较简单，成本低，适用于排污量不大的小型屠宰加工厂。将污水经筛滤、隔油等去除大的组织碎屑后，经过数个沉淀池，在每个沉淀池中停留数小时，使粪便、沉渣和污泥经过数次沉淀，最后经消毒后排入下水系统。

（二）屠宰污水的生物处理法

屠宰污水的生物处理法是利用自然界的大量微生物氧化分解有机物的能力，除去废水中呈胶体状态的有机污染物质，使其转化为稳定和无害的低分子水溶性物质、低分子气体和无机盐。根据微生物作用的不同，生物处理法又分为好氧生物处理法和厌氧生物处理法。前者是在有氧的条件下，借助于好氧菌和兼性厌氧菌的作用来净化废水的方法，大部分污水的生物处理都属于好氧处理；后者是在无氧条件下，借助于厌氧菌的作用来净化废水的方法。

1. 活性污泥法

活性污泥法是以活性污泥为主体的一种好氧生物处理法。

（1）作用原理。

活性污泥是由大量繁殖的微生物群体（包括细菌、原生动物、藻类等）吸附有机物和无机物的絮状微粒所组成。活性污泥法是通过曝气充氧向废水中注入空气，在一定时间内，使空气和含有大量微生物群体的絮状活性污泥与废水中底物（有机污染物）紧密接触，发生凝聚、吸附、氧化分解和沉淀的作用过程，达到去除废水中有机物，使水得到净化的目的。

（2）系统构成。

活性污泥系统的主要设备是曝气池和沉淀池。经过预处理的污水与来自最后沉淀池中的沉淀污泥一同进入曝气池，借助机械搅拌器或加压鼓风机对污水进行搅拌混合，或经射流管射流，使活性污泥中微生物得到充足氧气，并在混合液中保持悬浮状态，与污水充分接触。经过 5～48 h 的曝气处理后，混合液进入最后沉淀池（二次沉淀池）沉淀。上清液经氯化消毒后作为净化水排出，沉积的污泥按比例返回曝气池，剩余污泥即可作农田肥料。

2. 厌氧消化法

厌氧消化法的基本组成有铁箅、沉沙池（沉井）、除脂槽、双层生物发酵池及药物消毒池等 5 部分。铁箅、沉沙池及除脂槽等装置是屠宰污水的预处理装置，用于除去污水中的毛、骨、组织碎屑、污沙、油脂及其他有待生物处理的物质。双层生物发酵池分上、下两层。上层是沉淀池，下层为厌氧发酵池，又称"消化池"。经脱脂后的污水引入上层的沉淀槽内，污水在沉淀槽中停留时，直径在 0.000 1 cm 悬浮物和胃肠道寄生虫卵沉淀。沉淀物通过槽底的斜缝，进入下层的消化池。此时，污水中的厌氧菌将沉淀物进行充分的腐败分解，一部分变为液体，一部分变为气体，最后只剩下 25% ~ 30% 的胶状污泥。

3. 生物转盘法

生物转盘法是一种通过盘面转动，交替地与污水和空气相接触，使污水净化的处理方法，是属于用生物膜处理污水的方法之一。此方法运行简便，能根据不同目的调节接触时间，耗电量少，适用于小规模的污水处理。

4. 土地灌溉法

土地灌溉法是通过土地灌溉进行污水处理的方法，也是一种最古老的污水处理方法。多用于城市生活污水的处理。若用屠宰污水灌溉，应进行消毒处理后再行灌溉。

5. 生物滤田法

它是将经过隔油、隔渣、筛滤等机械处理后的污水排入一定面积的滤田中，当污水渗入土层时，污水中的某些需氧菌即附着在土壤微粒的表面，逐渐形成一层薄膜。它能吸附污水中的悬浮物，形成所谓活性污泥，使有机悬浮物在需氧菌的作用下被氧化、分解而成为无机物；同时也有机械滤除污物的作用。

6. 交替处理法

此法用于小型肉联厂或屠宰站（点）的污水处理，是在场外一定距离并排修建 2 ~ 4 个沉淀发酵池，进行定期交替使用。甲池污水、污物流满后，再用乙池和丙池及丁池。待甲池达到消毒时间后（一般冬季需 1 个月，夏季 10 天左右），清池肥田后备用，这样循环使用即能达到无害化要求。

7. 多层框架式过滤处理法

为了不使屠宰场、站（点）漂浮物进入滤池，可在污水出口处装置网板，阻留污水中的固体物，作为过滤污水的前道装置。整个污水处理装置由污水沉淀池、Ⅰ级过滤池、Ⅱ级过滤池、滤液积贮排放池几个部分组成。

（1）污水沉淀池：主要作用是屠宰污水通过栅栏网板流入该池，经过短时间沉淀，把一些悬浮物沉淀在池底。

（2）Ⅰ级过滤池：主要流程是由污水沉淀池通过沉淀后，上层污水经过废水提升泵扬程，再经管道进入Ⅰ级过滤池处理。Ⅰ级处理第一部分由 3 层 9 只框架装添滤料组成；第二部分是具有规定结构的过滤层。

（3）Ⅱ级过滤池：主要是污水通过Ⅰ级过滤池，经多孔的管子进入装有滤料的Ⅱ级过滤池。

（4）滤液积贮排放池：主要用于存放经过两次过滤的污水，并通过开放阀门流入河道或农田。

（三）屠宰污水的消毒处理

经过生物处理后的污水一般还含有大量的菌类，特别是屠宰污水含有大量的病原菌，需经消毒处理后，方可排出。常用的方法是氯化消毒。

二、病畜禽肉、尸的无害化处理

（一）销毁

确认为炭疽、鼻疽、牛瘟、牛肺疫、恶性水肿、气肿疽、狂犬病、羊快疫、羊肠毒血症、肉毒梭菌中毒症、羊猝狙、马流行性淋巴管炎、马传染性贫血病、马鼻腔肺炎、马鼻气管炎、蓝舌病、非洲猪瘟、猪瘟、口蹄疫、猪传染性水疱病、猪密螺旋体痢疾、急性猪丹毒、牛鼻气管炎、黏膜病、钩端螺旋体、李氏杆菌病、布鲁氏菌病、鸡新城疫、马立克氏病、鸡瘟、小鹅瘟、鸭瘟、兔病毒性出血症、野兔热、兔产气荚膜梭菌病等传染病和恶性肿瘤或两个器官发现肿瘤的病畜、禽整个尸体，以及从其他患病畜禽各部分分割下来的病变部分和内脏都需要经过销毁处理。

销毁时，应采用密闭的容器运送尸体。销毁方法有湿法化制和焚毁两种。湿法化制是指将整个尸体投入湿化机内进行化制，主要用于熬制工业用油。焚毁是将整个尸体或割除下来的病变部分和内脏投入焚化炉中烧毁炭化。

（二）化制

病变严重、肌肉发生退行性变化的除上述传染病以外的其他传染病、中毒性疾病、囊虫病、旋毛虫病及自行死亡或不明原因死亡的畜禽整个尸体和内脏，应采用化制的方法进行无害处理。

（三）深埋

过去一般均主张对病畜禽尸体和其产品进行深埋处理，但是深埋带来的隐患也可能是无穷的。一方面，深埋的尸体有可能在自然环境（洪水冲刷、地震等）或者人为（挖掘等）的因素影响下，暴露在土壤表面，使得一些抵抗能力强的细菌或病毒等病原有机会重新回到地表，再次感染人、畜、禽等。另一方面，深埋的病尸体内的病原微生物可能会通过渗透作用而污染地下水。此外，即使深埋地点不受到任何外在因素的破坏而暴露，但其上面生长的植物可能会通过广泛伸展的根茎的生长把深埋在地下的病原再次带上地表。所以，为确保病原微生物彻底无害化，对病畜禽的尸体的处理最好不要采用深埋的方法。

三、病畜禽产品的无害化处理

（一）血液

1. 漂白粉消毒法

确认为炭疽、鼻疽、牛瘟、牛肺疫、恶性水肿、气肿疽、狂犬病、羊快疫、羊肠毒血症、肉毒梭菌中毒症、羊猝狙、马流行性淋巴管炎、马传染性贫血病、马鼻腔肺炎、马鼻气管炎、蓝舌病、非洲猪瘟、猪瘟、口蹄疫、猪传染性水疱病、猪密螺旋体痢疾、急性猪丹毒、牛鼻气管炎、黏膜病、钩端螺旋体（已黄染肉尸）、李氏杆菌病、布鲁氏菌病、鸡新城疫、马立克氏病、鸡瘟（禽流感）、小鹅瘟、鸭瘟、兔病毒性出血症、野兔热、兔产气荚膜梭菌病等传染病和恶性肿瘤或两个器官发现肿瘤的病畜禽以及血液寄生虫病畜禽的血液处理可采用此法。

处理方法是将 1 份漂白粉加入 4 份血液中充分搅匀，放置 24 h 后在专设废弃物掩埋的地点掩埋。

2. 高温处理法

患猪肺疫、猪溶血性链球菌病、猪副伤寒、结核病、副结核病、禽霍乱、传染性法氏囊病、鸡传染性支气管炎、鸡传染性喉气管炎、羊痘、山羊关节炎脑炎、绵羊梅迪／维斯那病、弓形虫病、梨形虫病、锥虫病等病畜禽的血液处理可采用此法。

处理方法是将已凝固的血液切划成豆腐状方块，放入沸水中烧煮，至血块深部呈黑红色并呈蜂窝状时为止。

（二）毛皮、杂骨

关于毛皮、杂骨的无害化处理见本章第十一节（其他附产品消毒技术）。

四、粪便、垫料及其他污物的无害化处理

养殖生产过程中的废弃物主要包括畜禽粪尿与废弃的垫料等混合物以及病死畜禽。

（一）畜禽粪便及其他废弃物

畜禽粪便中含有大量未经吸收的营养元素，农业生产中常将畜禽粪便用作肥料，但常常要经过堆肥腐熟或生产有机复合肥等无害化处理后才能进一步使用。如猪日粮中氮和磷的利用率分别约 40% 和 30%，有 50% 以上的氮和 2/3 以上的磷随粪尿排出体外。鸡粪中氮磷含量几乎相等，钾稍低，其中氮素以尿酸盐的形态为主，尿酸盐不能直接为作物吸收，且对作物根系生长有害，因此，必须腐熟后才能施用。

1. 堆肥腐熟处理

堆肥腐熟是利用好气微生物，控制其活动的水分、酸碱度、碳氮比、空气、温度等各种环境条件，使之能分解家畜粪便及垫草中各种有机物，并使之达到矿质化和腐殖化的过程。此法可释放出速效性养分，并造成高温环境，能杀灭微生物和寄生虫卵等，最终能使土壤直接得到一种无害的腐殖质类的肥料，通常其施用量比新鲜粪尿多 4 ~ 5 倍。

（1）堆肥腐熟方法。粪便堆肥腐熟的方法有坑式及平地两种。坑式堆肥是我国北方传统的积肥方式，采用此种方式积肥要经常向圈里加垫料，以吸收粪尿中水分及其分解过程中产生的氨；一般粪与垫料的比例以 1：（3 ~ 4）为宜。平地堆肥是将家畜粪便及垫料等清除至舍外单独设置的堆肥场地上，平地分层堆积，使粪堆内部进行好气分解，为此，必须控制好堆肥的条件。

一般说来，粪便堆腐初期，温度由低向高发展。低于 50 ℃ 为中温阶段，堆肥内以中温微生物为主，主要分解水溶性有机物和蛋白质等含氮化合物。堆肥温度高于 50 ℃ 时为高温阶段，温度达到 65 ℃ 时，以高温好热纤维素分解菌分解半纤维素和纤维素等复杂碳水化合物为主。高温期后，堆肥温度下降到 50 ℃ 以下，以中温微生物为主，腐殖化过程占优势，含氮化合物继续进行氨化作用，这时应采取盖土、泥封等保肥措施，防止养分损失。

腐熟堆肥初期应保持好气环境，加速粪肥的氨化、硝化作用进行，后期使堆内部分产生嫌气条件，以利于提高腐殖化和氨的保存。如在堆肥中加入一定比例马粪，可加速有机质腐熟，水分保持在 40% 较适宜。如粪肥料太少或水分超过 75%，或在寒冷季节，温度偏低，分

解作用非常缓慢。一般堆肥的酸碱度不用调节，鲜牛粪的 pH 为 7 左右，腐熟变化初期升到
9.5 左右，腐熟完成后又回降到 7.5 左右。

（2）堆肥的无害化评定。粪便经腐熟处理后，其无害化程度通常用两项指标来评定：

① 肥料质量：外观呈暗褐色，松软无臭。如测定其中总氮、磷、钾的含量，肥效好的，
速效氮有所增加，总氮和磷、钾不应过多减少。

② 卫生指标：首先是观察苍蝇孳生情况，如成蝇的密度、蝇蛆死亡率和蝇蛹羽化率；其
次是大肠杆菌值及蛔虫卵死亡率；此外，尚需定期检查堆肥的温度（高温堆肥法卫生评价标
准见表 3-8）。

表 3-8 高温堆肥法卫生评价标准

编号	项 目	卫生标准
1	堆肥温度	最高堆温达 50～55 ℃以上持续 5～7 d
2	蛔虫卵死亡率	95%～100%
3	大肠菌值	10^{-2}～10^{-1}
4	苍蝇	有效地控制苍蝇孳生

2. 生产高效有机复合肥料

家畜粪便富含氮、磷、钾及多种微量元素，但畜粪含水量大、施用不方便，养分含量不
平衡、农作物利用效率低。根据当地土壤中氮、磷、钾等多种矿质元素的含量，以及不同植
物在不同时期的营养需要，添加适当的补充成分，将家畜粪便生产为高效有机复合肥料，适
应了农业的可持续发展和绿色产品的要求，同时为畜牧业生产提高了附加值和经济效益。生
产工艺流程见下图 3-4。

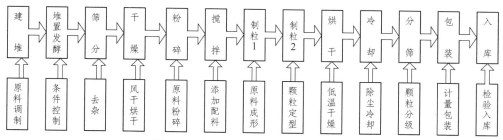

图 3-4 高效有机复合肥料工艺流程

3. 生物能利用——制取沼气

沼气是农作物秸秆、杂草和人畜粪便等有机质在厌氧条件下经微生物分解所产生的一种
以甲烷为主的可燃性气体，利用畜禽粪生产沼气需要一定的投资，其次是保证一定的条件。
畜禽粪便制作沼气环保经济，目前技术比较成熟，在农村基本得到了推广使用。沼气用途广
泛，可广泛用于烧火、做饭、电灯照明、取暖、发电、烧锅炉、储粮、灭虫、保鲜水果等。
沼渣可以种各类果树、养鱼、养黄鳝、栽培蘑菇、栽培草菇、种烟，用于农作物基肥和追肥。
沼液可以用于浸种、叶面喷施、喂猪、养鱼等。

4. 土地还原法

把畜禽粪便直接施入农田。但是此法只适用于健康畜禽产生的粪便，粪便利用此法做肥
料时还应注意必须将粪便施入土壤后再经过翻耕，使鲜粪尿在土壤中分解才不会造成污染和

散发恶臭。一般经过 3～5 d 后，微生物活动最旺，2 周后有机质才能分解。因此，一定要避开这段时间才能播种。

5. 干燥法

养殖生产过程中的粪便，可以通过粪便加工厂利用高温将湿粪加热或烘干，使水分迅速减少，有自然干燥和机械干燥。自然干燥就是每天将收集的粪便（一般为干法清粪工艺）及时地放置在晒粪场晒干，筛去杂质，捣碎后装袋。可长期保存，此法虽简便，但易受天气影响。现在使用的机械干燥法主要有微波干燥法、热喷炉法、转炉式干燥法、自走搅拌机干燥法等，一般干燥前，要先将粪便摊开晾晒，使水分降至 30%～40%，而后再干燥处理。如配合固液分离机，将含水量高的粪便送入固液分离装置，可提高粪便处理效率，不受天气影响和少占场地。

【知识与技能检测】

1. 畜禽场进入人员、车辆和设备应该如何消毒？
3. 试述畜禽舍的消毒程序及方法。
3. 哪些药品可用作饮水消毒？该如何操作？
4. 简述畜体消毒药的选用原则及方法。
5. 畜禽场该如何进行污水和粪便的处理？
6. 土壤污染后该如何处理？
7. 简述无害化处理的方法及注意事项。
8. 如何进行常用医疗器械的消毒处理？
9. 毛、皮类的常见消毒方法有哪些？
10. 废弃品的消毒方法有哪些？
11. 简述发现炭疽后的卫生消毒方法及防制措施。
12. 什么是疫点和疫区？
13. 一类动物疫病包括哪些？
14. 如何对疫点进行消毒？
15. 什么是无害化处理？如何对病畜废弃物进行无害化处理？

第四章 规模化养殖场消毒技术

【知识目标】

1. 了解禽场消毒的对象，掌握禽场消毒技术。
2. 了解猪场日常卫生消毒程序，掌握猪场消毒技术。
3. 了解牛场日常卫生消毒程序，掌握牛场消毒技术。
4. 了解羊场日常卫生消毒程序，掌握羊场消毒技术。
5. 了解兔、犬、水产动物等养殖场的消毒技术。

【技能目标】

1. 能根据养殖对象选择合适的消毒药物及消毒方法。
2. 能制订不同养殖场的消毒方案。

随着养殖业的规模化、集约化生产和高密度饲养，养殖场的病原微生物也不断复杂化，而这些病原微生物在适当条件下能造成疫病的流行。养殖场一旦发病，将导致严重的经济损失。消毒就是防止外来的病原体传入养殖场内，杀灭或清除养殖场环境中病原体、消灭疫病源头的好办法，通过切断疫病的传播途径以防止疫病的发生或防止其扩大与蔓延，确保安全生产。

第一节 禽场消毒技术

科学的消毒防疫设施及消毒防疫制度实施是保障规模化禽场生产安全运营、减少疫病发生和降低疫病损失的强有力保障。

一、禽场入口消毒

禽场入口是禽场的通道，也是防疫的第一道防线，消毒非常重要。

1. 车辆消毒池

生产区入口必须设置车辆消毒池，车辆消毒池的长度为进出车辆车轮 2 个周长以上。消毒池上方最好建有顶棚，防止日晒雨淋。消毒池内放入 2%～4% 的氢氧化钠溶液，每周更换 3 次。北方地区冬季严寒，可用石灰粉代替消毒液。有条件的可在生产区出入口处设置喷雾装置，喷雾消毒液可采用 0.1% 百毒杀溶液、0.1% 新洁尔灭或 0.5% 过氧乙酸。

2. 消毒室

场区门口和禽舍门口要设置消毒室，人员和用具进入要消毒。消毒室内安装紫外线灯（1～2 W/m³ 空间）；有脚踏消毒池，内放 2%～5% 的氢氧化钠溶液。进入人员要换鞋、工作服等，如有条件，可以设置淋浴设备，洗澡后方可入内。脚踏消毒池中消毒液每周至少更换 2 次。

二、场区环境消毒

1. 平时消毒

平时应做好场区环境的卫生工作，定期使用高压水洗净路面和其他硬化的场所，每月对场区环境进行一次环境消毒。

2. 进禽前的消毒

进禽前对禽舍周围 5 m 以内的地面用 0.2%～0.3% 过氧乙酸，或使用 5% 的火碱溶液或 5% 的甲醛溶液进行彻底喷洒；禽场道路使用 3%～5% 的火碱溶液喷洒；禽舍内使用 3% 火碱（笼养）或百毒杀、益康喷洒消毒。

3. 进禽后的消毒

禽场周围环境保持清洁卫生，不乱堆放垃圾和污物，道路每天要清扫。禽场、禽舍周围和场内的道路每周要消毒 1～2 次，生产区的主要道路每天或隔日喷洒消毒，使用 3%～5% 火碱或 0.2%～0.3% 过氧乙酸喷洒，每平方米面积药液用量为 300～400 mL；如果发生疫情，场区环境每天都要消毒。

三、禽舍门口消毒

每栋禽舍的门前也要设置脚踏消毒槽（消毒槽内放置 5% 火碱溶液），进出禽舍最好换穿不同的专用橡胶长靴，在消毒槽中浸泡 1 min，并进行洗手消毒，穿上消毒过的工作衣和工作帽进入禽舍。

四、禽舍消毒

禽舍是家禽生活和生产的场所，由于环境和家禽本身的影响，舍内容易存在和孳生微生物。

（一）空舍消毒

家禽转入前或淘汰后，禽舍空着，应进行彻底的清洁消毒，为下一批家禽创造一个洁净卫生的条件，有利于减少疾病和维持禽体健康。

为了获得确实的消毒效果，禽舍全面消毒应按禽舍排空、清扫、洗净、干燥、消毒、干燥、消毒的顺序进行。禽群更新原则是全进全出，尤其是肉禽，每批饲养结束后要有 2 ~ 3 周的空舍时间。将所有的禽尽量在短期内全部清转，对不同日龄共存的，可将某一日龄的禽舍及附近的舍排空。

1. 清理、清扫

新建禽舍应清扫干净；使用过的禽舍，移出能够移出的设备和用具，如饲料器（或料槽）、饮水器（或水槽）、笼具、加温设备、育雏育成用的网具等，清理舍内杂物。然后将鸡舍各个部位、任何角落所有灰尘、垃圾及粪便清理和清扫干净。为了减少尘埃飞扬，清扫前用 3% 的火碱溶液喷洒地面、墙壁等。通过清扫，可使环境中的细菌含量减少 21% 左右。

2. 冲洗

经过清扫后，用动力喷雾器或高压水枪进行洗净，洗净按照从上至下、从里至外的顺序进行。对较脏的地方，可事先进行人工刮除，并注意对角落、缝隙、设施背面的冲洗，做到不留死角，不留污垢，真正达到清洁的目的。有些设备不能冲洗，可以使用抹布擦净上面的污垢。清扫、洗净后，禽舍环境中的细菌可减少 50% ~ 60%。

3. 喷洒消毒药

禽舍经彻底洗净、检修维护后即可进行消毒。鸡舍冲洗干燥后，用 5% ~ 8% 的火碱溶液喷洒地面、墙壁、屋顶、笼具、饲槽等 2 ~ 3 次，用清水洗刷饲槽和饮水器。其他不易用水冲洗和火碱消毒的设备可以用其他消毒液涂擦。为了提高消毒效果，一般要求禽舍消毒使用 2 种或 3 种不同类型的消毒药进行 2 ~ 3 次消毒。通常第 1 次使用碱性消毒药，第 2 次使用表面活性剂类、卤素类、酚类等消毒药。

4. 移出设备的消毒

禽舍内移出的设备用具放到指定地点，先清洗再消毒。如果能够放入消毒池内浸泡的，最好放在 3% ~ 5% 的火碱溶液或 3% ~ 5% 的甲醛溶液中浸泡 3 ~ 5 h；不能放入池内的，可以使用 3% ~ 5% 的火碱溶液彻底全面喷洒。消毒 2 ~ 3 h 后，用清水清洗，放在阳光下曝晒备用。

5. 熏蒸消毒

能够密闭的禽舍，特别是雏鸡舍，将移出的设备和需要的设备用具移入舍内，密闭熏蒸。熏蒸常用的药物是福尔马林溶液和高锰酸钾，熏蒸时间为 24 ~ 48 h，熏蒸后待用。经过甲醛熏蒸消毒后，舍内环境中的细菌减少 90%。熏蒸操作方法如下：

（1）封闭禽舍的窗和所有缝隙：如果使用的是能够关闭的玻璃窗，可以关闭窗户，用纸条把缝隙粘贴起来，防止漏气。如果不能关闭的窗户，可以使用塑料布封闭整个窗户。

（2）准确计算药物用量：根据禽舍的空间分别计算好福尔马林和高锰酸钾的用量，可根据鸡舍的污浊程度选用。

（3）熏蒸操作：选择的容器一般是瓦制的或陶瓷的，禁用塑料的（反应腐蚀性较大，温度较高，容易引起火灾）。容器容积是药液量的 8 ~ 10 倍（熏蒸时，两种药物反应剧烈，因此盛装药品的容器尽量大一些，否则药物易流到容器外，反应不充分），禽舍面积大时可以多放几个容器。把高锰酸钾放入容器内，将福尔马林溶液缓缓倒入，迅速撤离，封闭好门。熏蒸后可以检查药物反应情况。若残渣是一些微湿的褐色粉末，则表明反应良好。若残渣呈紫色，则表明福尔马林量不足或药效降低。若残渣太湿，则表明高锰酸钾量不足或药效降低。

（4）熏蒸的最佳条件：熏蒸效果最佳的环境温度是 24 ℃ 以上，相对湿度 75% ~ 80%，熏蒸时间 24 ~ 48 h。熏蒸后打开门窗通风换气 1 ~ 2 d，使其中甲醛气体逸出。不立即使用的可以不打开门窗，待用前再打开门窗通风。

（二）带禽消毒

带禽消毒是指禽入舍后至出舍整个饲养期内定期使用有效的消毒剂对禽舍环境及禽体表喷雾，以杀死悬浮空中和附着在体表的病原菌。

进雏时，应在雏禽进入禽舍之前，在舍外将运雏箱进行全面消毒，防止把附着在箱上的病原微生物带入舍内。遇到禽流感、新城疫、马立克病、传染性法氏囊炎等流行时，须揭开箱盖连同雏禽一并进行喷雾消毒。进雏前一周，禽舍和育雏器每天轻轻喷雾消毒 1 ~ 2 次。以后每周 1 ~ 2 次，育成期每周消毒一次，成禽可 15 ~ 20 d 消毒一次，发生疫情时可每天消毒一次。

喷雾的药物有新洁尔灭 1 000 倍稀释液、10% 的百毒杀 600 倍稀释液、强力消毒王 1 000 倍稀释液、益康 400 倍稀释液等。消毒液用量为 100 ~ 240 mL 时，以地面、墙壁、天花板均匀湿润和禽体表微湿的程度为止，最好每 3 ~ 4 周更换一种消毒药。喷雾时应将舍内温度比平时提高 3 ~ 4 ℃，冬季寒冷不要把禽体喷得太湿，也可使用温水稀释；夏季带禽消毒有利于降温和减少热应激死亡。也可以使用过氧乙酸，每立方米空间用 30 mL 的纯过氧乙酸配成 0.3% 的溶液喷洒，选用大雾滴的喷头，喷洒禽舍各部位、设备、鸡群。一般每周带禽消毒 1 ~ 2 次，发生疫病期间每天带禽消毒 1 次。

五、禽舍设备用具消毒

（一）饲喂用具消毒

饲喂用具每周洗刷消毒一次，炎热季节应增加次数，饲喂雏鸡的开食盘或塑料布，正反两面都要清洗消毒。可移动的食槽可放入水中清洗，清洗前要刮除食槽上的饲料结块，放在阳光下曝晒。固定的食槽应彻底水洗刮净、干燥，用常用阳离子清洁剂或两性清洁剂消毒，也可用高锰酸钾、过氧乙酸和漂白粉液等消毒，如可使用 5% 漂白粉溶液喷洒消毒。

（二）饮水系统的清洁与消毒

1. 封闭的乳头或杯形饮水系统

对于封闭的乳头饮水系统而言，可通过松开部分的连接点来确认其内部的污物。清洗时先高压冲洗，再将清洁液灌满整个系统，并通过闻每个连接点的化学药液气味或测定其 pH 值来确认是否被充满。浸泡 24 h 以上，充分发挥化学药液的作用后，排空系统，并用净水彻底冲洗，确认主管道及其分支管道均被冲洗干净。有机污物（如细菌、藻类或霉菌）可用碱性化合物或过氧化氢去除，无机污物（如盐类或钙化物）用酸性化合物去除，但这些化合物都具有腐蚀性。

2. 开放的圆形和杯形饮水系统

用清洁液浸泡 2~6 h，将钙化物溶解后再冲洗干净，如果钙质过多，则必须刷洗。将带乳头的管道灌满消毒药，浸泡一定时间后冲洗干净，并检查是否残留有消毒药；而开放的部分则可在浸泡消毒液后冲洗干净。

（三）其他用具消毒

拌饲料的用具及工作服每天用紫外线照射一次，照射时间 20~30 min。医疗器械必须先冲洗后再煮沸消毒。

六、人员消毒

（1）饲养人员在接禽前，均需洗澡，换洗随身穿着的衣服、鞋、袜等，并换上用过氧乙酸消毒过的工作服和工作鞋、工作帽等。

（2）饲养员每次进舍前需换工作服、鞋，脚踏消毒池，并用紫外线照射消毒 10~20 min，手接触饲料和饮水前需要用过氧乙酸或次氯酸钠、碘制剂等溶液浸洗消毒。

（3）本场工作人员出去回来后应彻底的消毒，如果去发生过传染病的地方，回场后进行彻底消毒，并经短期隔离确认安全后方能进场。

（4）饲养人员要固定，不得乱窜禽舍及其他场所。

（5）发生烈性传染病的禽舍饲养人员必须严格隔离，按规定的制度解除封锁。

（6）其他管理人员进入禽场和禽舍也要严格消毒。

七、饮水消毒

家禽饮水应清洁，无毒、无病原菌，符合人的饮用水标准，生产中使用干净的自来水或深井水。但进入禽舍后，由于露在空气中，舍内空气、粉尘、饲料中的细菌可对饮用水造成污染。病禽可通过饮水系统将病原体传给健康者，从而引发呼吸系统、消化系统疾病。在病禽舍的饮水器中，能检出大量的支原体病、传染性鼻炎、传染性喉气管炎等疫病病原。如果在饮水中加入适量的消毒药物则可以杀死水中带的病原体。

临床上常见的饮水消毒剂多为氯制剂、碘制剂和复合季铵盐类等。消毒药可以直接加入蓄水箱中，用药量应以最远端饮水器或水槽中的有效浓度达该类消毒药的最适饮水浓度为宜。家禽喝的是经过消毒的水而不是喝的消毒药水，任意加大水中消毒药物的浓度或长期使用，除可引起急性中毒外，还可杀死或抑制肠道内的正常菌群，进而影响饲料的消化吸收，对家禽健康造成危害，另外影响疫苗防疫效果。饮水消毒应该是预防性的，而不是治疗性的，因此消毒剂饮水要谨慎行事。在饮水免疫的前后 2 d（共 5 d），千万不要在饮水中加入消毒剂。

八、垫料消毒

使用碎草、稻壳或锯屑作垫料时，必须在进雏前 3 d 用消毒液（如 10% 百毒杀 400 倍液、新洁尔灭 1 000 倍液、强力消毒王 500 倍液、过氧乙酸 2 000 倍液）进行掺拌消毒。垫料消毒的方法是取两根木椽子，相距一定距离（数厘米），将农用塑料薄膜铺在上面，在薄膜上铺放垫料，掺拌消毒液，然后将其摊开（厚约 3 cm）。采用这种方法，不仅可以杀灭病原微生物和防治球虫病，而且还能补充育雏器内的湿度，以维持适合育雏需要的湿度。同时也便于育雏结束后，将垫料和粪便无遗漏地清除至舍外。

进雏后，每天对垫料还需喷雾消毒 1 次，可以使用消毒液喷雾。如果只用水喷雾增加湿度，起不到消毒的效果，并有危害。这是因为育雏器内的适宜温度和湿度，适合细菌和霉菌急剧增加，成为呼吸道疾病发生的原因。

清除的垫料和粪便应集中堆放，如无传染病可疑时，可用生物自热消毒法。如确认某种传染病时，应将全部垫料和粪便深埋或焚烧。

九、孵化场消毒

孵化场是极易被污染的场所，特别是收购各地种蛋来孵化的孵化场（点），污染更为严重。许多疾病是通过孵化场的种蛋、雏鸡传播、扩散。被污染严重的孵化场，孵化率也会降低。因此，孵化场地面、墙壁、孵化设备和空气的清洁卫生非常重要。

（一）工作人员的卫生消毒

要求孵化工作人员进场前先经过淋浴更衣，每人一个更衣柜，并定期消毒，孵化场工作人员与种鸡场饲养人员不能互串，更不允许外人进入孵化场区。运送种蛋和接送雏鸡的人员也不能进入孵化场，孵化场内仅设内部办公室，供本场工作人员使用。对外办公室和供销部门，应设在隔离区之外。

（二）出雏后的清洗消毒

每批出雏后都会对孵化出雏室带来严重的污染，所以在每批出雏结束后，应立刻对设备、用具和房间进行冲洗消毒。

1. 孵化机和孵化室的清洗消毒

拉出蛋架车和蛋盘，取出增湿水盘，先用水冲洗，再用新洁尔灭擦洗孵化机内外表面及顶部，用高压水冲刷孵化室地面，然后用甲醛熏蒸孵化机，每立方米用甲醛 40 mL、高锰酸钾 20 g，在温度 27 ℃、湿度 75% 以上的条件下密闭熏蒸 1 h，然后打开机门和进出气孔，让其对流，散尽甲醛蒸气。最后孵化室内用甲醛 14 mL、高锰酸钾 7 g 密闭熏蒸 1 h，或者两者用量加大 1 倍，熏蒸 30 min。

2. 出雏机及出雏室的清洗消毒

拉出蛋架车及出雏盘，将死胎蛋、死弱雏及蛋壳打扫干净，出雏盘送洗涤室，浸泡在消毒液中，或连同送蛋盘和送雏盘在清洗机中冲洗消毒；清除出雏室地面、墙壁、天花板上的污物，冲洗出雏机内外表面，然后用新洁尔灭溶液擦洗，最后每立方米用 40 mL 甲醛和 20 g 高锰酸钾熏蒸出雏机和出雏盘、蛋架车；用 0.3% ~ 0.5% 浓度的过氧乙酸（每立方米用量

30 mL）喷洒出雏室的地面、墙壁和天花板。

3. 洗涤室和雏鸡存放室的清洗消毒

洗涤室是最大的污染源，是清洗消毒的重点，先将污物如绒毛、碎蛋壳等清扫装入塑料袋中，然后用水冲洗洗涤室和存雏室的地面、墙壁和天花板，洗涤室每立方米用甲醛 42 mL，高锰酸钾 21 g，密闭熏蒸 1 ~ 2 h。

（三）孵化场废弃物的处理

孵化场的废弃物要密封运送。把收集的废弃物装在容器内，按顺流不可逆转的原则，通过各室从废弃物出口装车送至远离孵化场的垃圾场焚烧。如果考虑到废物利用，可采用高温灭菌的方法处理后用做家畜的饲料，因为这些弃物中含蛋白质 22% ~ 32%，钙 17% ~ 24%，脂肪 10% ~ 18%，但不宜用做鸡的饲料，以防消毒不彻底，导致疾病传播。

十、人工授精器械消毒

人工授精需要集精杯、储精器和授精器及其他用具，使用前需要进行彻底清洁消毒，每次使用后也要清洁消毒干净以备后用。其消毒方法如下。

（一）新购器具消毒

新购的玻璃器具常附着有游离的碱性物质，可先用肥皂水浸泡和洗刷，然后用自来水洗干净，浸泡在 1% ~ 2% 盐水溶液中 4 h，再用自来水冲洗，后用蒸馏水洗 2 ~ 3 次，放在 100 ~ 130 ℃ 的干燥箱内烘干备用。

（二）使用过程消毒

每次使用后的采精杯、储精器浸在清水中，然后用毛刷或大骨鸡毛细心刷洗，用自来水冲洗干净后放在干燥箱内高温消毒备用。或用蒸馏水煮沸 0.5 h，晾干备用。授精器应该反复吸水冲洗，然后再用自来水冲洗干净煮沸消毒，或浸在 0.1% 的新洁尔灭溶液中过夜消毒，第二天再用蒸馏水冲洗，晾干备用。如果使用的是塑料制微量吸液器，则不能煮沸消毒。每授一只母鸡后使用 70% 的酒精溶液擦拭授精器的头部，防止由于授精而相互污染。

十一、种蛋消毒

种蛋产出后，经过泄殖腔会被泌尿和消化道的排泄物所污染，蛋壳表面存在有多种细菌，如沙门氏菌、巴氏杆菌、大肠杆菌等。随着时间的推移，细菌繁殖很快。虽然种蛋有胶质层、蛋壳和内膜等几道自然屏障，但它们都不具备抗菌性能，所以部分细菌可以通过一些气孔进入蛋内，严重影响种蛋的质量，对孵化极为不利。因此，需要对种蛋进行认真消毒。

（一）种蛋的消毒时机

种蛋的细菌数量与种蛋产出的时间和种蛋的污浊程度呈高度的正相关。如刚产出的蛋细菌数为 300~500 个；产出 15 min 后增至 1 500~3 000 个；1 h 后增至 20 000~30 000 个。清洁的蛋，细菌数为 3 000~3 400 个，沾污蛋细菌为 25 000~28 000 个；脏蛋为 39 000~43 000 个。另外，气温高低和湿度大小也会影响种蛋的细菌数。所以，种蛋的消毒时机应该在蛋产出后立即消毒，可以消灭附着在蛋壳上的绝大部分细菌，防止细菌侵入蛋内，但在生产中不易做到。生产中，种蛋的第一次消毒是在每次捡蛋完毕立即进行消毒。为缩短蛋产出到消毒的间隔时间，可以增加捡蛋次数，每天可以捡蛋 5~6 次。种蛋在入孵前和孵化过程中，还要进行多次消毒。

（二）种蛋消毒方法

1. 蛋产出后的消毒

蛋产出后，一般多采用熏蒸消毒法。

（1）福尔马林熏蒸消毒：在禽舍内或其他合适的地方设置一个封闭的箱体，箱的前面留一个门，为方便开启和关闭箱体用塑料布封闭。箱体内距地面 30 cm 处设钢筋或木棍，下面放置消毒盆，上面放置蛋托。按照每立方米空间用福尔马林溶液 30 mL，高锰酸钾 15 g。根据消毒容积，称好高锰酸钾放入陶瓷或玻璃容器内（其容积比所需福尔马林溶液大 5~8 倍），再将所需福尔马林量好后倒入容器内，二者相遇发生剧烈化学反应，可产生大量甲醛气体杀死病原菌，密闭 20~30 min 后排出余气。

（2）过氧乙酸消毒法：每立方米用含 16% 的过氧乙酸溶液 40~60 mL，加高锰酸钾 4~6 g 熏蒸 15 min。过氧乙酸遇热不稳定，如 40% 以上浓度加热至 50 ℃ 易引起爆炸，应在低温下保存。它无色透明、腐蚀性强，不能接触衣服、皮肤，消毒时可用陶瓷或搪瓷盆盛装，现配现用。

2. 种蛋入孵前消毒

蛋入孵前可以使用熏蒸法、浸泡法和喷雾法消毒。

（1）熏蒸法：将种蛋码盘装入蛋车后推入孵化箱内进行福尔马林或过氧乙酸熏蒸。

（2）浸泡法消毒：使用消毒液浸泡种蛋。常用的消毒剂有 0.1% 新洁尔灭溶液，或 0.05% 高锰酸钾溶液，或 0.1% 的碘溶液，或 0.02% 的季铵溶液等。浸泡时水温控制在 43~50 ℃。此法适合孵化量少的小型孵化场的种蛋消毒，在消毒的同时，可对入孵种蛋起到预热的作用。平养（如鸭、鹅）家禽脏蛋较多时，较为常用此法。如取浓度为 5% 的新洁尔灭原液一份，加 50 倍 40 ℃ 温水配制成 0.1% 的新洁尔灭溶液，把种蛋放入该溶液中浸泡 5 min，捞出沥干入孵。如果种蛋数量多，每消毒 30 min 后再添加适量的药液以保证消毒效果。使用新洁尔灭时，不要与肥皂、高锰酸钾、碱等并用，以免药液失效。

（3）喷雾消毒。

① 新洁尔灭药液喷雾：新洁尔灭原浓度为 5%，加水 50 倍配成 0.1% 的溶液，用喷雾器喷洒在种蛋的表面（注意上下蛋面均要喷到），经 3~5 min，药液干后即可入孵。

② 过氧乙酸溶液喷雾：消毒用 10% 的过氧乙酸原液，加水稀释 200 倍，用喷雾器喷于

种蛋表面。过氧乙酸对金属及皮肤均有损害，用时应注意避免用金属容器盛药及与皮肤接触。

③ 二氧化氯溶液喷雾消毒：用浓度为 80 μg/mL 微温二氧化氯溶液对种蛋面进行喷雾消毒。

④ 季铵溶液喷雾消毒：200 mg/kg 季铵盐溶液，直接用喷雾器把药液喷洒在种蛋的表面，消毒效果良好。

（4）温差浸蛋法：对于受到某些疫病病原，如败血型霉形体、滑液囊霉形体污染的种蛋可以采用温差浸蛋法。入孵前将种蛋在 37.8 ℃ 下预热 3～6 h，当蛋温度升到 32.2 ℃ 左右时，放入抗菌药（硫酸庆大霉素、泰乐菌素＋碘＋红霉素）中，浸泡 15 min 取出，可杀死大部分霉形体。

（5）紫外线消毒法：紫外线消毒法是安装 40 W 紫外线灯管，距离蛋面 40 cm，照射 1 min，翻过种蛋的背面再照射一次即可。

（6）臭氧发生器消毒法：臭氧发生器消毒是把臭氧发生器装在消毒柜或小房内，放入种蛋后关闭所有气孔，使室内的氧气变成臭氧，达到消毒的目的。

（三）种蛋消毒注意事项

（1）种蛋保存前消毒（在种鸡舍内进行）一般不使用溶液法，因为使用溶液法容易破坏蛋壳表面的胶质层。保护膜破坏后，蛋内水分容易蒸发，细菌也容易进入蛋内，不利于蛋的存放和孵化。

（2）熏蒸消毒的空间密闭要好。要达到理想的消毒效果，要求消毒的环境温度在 24～27 ℃，相对湿度 75%～80% 更好，熏蒸消毒只能对外表清洁的种蛋有效，外表粘有粪土或垫料等的脏蛋，熏蒸消毒效果不好，可将种蛋中的脏蛋淘汰或用湿布擦洗干净再熏蒸消毒。

（3）使用浸泡法消毒时，溶液的温度要高于蛋温，如果消毒液的温度低于蛋温，种蛋内容物收缩，使蛋形成负压，这样反而会使少数蛋表面微生物或异物通过气孔进入蛋内，影响孵化效果。另外，溶液的温度高于蛋温可使种蛋预热。传统的热水浸蛋（不加消毒剂）只能预热种蛋，起不到消毒的作用。

（4）运载工具、种蛋的消毒蛋箱、雏禽箱和笼具等频繁出入禽舍，必须经过严格的消毒，所有运载工具应事先洗刷干净，干燥后进行熏蒸消毒后备用。种蛋收集后经熏蒸消毒后方可进仓。

技能训练十七　种蛋消毒

【实训目的】

能正确地进行种蛋的消毒和保存工作。

【实训准备】

（1）场地：鸡场的孵化室。

（2）材料与用具：合格与不合格种蛋（包括裂壳蛋、薄壳蛋、双黄蛋、异状蛋）若干和种蛋消毒药品等。专用冷藏蛋库、种蛋消毒间（柜）、孵化机、蛋托和蛋照器等。

【操作方法】

1．种蛋的消毒（熏蒸法）

（1）装蛋入蛋盘：蛋的钝端朝上装入蛋盘，并放于蛋架车上，送入孵化消毒间（柜）。

（2）称取消毒药：每立方米熏蒸空间用福尔马林 3 mL、高锰酸钾 15 g。

（3）消毒：关严孵化机的通气孔或消毒间的窗户，先将高锰酸钾放入瓷容器内，置于孵化机或消毒间的中央，然后倒入福尔马林，迅速关严门窗，熏蒸 20～30 min。

（4）消毒完毕，打开所有通风设备，排除余气。

2．种蛋的保存

（1）准备蛋库：库内要求清洁，无灰尘，无特殊气味，隔热性好，无蝇和鼠。库内温度保持在 12～18 ℃，相对湿度保持在 70%～80%。

（2）种蛋保存：种蛋用蛋架存放保存，锐端向上放置。种蛋的保存在 7 d 以内为好，夏季保存 1～3 d 为佳。保存期内每天翻蛋 1 次，将蛋翻转 180°。

【实训作业】

怎样正确地进行种蛋的选择、消毒和保存？

第二节   猪场消毒技术

一、日常卫生消毒程序

（一）非生产区消毒

1．人员消毒——关键控制点

工作人员进入生产区净道和猪舍要经过洗澡、更衣、紫外线消毒。进入生产区畜舍的人员，须在生产区入口消毒室内洗澡、更换衣物，穿戴清洁消毒好的工作服、帽和鞋，经消毒后进入生产区。

（1）体表消毒。

一切需进入猪场的人员（来宾、工作人员等）必须走专用消毒通道。在大门人员出入口通道或消毒室应设置汽化喷雾消毒装置，在人员进入通道前先进行汽化喷雾，使通道内充满消毒剂气雾，才能有效地阻断外来人员携带的各种病源微生物。喷雾消毒可用碘酸 1∶500 稀释、绿力消 1∶800 稀释、2%～3% 火碱溶液（氢氧化钠）做消毒剂，四种消毒剂 1～2 月轮换一次。人行通道或消毒室经常保持干净、整洁，除设喷雾消毒机和地面消毒池外，还应增设紫外线消毒灯，还应定期每立方米空间用 42 mL 福尔马林熏蒸消毒 20 min。

（2）鞋底消毒。

人员通道地面应做成浅池型，池中垫入有弹性的室外型塑料地毯，并加入消毒威 1∶500

稀释或菌毒灭 1：300 稀释，每天适量添加，每周更换一次。两种消毒剂 1～2 月互换一次。

（3）人手消毒。

工作人员在接触畜群和饲料之前必须洗手，可用 1：1 000 的新洁尔灭溶液浸泡消毒 3～5 min。也可用碘酸混合溶液 1：300 稀释，菌敌 1：300 稀释（即每升水添加菌敌 3 mL）涂擦手部即可，无需用水冲洗。

2. 大门消毒池——外来病源的重要控制点

大门口必须设置车辆消毒池，消毒池的长度为进出车辆车轮 2 个周长以上，消毒池上方最好建顶棚，防止日晒雨淋；并且应该设置喷雾消毒装置。可用消毒威 1：800 稀释或菌毒灭 1：300 稀释，2% 火碱或 5% 来苏儿溶液，每天添加 10～20 mL 消毒剂，每周全池更换一次消毒液，1～2 月互换一次。

3. 车辆消毒

所有进入场区的车辆（包括客车、饲料运输车、装猪车等）必须严格喷雾消毒，特别是车辆的挡泥板和底盘必须充分喷透，驾驶室等也必须严格消毒。所用药物及浓度与大门消毒池所用的消毒剂一致。

4. 办公及生活区环境消毒

正常情况下，办公室、宿舍、厨房、会议室等必须每周消毒一次，卫生间、食堂餐厅等必须每周消毒两次。疫情爆发期间每天必须消毒 1～2 次。可用消毒威 1：1 000 稀释或绿力消 1：1 200 稀释，1～2 月互换一次。

（二）生产区消毒

员工和访客进入生产区必须要更衣消毒沐浴，或更换一次性的工作服，换胶鞋后通过脚踏消毒池才能进入生产区。

1. 更衣沐浴

来客更衣沐浴后进入喷雾消毒室消毒。可用消毒威 1：1 800 稀释或绿力消 1：1 200 稀释，每天适量添加，每周更换一次，1～2 月互换一次。

2. 脚踏消毒池

工作人员应穿上生产区的胶鞋或专用鞋，通过脚踏消毒池或消毒桶进入生产区。可用消毒威 1：800 稀释或菌毒灭 1：300 稀释，每天适量添加，每周更换一次，两种消毒剂 1～2 月互换一次。

3. 生产区入口消毒池

可用消毒威 1：800 稀释或菌毒灭 1：300 稀释，每天适量添加，每周更换一次，两种消毒剂 1～2 月互换一次。

4. 生产区道路、空地、运动场等消毒

应做好厂区环境卫生工作，经常使用高压水清洗，每周用消毒威 1：1 200 对厂区环境进

行 1～2 次消毒。或每 2～3 周用 2% 火碱消毒或撒生石灰一次。

被病畜排泄物和分泌物污染的地面土壤，可用 5%～10% 漂白粉溶液、百毒杀或 10% 氢氧化钠溶液消毒。停放过芽孢所致传染病（如炭疽、气肿疽等）病畜尸体的场所，或者是此种病畜倒毙的地方，应严格加以消毒。首先用 10%～20% 漂白粉乳剂或 5%～10% 优氯净喷洒地面，然后将表层土壤掘起 30 cm 左右，撒上干漂白粉并与土混合，将此表土运出掩埋。在运输时应用不漏土的车，以免沿途漏撒，如无条件将表土运出，则应加大漂白粉的用量（1 m² 面积加漂白粉 5 kg），将漂白粉与土混合，加水湿润后原地压平。

5. 排污沟消毒

定期将场内污水池，排粪坑，下水道出口，排污沟中污物、杂物等清除通顺干净，并用高压水枪冲洗，每周至少用菌毒灭 1∶300 消毒一次，每月用漂白粉消毒一次，对蚊蝇繁殖有抑制作用。

6. 赶猪通道、装猪台消毒

赶猪通道、装猪台每次使用前后都必须消毒，以防止交叉感染。可用消毒威 1∶800 稀释或绿力消 1∶1 000 稀释，1～2 月互换一次。

7. 产房消毒

（1）产前处理。

用全安 1∶200 或碘酸 1∶150 稀释作为洗涤消毒剂，全身抹洗后擦干。

（2）产后保护处理。

产后必须清洁消毒，特别是人工助产，必须严格进行保护处理，以保证母猪生殖系统健康。

母畜分娩后 24 h 以内，先用全安 1∶200 或碘酸 1∶150 稀释，冲洗子宫，2 h 后可将滞留胎衣剥离排出；然后用消毒灭菌后专用不锈钢推进器将抗生素类药推入子宫内。

（3）仔猪断脐及保温处理。

仔猪一出生断脐后，迅速用毛巾等将胎衣简单擦拭，马上用干燥粉彻底擦拭抹干，可使仔畜迅速干燥，保持体温，减少体能损失。将仔畜脐带在碘酸 1∶150 稀释液中浸泡 1～3 s。

（4）断尾、剪牙、去势等。

断尾、剪牙、去势等手术疮口直接用碘酸 1∶150 反复涂抹。

（5）产房环境消毒。

产前在产房内放置缓释消毒盆，即在塑料盆中加 2～3 盖的碘酸，再加适量的水稀释，每 10～20 m² 放置一个缓释消毒盆。

8. 仔猪出生后消毒

仔猪出生 10 天后，可用碘酸 1∶500 或全安 1∶500 喷雾消毒，夏天可直接对仔猪喷雾消毒，冬天气温较低时，向上喷雾，水雾（滴）要细，慢慢下降，仔猪不会感到冷。每天一次，用量 15～30 mL/m²。同时猪只通过吸入聚维酮碘细雾，直接作用于肺泡，可有效控制和改善仔猪呼吸道疾病。

9. 保育室消毒

仔猪进入保育舍前一天，对高床、地面、保温垫板充分喷洒消毒，可用碘酸 1∶500 或全安 1∶500 或消毒威 1∶1 000 稀释，用量 100 mL/m²。干燥后再进仔畜猪。

10. 后备及怀孕母猪室及公猪室的消毒

无论是后备、怀孕母猪以及公猪的生活环境都必须保持卫生、干燥，并严格消毒。这样不但可以降低各种传染病的感染几率，同时可以减少生殖系统被病原微生物感染致病，导致不孕、流产、死胎、少精、死精等疾病的发生。可用消毒威 1∶1 000 稀释，3 d 一次。暴发疾病时，消毒威 1∶800 稀释，每天消毒一次。

公猪采精时，用手抓阴茎易擦伤或残留精液腐败，使阴茎感染。在采精完毕时，一手抓住阴茎先不放，另一手涂上碘酸 1∶150，慢慢放开抓阴茎的手，使其均匀涂抹在阴茎上，保护阴茎。

11. 肥育舍消毒

用专用汽化喷雾消毒机喷雾消毒，喷雾水滴直径 80~100 μm，使消毒剂水滴慢慢下降时与空气粉尘充分接触，杀灭粉尘中的病原微生物。日常隔天消毒一次，可用消毒威 1∶1 200 稀释或绿力消 1∶1 500 稀释，一周二次；暴发疾病时，消毒威 1∶800 稀释，每天消毒一次。

12. 病猪（病猪隔离室）的消毒

每个生产区应有单独的病猪隔离室，一旦发现某一或某几个猪只出现异常，应隔离观察治疗，以免传染给其他健康猪只。

每天用消毒威 1∶800 或菌毒灭 1∶300 稀释后喷雾消毒。如发生呼吸道疾病，可用碘酸 1∶300 汽化喷雾消毒，10 min 后再开窗通风，让家畜充分吸入活性碘，直接作用肺泡，能有效控制和杀灭肺泡里的病原微生物，使呼吸道疾病得到有效的控制和减缓。如发生肠道疾病，如细菌性或病毒性腹泻，在饮用水中按 0.8 kg/t 水添加碘酸，疗效确切。

13. 饮用水消毒

猪饮用水应清洁无毒，无病原菌，符合人的饮用水标准，生产中要使用干净的自来水或深井水。应该将饮用水和冲洗用水分开，一方面饮用水必须消毒，而冲洗水一般无需消毒，成本低，同时可以很方便在饮用水中添加各种保健和治疗药物。

可用消毒威 2~15 g/t 水或绿力消 4~15 g/t 水消毒，爆发急病时加大用量（日常用量加倍），特别是发生肠道疾病，如病毒性腹泻等，饮水中以 0.8 kg/t 水添加碘酸，连续三天，可有效控制病情。季铵化合物不适用于饮用水消毒。其他消毒措施或注意事项参照第三章第四节（饮水消毒技术）。

14. 饲喂工具、运载工具及其他器具的消毒

频繁出入畜禽舍的各种器具、推车等饲喂工具和运载工具，必须经过严格的消毒。各种饲喂工具每天必须刷洗干净，用水枪冲洗后，再用 1∶800 消毒威、1∶500 全安或 1∶300 菌毒灭洗刷浸泡消毒；或 0.1% 新洁尔灭、0.2%~0.5% 过氧乙酸、3% 氢氧化钠溶液喷洒或冲洗消毒。然后在密闭的室内进行熏蒸，最后用清水冲洗干净，除去消毒药味后方可使用。

15. 药物、饲料等物料外表面的消毒

对于不能喷雾消毒的药物、饲料等物料的表面（一般是外包装）采用全安 1∶800 倍或绿力消 1∶1 500 密闭熏蒸消毒，物料使用前要除去外包装。

16. 医疗器械消毒

术后的各种医疗器械，可先用碘酸 1∶150 稀释液浸泡刷洗后，再放入全安 1∶300 浸泡半天以上，取出用洁净水冲洗晾干备用。同一器械要连续用于不同畜体时，先用洁净水冲洗，再浸泡在碘酸 1∶100 稀释液 2 ~ 3 min，即可使用。具体消毒方法参照第三章第十节（兽医诊疗消毒技术）。

17. 病死畜、活疫苗空瓶等处理消毒

病死畜消毒参照第三章第十四节（养殖生产废弃物的无害化处理）。每次使用后的活疫苗空瓶应集中放入有盖塑料桶中灭菌处理，防止病菌扩散，可用消毒剂：全安 1∶100 稀释溶液、菌毒灭 1∶100、绿力消 1∶100 稀释液。

18. 皮炎湿疹消毒

猪只无论大小，体表出现细菌、霉菌性的皮炎和湿疹等，可用全安 1∶500、碘酸 1∶300 稀释，每天喷猪体表两次，连续三天以上；或直接用棉签蘸宝维碘原液涂抹患处，直至治愈。

19. 手术（伤口）消毒

在进行手术前，手术创面可用碘酸 1∶200 直接涂抹两次以上进行灭菌；兽医工作人员用碘酸 1∶200 倍的稀释液反复搓抹 1 min 以上，进行灭菌；伤口或溃疡可先用碘酸 1∶200 倍的稀释液冲洗干净，再直接涂抹原液即可。

二、主要场舍消毒

1. 空舍消毒

每批猪只调出后要先清除舍内所有污物，彻底清扫干净，用高压水枪冲洗，干燥后用 3% 氢氧化钠溶液喷洒消毒或 0.5% 过氧乙酸喷雾消毒，最后再开门窗通风，用清水刷洗饲槽，将消毒药味除去，空舍 1 周方可进畜。用化学消毒液消毒时，消毒液的用量一般是以畜禽舍内每平方米面积用 1 ~ 1.5 L 药液。在进行猪舍消毒时，也应将附近场院以及病畜、禽污染的地方和物品同时进行消毒。

2. 猪舍的预防消毒

在一般情况下，猪舍应每年进行两次（春秋各一次）预防消毒。在进行猪舍预防消毒的同时，凡是猪停留过的处所都需进行消毒。在采取全进全出管理方法的机械化养猪场，应在每次全出后进行消毒。产房的消毒在产仔结束后再进行一次。猪舍的预防消毒也可用福尔马林和高锰酸钾气体熏蒸消毒。方法是按照猪舍面积计算所需用的药品量。一般每立方米空间，用福尔马林 25 mL、水 12.5 mL、高锰酸钾 25 g（或以生石灰代替）。计算好用量以后，将水与福尔马林混合。猪舍的室温不应低于正常室温（8 ~ 15 ℃），将畜、禽舍门窗紧闭。然后将

高锰酸钾倒入，用木棒搅拌，经几秒钟即见有浅蓝色刺激眼鼻的气体蒸发出来，此时应迅速离开猪舍，将门关闭。经过 12 ~ 24 h 后方可将门窗打开通风。

3. 猪舍的临时消毒和终末消毒

发生各种传染病而进行临时消毒及终末消毒时，用来消毒的消毒剂随疫病的种类不同而异。一般肠道菌、病毒性疾病，可选用 5% 漂白粉或 1% ~ 2% 氢氧化钠热溶液。但如发生细菌芽孢引起的传染病（如炭疽、气肿疽等）时，则需使用 10% ~ 20% 漂白粉乳、1% ~ 2% 氢氧化钠热溶液或其他强力消毒剂。在消毒猪体的同时，在病猪舍、隔离舍的出入口处应放置设有消毒液的麻袋片或草垫。

第三节　牛场消毒技术

一般认为牛属于大家畜，抗病力强，可以不进行消毒或不严格执行消毒程序，也可以保证健康生长。但是由于养牛业的高度集约化生产，增加了病原体的复杂性和不可预见性，由此带来的潜在疫病威胁相当严重。所以，牛场必须建立严格的消毒管理措施。

一、饲料的消毒

牛的饲料主要为草类、秸秆、豆荚等农作物的茎叶类粗饲料和豆类、豆饼、玉米类合成的精饲料两类。

粗饲料灭菌消毒主要靠物理方法，即保持粗饲料的通风和干燥，经常翻晾和日光照射消毒。对于精饲料则要加强保鲜，防止霉烂。精饲料要注意防腐，经常晾晒。必要时，在精饲料库配有紫外线消毒设备，定期进行消毒杀菌。合成的多维饲料应经辐射灭菌。

二、环境消毒

1. 圈舍、道路和其他建筑物消毒

新建的养牛场应进行全面清理、清扫，然后使用 3% ~ 5% 的氢氧化钠溶液或 5% 的甲醛溶液进行全面、彻底的喷洒。不易燃烧的牛舍，也可采用焚烧法，即将地面、墙壁用喷火器进行消毒，这种方法能消灭抵抗力强的致病性芽孢杆菌等病原体。

牛场预防性消毒时首先要采用清扫、洗刷、通风等方法将垃圾和粪便清除。牛舍、运动场、围墙、用具、办公室及宿舍，可使用 3% 漂白粉溶液、3% ~ 5% 硫酸石碳酸合剂热溶液、15% 新鲜石灰混悬液、4% 氢氧化钠溶液、3% 克辽林乳剂或 2% 甲醛溶液等进行喷涂消毒。为了节约用药、降低成本，可采用热草木灰水（30 份草木灰，加 100 份水，煮沸 20 ~ 30 min，滤取草木灰水）进行消毒。每月进行 1 ~ 2 次；在针对某种传染病进行预防消毒时，需选择适宜的药品和浓度，每次消毒都要全面彻底。

2. 土壤消毒

牛四肢强健，喜欢运动，应在圈舍周围留置一定面积的空地作为牛的运动场所。如果是硬化（水泥或沥青）的场地，消毒方法同圈舍消毒。如果是面积较大的泥土场地，应注意土壤的消毒。在消灭病原微生物时，生物学和物理学消毒因素发挥着重要作用。疏松土壤，可增强微生物间的拮抗作用，使其充分接受阳光紫外线的照射；可以运用化学消毒法进行土壤消毒，以迅速消灭土壤中病原微生物。化学消毒时常用的消毒剂有漂白粉或 5% ~ 10% 漂白粉澄清液、4% 甲醛溶液、10% 硫酸苯酚合剂溶液、2% ~ 4% 氢氧化钠热溶液等。消毒前应首先对土壤表面进行机械清扫，被清扫的表土、粪便、垃圾等集中深埋或生物热发酵或焚烧，然后用消毒液进行喷洒，每平方米用消毒液 1 000 mL。

如果牛场严重感染，首先确定病原微生物种类，选择适宜的消毒药品、适宜的浓度，对运动场、牛舍地面、墙壁和运输车辆等进行全面彻底的消毒，对饲槽、饮水器具等用消毒药品消毒。先将粪便、垫草、残余饲料、垃圾加以清扫，堆放在指定地点，发酵处理或焚烧及深埋。对地面、墙壁、门窗、饲槽用具等进行严格的消毒或清洗，对牛舍进行气体消毒，每立方米空间应用福尔马林 25 mL、水 12.5 mL、高锰酸钾 12.5 g，先把水和福尔马林置于金属容器中混合后，将事先称好的高锰酸钾倒入。消毒过程中应将门窗关闭，经 12 ~ 24 h 后再打开门窗通风，用熏蒸消毒之前，应将牛赶出，并把舍内用具搬开，以达气体消毒目的。对污染的土壤地面，如芽孢杆菌污染的地面，首先使用 10% 漂白粉溶液喷洒，然后掘起表土 30 cm 左右，撒上漂白粉，与土混合后将其深埋（或用消毒剂喷洒后，掘地翻土 30 cm 左右，撒上漂白粉并与土混合），如为一般传染病，漂白粉用量为每平方米 0.5 ~ 2.5 g；水泥地面，使用消毒液喷洒消毒。发现发生传染病的病畜，应该迅速隔离，对危害较重的传染病应及时封锁，进出人员、车辆等要严格消毒，要在最后一头病牛痊愈后 2 周内无新病例出现，经全面大消毒，经上级部门批准后方可解除封锁。增加消毒次数，对疑似和受威胁区的牛群进行紧急预防接种，并采取合理治疗等综合防治措施，以减少不必要的经济损失。对病畜或疑似病畜使用过的和剩余的饲料及粪便、污染的土壤、用具等进行严格消毒。病畜或疑似病畜用过的草场、水源等，禁止健康畜使用，必要时要暂时封闭，在最后一头病畜痊愈或屠宰后，经过一定的封锁期，在无新病例发生时，方可使用。

三、器具消毒

牛舍内料槽、水槽以及所有的饲养用具，除了保持清洁卫生外，要每天刷洗，每周用高锰酸钾、过氧乙酸、二氧化氯等喷洒涂擦消毒 1 ~ 2 次，每个季度要大消毒 1 次，牛舍的饲养用具要各舍固定专用，不得随便串用，用后应放在固定的位置。饲槽消毒时要首先选用没有气味、不能引起中毒的消毒药品。

四、牛的体表消毒及蹄部、乳部卫生保健

1. 体表消毒

牛体表消毒主要指经皮肤、黏膜施用消毒剂的方法，不仅有预防各种疾病的意义，也有

治疗意义。体表给药可以杀灭牛体表的寄生虫或微生物。牛的体表消毒常用方法主要为药浴、涂擦等。

牛场要在夏秋季进行全面的灭蝇工作，并各检查一次虱子等体表寄生虫的侵害情况。

2. 蹄部卫生保健

每天坚持清洗蹄部数次，使之保持清洁卫生。每年春、秋季各检查和修整蹄一次，对患有肢蹄病的牛要及时治疗。每年蹄病高发季节，每周用 5% 硫酸铜溶液喷洒蹄部 2 ~ 3 次，以降低蹄部发病率。牛舍和运动场的地面应保持平整，随时清除污物，保持干燥。严禁用炉灰渣或碎石子垫运动场或奶牛的走道。要经常检查奶牛日粮中营养平衡的状况，如发现有问题，要及时调整，尤其是蹄病发病率达到 15% 以上时，更要引起重视。禁用有肢蹄病遗传缺陷的公牛精液进行配种。

3. 乳房卫生保健

经常保持牛床及乳房清洁，挤奶时，必须用清洁水（在 6 ~ 10 月份，水中可以加 1% 漂白粉或 0.1% 高锰酸钾溶液等）清洗乳房，然后用干净的毛巾擦干。挤完奶后，每个乳头必须用 3% ~ 4% 次氯酸钠溶液等消毒药浸泡数秒钟。停乳前 10 d 要进行隐性乳腺炎的监测，如发现阳性反应的要及时治疗，在停乳前 3 d 内再监测数次，阴性反应的牛方可停乳。停乳时，应采用效果可靠的干乳药进行药物快速停乳。停乳后继续药浴乳头 1 周，预产前 1 周恢复药浴，每天 2 次。

五、挤奶过程的消毒

1. 奶牛乳房及乳头的消毒

挤奶时的消毒是控制奶牛乳房炎最主要的技术手段。挤奶员必须保持良好的卫生习惯，指甲勤修、工作服勤洗、挤奶操作时手用 0.1% 百毒杀溶液消毒。挤奶前先进行奶牛乳房及乳头清洗与消毒，方法是用专用的容器收集头三把牛奶，用含 0.2% 次氯酸钠、温度为 50 ℃左右的消毒水浸泡的毛巾擦洗乳头及周围，再用另一消毒毛巾擦干乳头并进行按摩。待奶挤干后，用 0.5% ~ 1% 碘伏或 0.3% ~ 0.5% 洗必泰对每个乳头药浴 20 s。冬季应在药浴后擦干乳头，涂擦少量药用凡士林，防止乳头冻伤。消毒乳房用的毛巾应每天用 0.5% 漂白粉溶液浸泡或煮沸消毒，经高压灭菌后备用。

2. 挤奶设备消毒

重点是挤奶器的奶杯内衬及挤奶杯的消毒。挤奶结束后用 85 ℃ 的碱液或酸液清洗，使用碱液三天后使用一天酸液，挤奶杯、奶杯内衬每周清洗一次。

3. 挤奶厅消毒

挤奶厅是病原微生物易于滋生的场所，是奶牛场的重点消毒部位。每次挤奶结束后用高压清洗机冲洗地面，必要时可在水中加入 0.2% 百毒杀或次氯酸钠，每周对挤奶厅的待挤厅进行一次消毒，可用氢氧化钠或过氧乙酸。

第四节　羊场消毒技术

消毒是贯彻"预防为主"方针的一项重要措施，许多养羊场在防疫工作中十分重视消毒工作，并收到了良好效果，降低了疫病的发生率，提高了经济效益。

一、消毒制度与程序

1. 羊场出入口的消毒

羊场的出入口是阻断病原微生物的第一道防御线，在羊场出入口应设消毒池。每栋羊舍门前要设置脚踏消毒槽或消毒垫，消毒池中的消毒剂在冬春选用氧化钙 20%（生石灰），夏秋季节用 2%～4% 氢氧化钠（火碱）、过氧乙酸 0.5% 等，消毒剂要勤换，最好每周更新 1～2 次。有条件的羊场可在生产区出入口处设置喷雾消毒装置。

侧门设消毒室，一切人员皆要在此用漫射紫外线照射 5～10 min，不准带入可能染疫的畜产品或物品。

2. 羊场人员消毒

羊场工作人员是病原的主要携带者，进入生产区的人员必须进行严格的消毒处理。在出入口应设专人看守，非本场工作人员一律不得进入生产区。饲养管理人员进出生产区前，必须在消毒室消毒、洗手、更衣、换鞋帽后方可进入自己的工作区域。不同羊舍的饲养人员不能随便进入别的羊舍，严禁相互串圈。有条件的羊场可设置紫外线消毒房。非生产性用品一律不能带入生产区内，工作服和鞋帽要定期清洗消毒。

3. 圈舍消毒

每天打扫羊舍，保持清洁卫生，料槽、水槽干净。圈舍内可用过氧乙酸做带畜消毒，0.3%～0.5% 做舍内环境和物品的喷洒消毒或加热做熏蒸消毒（每立方米空间用 2～5 mL）。

空羊舍消毒时首先彻底清扫干净粪尿。用 2% 氢氧化钠喷洒和刷洗墙壁、笼架、槽具、地面，消毒 1～2 h 后，用清水冲洗干净，待干燥后，用 0.3%～0.5% 过氧乙酸喷洒消毒。对于密闭羊舍，还应用甲醛熏蒸消毒，方法是每立方米空间用 40% 甲醛 30 mL，倒入适当的容器内，再加入高锰酸钾 15 g，室温不应低于 15 ℃，否则要加入热水 20 mL。为了减少成本，也可不加高锰酸钾，但是要用猛火加热甲醛，使甲醛迅速蒸发，然后熄灭火源，密封熏蒸 12～14 h。打开门窗，除去甲醛气味。

4. 羊圈外环境消毒

羊圈外环境及道路要定期进行消毒，填平低洼地，铲除杂草，灭鼠、灭蚊蝇、防鸟等。

5. 生产区专用设备消毒

羊场的主要用具铁锹、叉子、饲料盆等每周消毒 1 次。可用 4% 来苏尔溶液、0.01% 新洁尔灭溶液或 0.3% 过氧乙酸溶液浸泡或喷洒消毒。水槽、食槽应每天清洗、消毒，再清洗，有的也可用火焰消毒。洁净用具可用紫外线照射消毒。

6. 尸体、粪便及污水处理

尸体、粪便及污水处理参照第三章第十四节（养殖生产废弃物的无害化处理技术）。其他场所、用具消毒可参照本章第三节（牛场消毒技术）进行。

二、羊舍常用消毒药的使用范围及方法

1. 氢氧化钠（烧碱、火碱、苛性钠）

对细菌和病毒均有强大杀灭力，对细菌芽孢、寄生虫卵也有杀灭作用。常用 2%～3% 溶液来消毒出入口、运输用具、料槽等。但对金属、油漆物品均有腐蚀性，用清水冲洗后方可使用。另外，可用草木灰代替氢氧化钠消毒，即用草木灰 30 kg 加水 100 kg，煮沸 1 h，去灰渣后，加水到原来的量即可。

2. 石灰乳

先用生石灰与水按 1∶1 比例制成熟石灰后，再用水配成 10%～20% 的混悬液用于消毒，对大多数繁殖型病菌有效，但对芽孢无效。

可涂刷圈舍墙壁、畜栏和地面消毒。注意，单纯生石灰没有消毒作用，并且从空气中吸收二氧化碳，变成碳酸钙失效。

3. 过氧乙酸

市场出售的为 20% 溶液，有效期半年，杀菌作用快而强，对细菌、病毒、霉菌和芽孢均有效。现配现用，常用 0.3%～0.5% 浓度作喷洒消毒。

4. 次氯酸钠

用 0.1% 的浓度带畜禽消毒，常用 0.3% 浓度作羊舍和器具消毒。现配现用。

5. 漂白粉

含有效氯 25%～30%，用 5%～20% 混悬液对厩舍、饲槽、车辆等喷洒消毒，也可用干粉末撒地。每 100 kg 水加 1 g 漂白粉，30 min 后即可饮用。

6. 强力消毒灵

强力、广谱、速效，对人畜无害，无刺激性与腐蚀性，可带畜禽消毒。只需千分之一的浓度，便可以在 2 min 内杀灭所有致病菌和霉形体，用 0.05%～0.1% 浓度在 5～10 min 内将病毒和霉菌杀灭。

7. 新洁尔灭

以 0.1% 浓度消毒手指，或浸泡 5 min 消毒皮肤、手术器械等用具。0.01%～0.05% 溶液用于黏膜（子宫、膀胱等）及深部伤口的冲洗。忌与肥皂、碘、高锰酸钾、碱等配合使用。

8. 百毒杀

配制成万分之三或相应的浓度，用于圈舍、环境、用具的消毒。

本品低浓度杀菌，持续 7 d 杀菌效力，是一种较好的双链季铵盐类广谱杀菌消毒剂，无色、无味、无刺激和无腐蚀性。

9. 粗制的福尔马林

为含 37% ~ 40% 甲醛的水溶液，有广谱杀菌作用，对细菌、真菌、病毒和芽孢等均有效，在有机物存在的情况下也是一种良好的消毒剂，缺点是具有挥发性刺激性气味，以 2% ~ 5% 的水溶液用于喷洒墙壁、羊舍地面、料槽及用具的消毒。羊舍熏蒸消毒，按每立方米空间用福尔马林 30 mL 加高锰酸钾 15 g，室温不低于 15 ℃，相对湿度 70%，关好所有门窗，密封熏蒸 12 ~ 24 h。消毒完毕后打开门窗，除去气味即可。

以上消毒剂及其使用方法也可用于规模化牛场消毒及其他畜禽场部分消毒。

技能训练十八　羊药浴

【实训目的】

掌握药浴方法的适用对象、操作步骤和要领。

【实训准备】

（1）试剂：杀虫眯（0.1% ~ 0.2% 的水溶液）、生石灰 7.5 kg、硫黄粉末 12.5 kg 等。

（2）用具：铁锅、水缸、药浴池等。

【操作方法】

（1）药浴使用的药剂：绵羊药浴常使用的药剂有：杀虫眯（0.1% ~ 0.2% 的水溶液）、DDT（0.2% ~ 0.5% 的浓度）、6% 的可湿性六六六（用 0.03% 的浓度，系指含纯六六六的浓度）。因六六六对人畜有一定的毒性，所以亦可使用石硫合剂代替。石硫合剂的配方是：生石灰 7.5 kg，硫黄粉末 12.5 kg，用水拌成糊状，加水 150 kg，用铁锅煮沸，边煮边用木棒搅拌，待溶液呈浓茶色时为止。煮沸过程中蒸发掉的水要补足。然后倒入木桶或水缸中，待澄清后，去掉下面的沉渣，上面的清液就是母液。在此母液内兑上 500 kg 温水，充分搅匀后，就可进行药浴。因石灰、硫黄是价廉易得的药物，而且对人畜均无毒害，可代替六六六。

（2）药池的建造：药池要求狭长，长度约 10 m，宽约 0.8 ~ 1 m，以保证绵羊通过时，身体能充分浸泡在药液中。深度以绵羊平均身高的 2 倍为宜，药液在能淹没羊体的同时，要求药液面以上的池沿必须保持足够的高度，防止绵羊从池沿爬出。入口与出口处分别砌有斜坡，以备绵羊安全出入药池。在药池的出口处砌有滴流台，使羊身上的药液能充分回流到药池内。

（3）药浴应注意的事项。

➢ 药浴前 8 h 停止喂料，入浴前 2 h 给羊饮足水，以免羊入浴池后吞饮药液。

➢ 药浴的顺序是先让健康羊浴，有疥癣病的羊最后浴。

➢ 药液的深度以淹没羊体为原则。浴池为一个狭长的走道，当羊走近出口时，要将羊头压入药液内 1 ~ 2 次，以防头部发生疥癣。

➢ 离开药池让羊在滴流台上停留 20 min，待身上药液滴流入池后，才将羊收容在凉棚或宽敞的厩舍内，免受日光照射，过 6 ~ 8 h 后，方可饲喂或放牧。

➢ 妊娠两个月以上的母羊，不宜进行药浴。

➢ 药浴的时间最好是剪毛后 7 ~ 10 d 进行，如过早，则羊毛太短，羊体上药液沾得少；若过迟，则羊毛太长，药液沾不到皮肤上，都对消灭体外寄生虫和预防疥癣病不利。第一次药浴后，隔 8 ~ 14 d 再药浴一次。

➢ 牧羊犬也应同时进行药浴。

➢ 工作人员应戴好口罩和橡皮手套，以防中毒。

【实训作业】

（1）药浴时间与天气有关系吗？

（2）如何保证药浴效果？

技能训练十九　　牛羊驱虫

【实训目的】

掌握驱虫方法的操作步骤和技术要领。

【实训准备】

（1）试剂：2% 碳酸钠、0.2% 甲醛、0.01% 升汞等。

（2）用具：煮沸消毒器、电热干燥箱、电源接线板、温度计、流通蒸气灭菌器、高压蒸气灭菌器、待消毒器具及物品等。

【操作方法】

1. 选药

可感染牛羊的寄生虫很多，有的也发生合并感染，因此，在用药以前，可通过检验其粪便和各种症状进行确诊后，根据感染寄生虫的种类选择驱虫药物，切不可盲目用药。

2. 小群实验

给大群牛羊驱虫时，先选用几头进行药效实验。这样做，一是看用的药是否对症，二是可防止中毒。驱虫药物一般都毒性较大，用药后证实安全、有效，再进行大群用药。

3. 驱虫的具体方法

（1）圆形线虫、蛔虫、结节虫、钩虫、鞭虫。

➢ 配制内服敌百虫溶液，浓度为 1% ~ 3%。牛羊每千克体重按 20 ~ 40 mg 计算，一次最高剂量不得超过 15 g。一次空腹灌服，每天一次，连用 3 d；绵羊每千克体重用 80 ~ 100 mg，一次最高剂量不得超过 5 g；山羊比较敏感，每千克体重用 50 ~ 70 mg，一次最高剂量不得超过 4 g。使用敌百虫内服液驱虫时应注意，不能与碱性药物配合或同时使用有机磷制剂；不能给鸡和孕畜驱虫；严格控制使用剂量和浓度。

➢ 用左旋咪唑，规格为 25 mg/片，内服，一次量每千克体重牛、羊、猪用 7.5 mg，犬、猫 10 mg，禽 25 mg，一次空腹内服，每天 1 次，连用 3 d。牛用本品可出现副交感神经兴奋，口鼻出现泡沫或流涎，兴奋或颤抖，舔唇和摇头等，一般在 2 h 内减退；绵羊给药后可引起暂时性兴奋，山羊可产生抑郁、感觉过敏和流涎；猪可引起流涎或口鼻泡沫；犬可见胃肠功能紊乱，神经毒性或其他行为变化，粒细胞缺乏症，呼吸困难，肺水肿，免疫介导性皮疹等；猫可见多涎、兴奋、瞳孔散大和呕吐等。使用本品时应注意：泌乳期动物禁用；动物极度衰弱或明显肝肾损伤时以及牛因免疫、去角、阉割等应慎用或推迟使用；马和骆驼应慎用或禁用；中毒时用阿托品解毒和其他对症治疗。此药停药期为：牛 2 日，羊 3 日，猪 3 日，禽 28 日，泌乳期禁用。

（2）肝片吸虫。可用硝氯酚，牛每千克体重按 6 mg 计算，羊每千克体重按 3 mg 计算，一次内服，每天 1 次，连用 3 d。

【实训作业】

除了上述提到的驱虫方法，再介绍几种比较常用和新近研发使用的驱虫药物及其使用方法。

第五节　兔场消毒技术

一、人员消毒

外来人员谢绝进入兔舍，饲养管理人员要经过紫外线照射、脚踏消毒池和换工作服后方可进入兔舍。饲养人员穿戴好工作服后进入各自区域；接触兔前轮流选用 2% 的来苏儿溶液、5% 的新洁尔灭溶液、0.1%～0.2% 的益康溶液洗手消毒。工作服每周要清洗消毒 2～3 次。

二、环境消毒

兔舍地面、运动场要勤清扫，选用 3%～5% 的来苏儿溶液、0.01%～0.05% 的复合酚溶液（农福、菌毒敌、菌毒净等）、0.5%～1% 的过氧乙酸溶液、0.1% 的强力消毒灵每周消毒 1～2 次，以上消毒药每次更换使用；墙壁、顶棚每 4 周清扫一次，进行喷洒消毒；舍外地面、道路每天清扫，用 3%～5% 的火碱溶液或 5% 的甲醛溶液每周喷洒消毒 1～2 次。

三、设备用具消毒

进入兔舍的设备、用具要选用 0.5%～1.0% 的过氧乙酸或 0.01%～0.05% 的新洁尔灭溶液浸泡消毒；水槽、食盆每天清洗，每周用 0.01%～0.05% 高锰酸钾溶液或 0.5%～1% 的过氧乙酸浸泡或喷洒消毒 1～2 次；兔笼每 2 周洗刷喷洒消毒 1 次，笼底板每周洗刷消毒 1 次；其他用具保持清洁卫生，经常消毒。饲料也要进行熏蒸消毒。

四、粪便消毒

兔舍内的粪便随时清理、冲洗干净，可用 10%～20% 的石灰乳或 5% 的漂白粉搅拌消毒。

五、消毒杀虫

夏秋季定期喷洒 0.1% 的除虫菊酯等，防止蚊蝇的孳生。

第六节　犬场消毒技术

养犬场应建立严格的消毒制度，场地、犬舍每天都应清扫，每 7 d 要消毒 1 次，每月应大消毒 1 次。

一、出入口消毒

（1）生产区及生活区门口设消毒池，池内盛 2% 火碱液，火碱液每周更换 2 次。

（2）外来车辆进入生活区要进行两次消毒处理，先用高压水枪用清水对车体、轮胎、车窗、车辆底部、笼子进行彻底冲洗，再用喷雾枪用碘三氧（1∶1 000）或过氧乙酸（0.2%）进行喷洒消毒。

二、生产区消毒

（1）外来人员经用新洁尔灭（1∶100）洗手、换鞋、脚踏消毒池、更换场内工作服方可进入生产区。

（2）进入生活区时个人衣物等须经 $KMnO_4$ 与 $HCHO$（1∶2 比例混合）进行 24 h 熏蒸消毒，其他物品如食品和药品进入生产区前要进行紫外灯照射 1 h（紫外灯距离物品高度应在 1 m 以内）。

（3）工作人员须经更换工作服、舍内专用胶鞋、脚踏消毒槽（0.3% 火碱）才能进入生产区。

（4）犬舍消毒。

① 在犬舍入口通道处，应上安装紫外线灯，下有消毒池，池中用 1% 火碱消毒，进入犬舍时要停留 8～10 min。

② 犬舍地面清扫后用 20% 生石灰水抛洒消毒并粉刷墙壁，每周两次。

③ 犬舍进犬前一周用高压水枪彻底冲洗干净后，再用 $KMnO_4$ 与 $HCHO$（1∶2 比例混合）进行 24 h 熏蒸消毒（浓度：每立方米用 40% 福尔马林 42 mL、高锰酸钾 21 g）。

④ 外地引进种犬可用 0.01% 的高锰酸钾水让犬饮用，清理胃肠道，减少犬的发病。

⑤ 犬舍空出后用高压水枪彻底冲洗干净后，再用 $KMnO_4$ 与 $HCHO$（1∶2 比例混合）进行 24 h 熏蒸消毒，随后打开窗户通风一周。

⑥ 产仔前母犬的空舍应用福尔马林熏蒸，每立方米空间用福尔马林 42 g、水 12.5 mL、高锰酸钾 21 g 混合加入容器内，关闭门窗，产生气体消毒 24 h 后，打开门窗，停 2 d 再放入母犬。

⑦ 对种公犬的运动场，可用 20% 石灰水喷洒地面，然后垫上一层沙子，再用 5% 漂白粉溶液喷洒地面，经 5 d 后可放种公犬。

⑧ 病犬舍应定期用喷灯火焰消毒，污水集中池中以每立方米加入漂白粉 10 g 消毒。

（5）整个场区每周进行一次大扫除，周一用过氧乙酸（0.3%）进行喷雾消毒，周四用次氯酸钠（1∶500）进行喷洒消毒。

（6）污道在每天下午进行一次彻底清扫及冲洗，并用新洁尔灭（1∶100）进行喷雾消毒。

三、用具消毒

（1）工作服清洗过程中加入新洁尔灭（1∶100）进行消毒。

（2）手术器械和手要用新洁尔灭（1∶100）浸泡消毒。

（3）粪车、铁锹、扫帚等工具每天使用完后，先用水彻底清洗，再用新洁尔灭（1∶100）进行喷雾消毒。

四、其他消毒事项

（1）每天清查犬场内鼠洞位置和活动地方，及时标记，连续 7 d 投放鼠药（0.005% 溴敌隆），每堆 15 ~ 20 g。

（2）设立单独的隔离室，发现病犬及时隔离，单独饲喂。

（3）对于病死犬要加火碱深埋（坑的深度在 1 m 以上）处理，或焚烧处理。

（4）工作人员不得随意串犬舍、隔离室及疾病诊断室，必要时须更换相应舍内工作服并经紫外灯照射 30 min 以上。

（5）设立单独的外卖犬舍，将犬放入此处供买主挑选。

（6）粪便可采用生物热发酵方法，距犬场 200 m 外挖几个池，每天清除的粪便倒入池中，倒满后用泥土封好，经过 50 d 可达到消毒目的。

第七节　水产养殖消毒技术

一、水产养殖生产消毒类型

1. 按养殖过程分类

按养殖过程分为放养前养殖设施和用具消毒、种苗下塘前消毒、养殖中的防病治病、病死鱼无害化、烈性传染病后的设施和用具消毒。

2. 按消毒对象分类

按消毒对象分为养殖动物消毒、养殖设施和用具消毒、养殖用水消毒、饵料消毒。

3. 按消毒目的分类

按消毒目的分为预防性消毒、随时消毒和终末消毒。

（1）预防性消毒：在日常的饲养管理中，定期对水环境、进水（或水源）、动物入池前的药浴、饵料、用具等的消毒，其目的是防止病原的传入或大量繁殖。

（2）随时消毒：动物中出现疫病时，对发病池的水体、用具等的消毒，其目的是防止病原的繁殖和扩散。

（3）终末消毒：对解除隔离或疫区解除封锁或全进全出空池时，为净化养殖池或环境而进行的全面彻底的消毒。

4. 按消毒方法分类

按消毒方法分为带动物消毒和不带动物消毒。

带动物消毒又可分为全池均匀泼洒、非全池均匀泼洒和药浴；不带养殖对象消毒可分为熏蒸、浸泡、干法净塘和带水净塘。

二、水产养殖生产中常用的消毒方法

根据被消毒材料的大小、类型、性质以及消毒地点选择消毒程序。除工作人员皮肤和鱼卵要用非腐蚀性药物进行消毒外，其他需要消毒的还有含纤维或纺织物的表面（衣服、网）、硬表面（塑料、水泥）或渗透性材料（地表、砂砾）。对渗透性材料的消毒很难，所需时间也较长。

化学消毒中应注意人员防护。首先，使用非渗透性的衣服、长筒靴、眼镜及帽子，以保护消毒人员的皮肤和眼睛，避免接触危险物。使用面罩保护呼吸道。消毒完毕后要充分洗手才能饮食。化学消毒剂必须按使用说明妥善保存，以保持药效；必须存放在安全的地方，不得对人或动物构成直接或间接的危害。

（一）常规消毒程序

1. 养殖设施、设备和用具的消毒程序

➢ 彻底清除淤泥（养殖池）和污物（用具），充分冲洗干净。

➢ 按表 4-1 中的基本使用条件和方法选择适宜的消毒方法或药物。

表 4-1　OIE 推荐的渔场消毒方法（物理消毒法）

处理过程	消毒对象	使用方法 [a]	备　注
干燥光照	土池底的鱼病原体	平均温度 18 ℃ 条件下干燥 3 个月	如用化学消毒剂可以缩短干燥期
	水中和各种清洁表面的细菌和病毒	30 mg/L 的氯溶液作用几天后失活或 3 h 后用硫代硫酸钠中和	
	网、靴、衣物、手	200 mg/L 有效氯溶液, 作用几分钟	用清水冲洗或用硫代硫酸钠中和
干热	水泥、石、金属和陶瓷表面的鱼病原体	火焰喷射器、喷灯	
湿热	运输车、水箱中病原体	100 ℃ 或以上的蒸汽 5 min	
紫外线	病毒、细菌、水中黏孢子虫孢子、水中 IPN 和罗达病毒（VNN/VER）	10 mJ/cm^2、35 mJ/cm^2 $125 \sim 200 \text{ mJ/cm}^2$	使用方法中的照射剂量为最低致死量

说明：① a 中所指浓度是指活性物质的浓度，化学药品要按生产商的说明使用，存放在安全的地方。
②　中和用硫代硫酸钠的克数=氯的克数×2.85（或碘的克数×0.78）。
③　所用消毒剂在排入环境前必须进行中和处理。

➢ 按标准的时间，达到确实的消毒效果后，对化学消毒后的残留液进行中和或无害化处理。

2. 养殖动物的药浴或带动物全池泼洒消毒的程序

➢ 根据对养殖对象常规检查的结果，有针对性地选择药物。

➢ 根据养殖的品种、养殖水体的 pH、温度、盐度、有机物浓度和水的硬度等具体情况确定药物的剂量。

➢ 根据养殖水体的确切大小计算要使用的总量。

➢ 按商品说明书或专业资料进行用药。特别是对池形不规则或池深不均一的水体，要根据具体情况使药物浓度均匀。

➢ 用药后，要保证水体的供氧充分（开增氧机或充气设备 4~6 h），并密切观察动物的活动情况（6~12 h）。

➢ 如果可能，在达到防治效果后对用药后的残留进行无害化处理。

尽可能对养殖动物进行药浴，一方面是为了减少用药成本；另一方面是为了减少对环境的污染。特别是养殖动物在转池、网箱养殖时使用较方便。必须要带动物全池消毒时，如果供水充分，应在保证养殖动物安全的前提下，先尽可能地降低养殖池的水位，再进行消毒。

（二）常用消毒方法

1. 药物净塘法

① 进行清淤和冲洗。

② 对鱼、鳖池，常用药有生石灰和漂白粉，二者选一即可，不能同时应用。以半干塘净塘的效果好。具体方法是：池底约放 20~30 cm 水，将药投入其中，然后用潜水泵接上相应水龙带和消防枪头，将池壁冲刷 3 遍。生石灰的用量为每亩 100~200 kg；漂白粉用量为每亩 25~50 kg。一般 96 h 后可抽净水后晒池 3~5 d，重新加干净水放鱼。

③ 虾池在进行②处理前，用 10 g/m³ 的茶籽饼灭野杂鱼，然后再进行②处理。

2. 饵料的消毒

对常规的配合饵料，因经过加工熟化，没有必要做消毒处理。但对一些鲜活饵料应做消毒处理。如水草（如浮萍等）用饱和食盐水浸泡 20 min；动物性活饵料（如车轮虫、轧虫、小杂鱼等）用 2 mg/L 二氧化氯（现用现配）泡 5~10 min，也可用浓盐水洗。

3. 用具消毒

为防止病原由工具传播，各种网具、桶、雨靴、下水衣均应做消毒处理。常用 50 mg/L 高锰酸钾或饱和食盐水浸泡 30 min 以上，然后太阳下晒干备用。

4. 食场消毒

在疾病的流行期应定期用相对安全的药物对食场做消毒。用药浓度可以较治疗浓度稍高，根据食场大小确定总用药量。

5. 药浴

在鱼池（鱼蛭除外）中用不渗水的塑料布、帆布等铺折成水槽，并量好所加的水，放好相应药品，按具体要求时间做药浴。浴后拆去四角支持，连鱼带水放入池中以减少鱼体受伤。

药浴常用的药品和方法：

（1）高锰酸钾：10～20 mg/L，时间为 20～30 min，可杀灭鱼体表及鳃上的细菌、原虫（孢子虫及形成胞囊的原虫除外）和单殖吸虫等。

（2）漂白粉及其同类药：有效氯 30% 的漂白粉 10～20 mg/L，时间为 10～30 min。其同类药按有效氯换算。杀灭鱼体表及鳃上细菌。

（3）漂白粉和硫酸铜合剂药浴：漂白粉 10 mg/L 和硫酸 8 mg/L，药浴 10～30 min，可杀灭细菌和形成胞囊及孢子以外的原虫。

还有许多其他的药品亦可用，可参看有关说明。

在做药浴时须注意下列事项：① 应保证药浴的鱼不发生缺氧，有条件的可以人工供氧或减少药浴的密度。② 药液应现配现用。药浴一批鱼后换一批药，以防药液浓度下降影响效果。③ 药浴时间应根据药液浓度、水温高低、水产动物的耐受能力而灵活掌握，在耐受允许条件下应尽量时间长点。

水产养殖中常用的外用渔药及使用方法、常用外用渔药休药期、生产中禁用的消毒（杀虫）渔药见表 4-2、表 4-3、表 4-4。

表 4-2　国内常用的外用渔药及使用方法

序号	药物名称	使用方法	主要防治对象	常规用量 mg/L 或 mL/m²
1	硫酸铜（蓝矾、胆矾、石）Copper sulfate	浸浴	纤毛虫、鞭毛虫等寄生性原虫病	淡水：8～10（15～30 min）
		全池泼洒		淡水：0.5～0.7 海水：1.0
2	甲醛（福尔马林）Lipou fmaldehyde	浸浴	纤毛虫、鞭毛虫、贝尼登虫等寄生性原虫病	淡水：100（0.5～3.0 h）海水：250～500（10～20 min）
		全池泼洒	纤毛虫病、水霉病、细菌性鳃病、烂尾病等	10～30
3	敌百虫 Merifonateate（90%晶体）	全池泼洒	甲壳类、蠕虫等寄生性鱼病	0.3～0.5
4	漂白粉 Bleaching powder	全池泼洒	微生物疾病，如皮肤溃疡病、烂鳃病、出血病等	1.0～2.0
5	二氯异氰尿酸钠 Aodium dichloroisocyanurate（有效氯 50% 以上）	全池泼洒		0.3～0.6
6	三氯异腈脲酸 Trichloroisocyanuric acid	全池泼洒		0.1～0.5
7	二氧化氯 Chlorinedioxide	全池泼洒		0.5～2.0
8	聚维酮碘 Povidione-iodine（含有效碘 1.0%）	浸浴	预防病毒病，如草鱼出血病、传染性胰腺坏死病、传染性造血组织坏死病、病毒性出血败血症等	草鱼种：30（15～20 min）；鲑鳟鱼卵：30～50（5～15 min）
		全池泼洒	细菌性烂鳃病、弧菌病、鳗鲡红头病、中华鳖腐皮病等	幼鱼、幼虾：0.5～1.0；成鱼、成虾：1.0～2.0；鳗鲡、中华鳖：2.0～4.0

注：本表所推荐的常规用量，是指养殖场水温在 20～30 ℃，中度硬水（总硬度 50～90 mg/L 水体），pH 为中性，其余指标达 GBl1607 时的渔药用量。

表 4-3　国内规定常用外用渔药休药期

序号	药物名称	停药期（d）	适用对象
1	敌百虫　Metrifonate（90%晶体）	≥10	鲤科鱼类、鳗鲡、中华鳖、蛙类等
2	漂白粉　Bleaching prwder	≥5	
3	二氯异氰尿酸钠　Sodiumdichlroisocyanuate（有效氯55%）	≥7	
4	三氯异氰尿酸　Trichloroisocyanuric acid	≥7	

表 4-4　生产中禁用的消毒（杀虫）渔药

名　称	禁用原因
硝酸亚汞　Mercurous nitrate	毒性大，易造成蓄积，对人危害大
醋酸汞　Mercuric acetate	毒性大，易造成蓄积，对人危害大
孔雀石绿　Malachite Green	具致癌与致畸作用
六六六　Bexachloridge	高残毒
滴滴涕　DDT	高残毒

【知识与技能检测】

1. 试述禽场入口的消毒液的选择和具体的消毒方法。

2. 试述禽舍的消毒方法。

3. 试述家禽饮水消毒剂的选择和消毒方法。

4. 概述孵化场的消毒技术。

5. 简述种蛋的消毒方法。

6. 试述猪产房的消毒技术。

7. 试述猪场舍的消毒方法。

8. 简述牛蹄部、乳部的卫生保健技术。

9. 牛挤奶过程中如何进行消毒？

10. 简述羊药浴的使用药剂。

11. 概述羊药浴的注意事项。

12. 试述软体动物养殖场消毒方法。

13. 如何进行鱼、鳖池的消毒？

14. 鱼池药浴时选用的药品及方法有哪些？

第五章　提高消毒效果的措施

【知识目标】

1. 了解环境综合控制的措施。
2. 了解消毒剂的选择标准和依据，能正确选择适当的消毒方法。
3. 了解消毒效果的检查方法，掌握消毒效果的检查技术。

【技能目标】

能利用科学的方法，检查消毒效果，并能针对存在的问题提出改进的方法。

> 消毒的效果关系到消毒作用发挥和疾病防治效果。生产中影响消毒效果的因素较多，必须正确认识和对待，进行科学的消毒，保证消毒的效果。除了消毒剂本身理化性能及其作用方式外，制度体系建设和厂区环境因素对消毒效果影响也很大，所以，再生产实际中应加强环境综合控制，选择恰当的消毒药物，正确实施消毒措施，多方联动，确保效果。

第一节　环境综合控制

一、严格执行消毒计划

消毒的操作过程中，影响消毒效果的因素很多，如果没有一个详细、全面的消毒计划，并进行严格的执行，消毒的随意性大，就不可能收到良好的消毒效果。所以，养殖场必须制订严格的消毒计划并全程实施。

1. 消毒计划

养殖场消毒计划一般包括日常消毒计划、定期消毒计划、终末消毒计划等。一个养殖场应有一个总的消毒计划。此外，每个出入口、畜禽舍、办公室、兽医室等处应根据总的消毒计划制订相应的消毒方案或程序。不同养殖对象其消毒计划也不同，应根据不同养殖动物种类或同一种类动物不同生长发育阶段甚至不同生产目的制订不同的消毒计划。一个完整的消毒计划应该包括消毒场所或对象、消毒方法、消毒时间次数、消毒药的选择、配比稀释方法、交替更换、消毒对象的清洁卫生以及清洁剂或消毒剂的使用方法等内容。

2. 执行控制

在执行消毒计划时要遵循以下原则：

（1）建立严格的预防消毒执行制度。通过制度约束树立全员消毒、主动消毒、认真消毒、经常消毒的意识，引导全场人员认识到消毒工作是预防和控制疾病传播、保障动物安全生产和提高养殖效益的根本途径。

（2）不得随意变更。消毒计划一经制订，就必须严格执行并不得随意变更，更不得随意减少消毒计划所规定的消毒环节。

（3）严格监督。消毒计划要落实到每一个饲养管理人员，严格按照计划执行并要监督检查，避免随意性和盲目性。

（4）定期检测。在执行消毒计划过程中要定期进行消毒效果检测，以确保消毒效果。

二、保持清洁卫生

清洁卫生既是物理消毒方法，又可以提高化学消毒剂的效力。畜禽舍内的粪便、羽毛、饲料、蜘蛛网、污泥、脓液、油脂等，常会降低消毒剂的效力，其降低消毒剂效力的原因如下：

（1）隐蔽细菌：如粪便，除大的粪块外，还有肉眼看不见的粪便粉尘。它在显微镜下和微生物比较是大的块体。火柴头大小的粪块，在其中可隐蔽几万乃至几十万个细菌。消毒剂分子很难进入粪块中，因而影响消毒剂的杀菌作用。

（2）吸收消毒剂：分子大的有机物块，犹如大块海绵，能吸收大量的消毒剂分子，从而可使消毒剂分子数减少（降低浓度），结果使消毒力降低。

（3）酸碱度的影响：由于有机物酸碱度的原因，可严重影响消毒剂发挥作用。例如，鸡粪的 pH 值一般在 8.0 以上，如果用只能在酸性条件下发挥作用的消毒剂（如碘剂）与其结合，可因碱性的影响而降低消毒力。由于有机物与消毒剂的种类不同，影响的程度差异较大。所以，化学消毒的先决条件要求表面完全干净。消毒对象表面的污物（尤其是有机物）需先清除，这是提高化学消毒剂消毒效力的最重要的一步。在许多情况下，表面的清除甚至比化学消毒更重要。进行各种表面的清洗时，除了刷、刮、擦、扫外，还应用高压水冲洗，有利于有机物溶解与脱落，化学消毒效果会更好。

养殖场内粪便、羽毛、饲料、蜘蛛网、污泥、脓液、油脂、血、脓、伤口的坏死组织、黏液和其他分泌物等有机物不可避免地存在，所以应经常进行清扫，一则可以保持良好的环境卫生条件，二则清洁后再消毒，可以很大程度地提高消毒效果。

第二节　科学使用消毒剂

化学消毒是生产中最常用的消毒方法，消毒剂选配及其科学使用是提高化学消毒效果的根本环节。正确选择消毒剂，合理配制消毒液浓度，采用正确的方法等一系列科学措施交互使用，可以确保消毒效果。

一、合理选择消毒药物

市场上的消毒剂种类繁多，其性质与作用不尽相同，消毒效力千差万别，所以，消毒剂的选择至关重要。

（一）优质消毒剂的标准

优质的消毒剂应具备如下条件：① 杀菌谱广，有效浓度低，作用速度快；② 化学性质稳定，且易溶于水，能在低温下使用；③ 不易受有机物、酸、碱及其他理化因素的影响；④ 毒性低，刺激性小，对人畜危害小，不残留在畜产品中，腐蚀性小，使用无危险；⑤ 无色、无味、无嗅，消毒后易于去除残留药物；⑥ 价格低廉，使用方便。

（二）消毒剂的选择依据

消毒药物的选择要有针对性，要根据消毒的目的、对象、疫病流行趋势，依据高效、广谱、经济、副作用小的原则选择药物。

1. 考虑消毒病原微生物的种类和特点

不同种类的病原微生物对消毒剂的敏感性有较大差异，消毒剂对病原微生物也有一定选择性，其杀菌、杀毒力也有强有弱。针对病原微生物的种类与特点，选择合适的消毒剂，这是消毒工作成败的关键。要杀灭细菌芽孢，就必须选用高效的消毒剂；季铵盐类是阳离子表面活性剂，因其杀菌作用的阳离子具有亲脂性，而革兰氏阳性菌的细胞壁含类脂多于革兰阴性菌，故革兰氏阳性菌更易被季铵盐类消毒剂灭活；如为杀灭病毒，应选择对病毒消毒效果好的碱类消毒剂、季铵盐类消毒剂及过氧乙酸等，不宜选择酚类消毒剂；同一种类病原微生物所处的不同状态，对消毒剂的敏感性也不同。同一种类细菌的繁殖体比其芽孢对消毒剂的抵抗力弱得多，生长期的细菌比静止期的细菌对消毒剂的抵抗力也低。

2. 考虑消毒对象

不同的消毒对象，对消毒剂有不同的要求。选择消毒剂时既要考虑对病原微生物的杀灭作用，又要考虑消毒剂对消毒对象的影响。不同的消毒对象选用不同的消毒药物。

3. 考虑消毒的时机

平时消毒，最好选用对广范围的细菌、病毒、霉菌等均有杀灭效果，而且是低毒、无刺激性和腐蚀性，对畜禽无危害，产品中无残留的常用消毒剂。在发生特殊传染病时，可选用任何一种高效的非常用消毒剂，因为是在短期间内应急防疫的情况下使用，所以无需考虑其对消毒物品有何影响，而是把防疫灭病的需要放在第一位。

4. 考虑消毒剂的生产厂家

目前生产消毒剂的厂家和产品种类较多，产品的质量参差不齐，效果不一。所以选择消毒剂时应注意消毒剂的生产厂家，选择生产规范、信誉度高的厂家的产品。同时要防止购买假冒伪劣产品。

二、选择适当的消毒方法

消毒方法多种多样，实施消毒前，要根据消毒对象、目的、条件和环境等因素综合考虑，选择一种或几种切实可行的、有效安全的消毒方法。

（一）根据病原微生物选择

由于各种微生物对消毒因子的抵抗力不同，所以，要有针对性地选择消毒方法。对于一般的细菌繁殖体、亲脂性病毒、螺旋体、支原体、衣原体和立克次氏体等对消毒剂敏感性高的病原微生物，可采用煮沸消毒或低效消毒剂等常规的消毒方法，如用苯扎溴铵、洗必泰等；对于结核杆菌、真菌等对消毒剂耐受力较强的微生物，可选择中效消毒剂与高效的热力消毒法；对不良环境抵抗力很强的细菌芽孢，需采用热力、辐射及高效消毒剂（醛类、强酸强碱类、过氧化物类消毒剂）等。真菌的孢子对紫外线抵抗力强，季铵盐类消毒剂对肠道病毒无效。

（二）根据消毒对象选择

同样的消毒方法对不同性质物品的消毒效果往往不同。动物活体消毒要注意对动物体和人体的安全性和效果的稳定性；空气和圈、舍、房间等消毒采用熏蒸，物体表面消毒可采用擦、抹、喷雾，小物体靠浸泡，触摸不到的地方可用照射、熏蒸、辐射，饲料及添加剂等均采用辐射，但要特别注意对消毒物品的保护，使其不受损害。例如毛皮制品不耐高温，对于食具、水具、饲料、饮水等不能使用有毒或有异味的消毒剂消毒。

（三）根据消毒现场选择

进行消毒的环境情况往往是复杂的，对消毒方法的选择及效果的影响也是多样的。例如，要进行圈、笼、舍、房间的消毒，如其封闭效果好的，可以选用熏蒸消毒，封闭性差的最好选用液体消毒处理。对物体表面消毒时，耐腐蚀的物体表面用喷洒的方法好；怕腐蚀的物品要用无腐蚀的化学消毒剂喷洒、擦拭的方法消毒。对于通风条件好的房间进行空气消毒可利用自然换气法，必要时可以安装过滤消毒器；若通风不好、污染空气长期滞留在建筑物内可以使用药物熏蒸或气溶胶喷洒等方法处理。如对空气紫外线消毒时，当室内有人或饲养有动物时，只能用反向照射法（向上方照射），以免对人和动物体造成伤害。

（四）注意消毒的安全性

选择消毒方法应时刻注意消毒的安全性。例如，在人群、动物群集的地方，不要使用具有毒性和刺激性强的气体消毒剂，在距火源 50 m 以内的场所，不能大量使用环氧乙烷类易燃、易爆类消毒剂。在发生传染病的地区和流行病的发病场、群、舍，要根据卫生防疫要求，选择合适的消毒方法，加大消毒剂的消毒频率，以提高消毒的质量和效率。

三、注意消毒剂的配伍禁忌

不同消毒药同时使用，可增强或减弱消毒作用。例如，甲醛和三羟甲硝甲烷配合，具有缓释长效的特点。酚类、酸类两大类消毒药一般不宜与碱性环境、脂类和皂类物质接触，否则明显降低其消毒效果。反过来，碱类、碱性氧化物类消毒药不宜与酸类、酚类物质接触，防止降低杀菌效果。酚类消毒药一般不宜与碘、溴、高锰酸钾、过氧化物等配伍，防止化学反应发生而影响消毒效果。注意消毒药的氧化性和还原性，氧化物类、碱类、酸类消毒药不宜与重金属、盐类及卤素类消毒药接触，防止发生氧化还原反应和置换反应，不仅使消毒效果降低，而且还容易对畜禽机体产生毒害作用。重金属类消毒药忌与酸、碱、碘和银盐等配伍，防止沉淀或置换反应发生。表面活性剂类消毒药中，阳离子和阴离子表面活性剂的作用互相抵消，因此不可同时使用；表面活性剂忌与碘、碘化钾和过氧化物等配伍使用，不可与肥皂配伍。

　　另外，任何消毒药在一个地区、一个畜禽场都不宜长期使用。不要把两种或两种以上消毒剂或把消毒剂与杀虫剂等混合使用，否则会影响消毒效果。长期使用一种消毒药，会在环境中形成耐药菌株，其对药物的敏感性下降甚至消失，使药物对这些病原体的杀灭能力下降甚至完全无效。为了增大消毒药的杀菌范围，减少病原种类，可以选用几种消毒剂交替使用，使用一种消毒剂 1～2 周后再换用另一种消毒剂，因为不同的消毒剂虽然介绍是广谱，但都有一定的局限性，不可能杀死所有的病原微生物或对某些病原杀灭力强，对某些杀灭弱，多种消毒剂交替使用能起到互补作用，更全面、更彻底地杀灭各种病原微生物。

四、掌握消毒药物使用的剂量

　　消毒剂的性质、有机物的污染程度和消毒液的剂量，三者之间的关系是影响消毒力的主要因素。消毒剂的剂量是杀灭微生物的基本条件，它包括消毒强度和时间两方面。消毒强度在热力消毒时，是指温度高低；在化学消毒时，是指药物浓度；在紫外线消毒时，是指紫外线照射强度。强度与作用时间的乘积为剂量，一般来说，增加消毒处理强度相应提高消毒（杀菌）的速度；而减少消毒作用时间也会使消毒效果降低。当然，如果消毒强度降低至一定程度，即使用再延长时间也达不到消毒目的。在一定范围内时间与强度之间可以互相增减达到互补。为了保证消毒效果，满足所需要的作用强度非常重要。消毒处理的剂量是杀灭微生物所需的基本条件，在实际消毒中，必须明确处理所需的强度和时间，并在操作中充分落实，否则，难以达到预期效果。

　　通常化学消毒剂的浓度越高，杀菌力也就越强，但随着消毒剂浓度的增高，对活组织（畜禽体）的毒性也就相应地增大。但是，个别消毒剂超过一定浓度时，消毒作用反而减弱，如 70%～75% 的酒精杀菌效果要比 95% 的酒精好。一般情况下，消毒剂的效力同消毒作用时间成正比，与病原微生物接触并作用的时间越长，其消毒效果就越好。作用时间如果太短，往往达不到消毒的目的。

五、保持消毒环境的适宜温度

　　消毒作用也是一种化学反应，因此加温可增进消毒杀菌率。大部分消毒液的温度与消毒力成正比，即消毒液温度高，消毒力也随之增强，尤其是戊乙醛类，卤素类的碘剂例外。若加化学制剂于热水或沸水中，则其杀菌力大增。在寒冷季节用热水稀释消毒剂，比用冷水稀释的效力强。通常以 20 ℃ 为基准的消毒液温度，升高到 30 ℃ 时，虽然仅升高 10 ℃，但是杀菌力可提高 2 倍。当采用熏蒸消毒方法时，在温度 15 ℃ 以下时会降低消毒效果，在 25～40 ℃ 环境温度条件下的消毒效果最好。对仅靠加热很难杀死的细菌，如果添加消毒剂，就能很容易地将其杀死。例如，巨杆菌（芽孢杆菌属巨芽孢杆菌）芽孢，在 60 ℃ 热水中长时间处理几乎无效果，如果在上述热水中加入 10 mg/L（10 万倍）的阳离子表面活性剂，15 min芽孢即可被杀死。此外，提高消毒液温度，可使在常温下杀菌效力弱的消毒剂增强消毒效力，在常温下杀菌效力强的消毒剂，可降低浓度、缩短作用时间。

关于温度变化对消毒效果的影响程度，往往随着消毒方法、药品及微生物种类不同而异，一般可用温度系数来表示。有的情况下，消毒处理本身就需要一定温度才行，因此，当温度降到极限以下时，即无法进行消毒处理。例如，环氧乙烷熏蒸，低于 10.7 ℃ 时，药物本身就不能挥发成气体；过氧乙酸熏蒸也有同样反应。紫外线照射时，灯管本身功率输出的强度也随着温度降低而减弱，有的灯管在 4 ℃ 时，输出功率的强度只有 27 ℃ 时的 1/5～1/3。

但是，并非所有的消毒液提高温度后都能增强消毒力，如卤（族元）素消毒剂（含氯剂、碘剂），温度高反而会降低消毒作用。这是因为卤素消毒剂具有容易蒸发的性质。特别是碘剂，可不经固体变成液体的过程，而是直接成为气体（升华），所以在常温下放置一定时间后，便由于蒸发（分子逸失）而降低杀菌力。

对许多常用的温和消毒剂而言，在接近冰点的温度是毫无作用的。在用甲醛气体熏蒸消毒时，如将室温提高到 24 ℃ 以上，会得到较好的消毒效果。但需注意的是，真正重要的是消毒物表面的温度，而非空气的温度，常见的错误是在使用消毒剂前极短时间内进行室内加温，如此不足以提高水泥地面的温度。

消毒剂稀释液的温度，可影响消毒效果。有人用酒精、阳离子表面活性剂、碘伏、次氯酸钠、两性离子表面活性剂及福尔马林等消毒剂，在常温（20 ℃）和低温（5 ℃）两种液温条件下，对伤寒杆菌、大肠杆菌、金黄色葡萄球菌、绿脓杆菌、荚膜杆菌（肠道细菌的一种）、念珠菌（霉菌的一种）的杀菌效果做对照实验，结果显示：在常温（20 ℃）下，酒精和阳离子表面活性剂对上述细菌均在 30 s 以内杀死；碘伏对绿脓杆菌、念珠菌为 0.5～2 min，大肠杆菌为 2～5 min，荚膜杆菌为 5～10 min。可以看出，碘伏与酒精、阳离子表面活性剂相比，其杀菌速度比较迟缓。两性离子表面活性剂对金黄色葡萄球菌、绿脓杆菌、荚膜杆菌为 0.5～2 min，对念珠菌为 10～30 min；次氯酸钠对金黄色葡萄球菌为 2～5 min，其他细菌为 1/3～2 min；福尔马林对念珠菌为 5～15 min，其他细菌为 10～30 min。在低温（5 ℃）条件下，酒精对金黄色葡萄球菌为 5～10 min；阳离子表面活性剂对绿脓杆菌为 0.5～2 min；碘伏对伤寒杆菌、金黄色葡萄球菌为 5～10 min，其他细菌为 10～30 min；两性离子表面活性剂对伤寒杆菌以外的细菌表现迟缓，如荚膜杆菌、念珠菌，在 30 min 以内均不能杀死；次氯酸钠对伤寒杆菌为 5～10 min，念珠菌为 10～30 min；福尔马林对以上各种细菌，在 30 min 以内均不能杀死。

六、保持消毒环境的适宜湿度

环境湿度对熏蒸消毒的影响较大，湿度过高或过低都会影响消毒效果，甚至导致消毒失败。利用甲醛、过氧乙酸进行熏蒸消毒时要求湿度在 60%～80%。另外，大部分消毒剂干燥后就失去了消毒作用，溶液型消毒剂只有在溶液状态时才能有效地发挥作用。另外，紫外线在相对湿度为 60% 以下时，杀菌力较强，在 80%～90% 时，杀菌力下降 30%～40%，因为相对湿度增高会影响紫外线的穿透力。

七、注意消毒环境的 pH 值

酸碱度主要影响化学消毒剂的作用及某些消毒方法的效果。一方面是 pH 值对消毒剂本身的影响会降低或提高消毒剂的活性；另一方面是 pH 对微生物的影响。化学消毒剂由于其化学性质的不同，对酸碱度的要求不同，戊二醛类和季铵盐类消毒剂在碱性条件下杀菌效果好，如戊二醛在 pH 值由 3 升至 8 时，杀菌作用逐步增强；而酚类消毒剂、卤素类消毒剂等则在酸性条件下作用强，如次氯酸盐溶液，pH 值由 3 升至 8 时，杀菌作用却逐渐下降；洗必泰、季铵盐类化合物在碱性环境中杀菌作用较大。有些消毒剂可通过复方强化来改变其对酸碱度的依赖性。

八、接触时间

消毒时要充分了解消毒措施的穿透作用。物品被消毒时，杀菌因子必须直接作用到微生物本身才能起杀菌作用。不同消毒因子穿透力不同。例如，干热消毒比湿热消毒穿透力差；甲醛蒸汽消毒比环氧乙烷穿透力差；紫外线消毒只能作用于物体表面和浅层液体中的微生物，一张白纸即可使其杀菌力降低 95% 以上。消毒中所需要的穿透时间，往往要比杀灭微生物所需的时间长得多，最长的可达十几至数十小时。消毒时，除了要保证有足够的穿透时间外，还需要为消毒作用的穿透创造条件。

所以，在实施消毒时，至少应有 30 min 的浸渍时间以确保消毒效果。有的人在消毒手时，用消毒液洗手后又立即用清水洗手，这是起不到消毒效果的。在浸渍消毒鸡笼、蛋盘等器具时，不必浸渍 30 min，因在取出后至干燥前消毒作用仍在进行，所以浸渍约 20 s 即可。细菌与消毒剂接触时，不会立即被消灭。细菌的死亡与接触时间、温度有关。消毒剂所需杀菌的时间，从数秒到几个小时不等，例如氧化剂作用快速、醛类则作用缓慢。检查在消毒作用的不同阶段的微生物存活数目，可以发现在单位时间内所杀死的细菌数目与存活细菌数目是常数关系，因此起初的杀菌速度非常快，但随着细菌数的减少，杀菌速度逐步缓慢下来，以致到最后要完全杀死所有的菌体，必须要有显著较长的时间。此种现象在现场常会被忽略，因此必须要特别强调，消毒剂需要一段作用时间（通常指 24 h）才能将微生物完全杀灭。另外需注意的是，许多灵敏消毒剂在液相时才能有最大的杀菌作用。

九、注意使用上的安全

许多消毒剂具有刺激性或腐蚀性，例如强酸性的碘剂、强碱性的石碳酸剂等，因此切勿在调配药液时用手直接去搅拌，或在进行器具消毒时直接用手去搓洗。如不慎沾到皮肤时应立即用水洗干净。使用毒性或刺激性较强的消毒剂，或喷雾消毒时应穿着防护衣服与戴防护眼镜、口罩、手套。有些磷制剂、甲苯酚、过氧乙酸等，具可燃性和爆炸性，如 40% 以上浓度的过氧乙酸加热至 50 ℃ 可引起爆炸，因此在保存和使用消毒剂时应提防火灾和爆炸的发生。有些消毒剂对畜禽有毒害作用，如使用石碳酸消毒猪舍后，舔墙壁的猪有发生中毒的情况。

十、注意消毒剂的表面张力

消毒液表面张力的降低，有利于药物接触微生物而促进杀灭作用。为增进消毒效果，一方面可选用表面张力低的溶剂；另一方面可在消毒液中加入表面活性剂，以降低溶液的表面张力。在加入表面活性剂时应注意选择，防止与消毒剂本身产生拮抗作用。此外，温度提高也具有降低药液表面张力的作用。

十一、消毒后的废水处理

消毒后的废水含有化学物质，不能随意排放到河川或下水道，必须进行处理。在养殖场应设有排水处理设施，用来对消毒后的废水进行无害化处理。

第三节　消毒效果的评价

消毒效果受到多种因素影响，可能效果很好，也可能一般甚至无效。如果不了解消毒效果，就会造成一种虚假的安全感。所以消毒后，需要经过检查才能知道是否达到消毒目的。

一、空气消毒效果的评价

（一）采样时间

一般应选择在消毒灭菌处理完成之后的时间段。还可以按预定计划进行常规检测，定期、定时对空气进行样品的采集。但要注意在采样前，应关好门窗，在无人走动的情况下，静止 10 min 后，进行采样。

（二）采样

空气消毒效果评价指标菌有空气中自然菌、空气指示菌（白色葡萄球菌、溶血性链球菌等）。

1. 仪器采样法（空气撞击法）

目前国内常用的空气微生物采样器主要有 JWL 型空气采样器、LWC-1 型采样器和 Anderson 采样器等。

（1）采样皿制作：将仪器专用培养皿彻底洗涤干净，晾干，高压蒸汽灭菌后备用，将熔化后冷却至 45 ~ 50 ℃ 已灭菌的营养琼脂培养基倒入备用的培养皿中，以自然铺满底部为宜，制成营养琼脂，培养皿冷却凝固后倒置于 37 ℃ 培养箱内，培养 24 h，挑选无菌生长的培养皿使用。

（2）采样点的选择及采样高度：圈舍或居室面积小于 15 m² 的密闭间，只在室中央设 1 个点；面积小于 30 m² 的房间，在房间的对角线上选取内、中、外 3 点；面积大于 30 m² 的房间内设 5 个点，即房间的四个角和室中央各设一点，面积更大的场所可在相应的方位上适当增加采样点。采样高度一般为 1.2 ~ 1.5 m，四周各点距墙 0.5 ~ 1.0 m。

（3）采样时间：根据消毒前采样及消毒后不同时间段进行采样。其中消毒前采样的目的是了解消毒前空气中微生物水平；消毒后采样的目的是了解消毒后空气中微生物的水平。

（4）采样及培养：按照采样器说明进行采样，待采样结束后关闭电源，取出采样培养皿，置于 37 ℃ 温箱内培养 24 ~ 48 h，观察结果并记录培养皿上菌落数（CFU）。

（5）菌落数计算。

$$每立方米菌落数 = \frac{培养皿菌落数 \times 1000}{流量 \times 采样时间}$$

2. 沉降平板法（自然沉降法）

（1）采样皿制作：将灭菌后的普通营养琼脂培养基熔化后，冷却至 45 ~ 50 ℃，倒入无菌培养皿内，每个培养皿 15 ~ 20 mL。室温下冷却凝固后，倒置于 37 ℃ 温箱内培养 24 h，挑选无菌生长的培养皿使用。

（2）采样点的选择：见空气撞击法。

（3）采样时间：根据消毒前及消毒后不同时间段进行采样。

（4）采样培养皿的放置：将采样培养皿编号后，放置于相应的采样点上，然后根据室内实际布局，由内向外，按次序打开采样培养皿。将培养皿盖扣放于采样培养皿端口边缘，严禁将盖口朝上，使其直接暴露于空气中，这样会影响采样结果。

（5）采样：应根据所暴露环境的实际情况决定。越洁净的地方，采样暴露时间越长，以期得到更准确的结果。普通场所暴露 5 ~ 30 min，一般多采用 15 min，污染较严重的地方，如动物的圈舍等暴露 5 min 即可。并注意消毒前后暴露时间的一致。

（6）培养和结果计算：待采样结束后，将培养皿盖盖好，反转，放于 30 ℃ 温箱中培养 24 ~ 48 h，观察记录培养皿上菌落数（CFU）。

该方法不适合洁净的室内空气采集，结果偏低，误差大；作为空气消毒方法考核误差也较大。由于其使用简便、经济，主要用于基层。

（三）效果评价

（1）细菌总数：根据不同场所空气细菌总数的国家卫生标准来判定其消毒是否合格。

（2）杀灭率。

$$杀灭率 = \frac{消毒前菌落数 - 消毒后菌落数}{消毒前菌落数} \times 100\%$$

（四）注意事项

（1）测定空气中的溶血性链球菌和绿色链球菌时，需用血液琼脂培养基制成的培养皿，采样后，30 ℃温箱培养 24～72 h，其他操作步骤与计算不变。

（2）在用沉降平板法采样时，其采样点的选择应尽量避开空调、门窗等气流变化较大的地方。各个采样过程中动作应轻缓，避免造成尘土飞扬，同时注意整个过程无菌操作。

二、饮用水消毒效果的评价

（一）微生物学指标

评价饮用水消毒效果的微生物学指标包括细菌总数、总大肠菌群、粪大肠菌群和余氯等。

（二）采样

根据无菌操作原则，将水样采集入无菌瓶中，其中用于细菌检样的水样瓶中应事先加入无菌处理的中和剂，混匀，作用 10 min，中和余氯，阻止其继续灭菌。将水样尽快送往实验室检测。

（三）测定指标及方法

1. 细菌总数

准确量取 1 mL 水样，注入空的灭菌的培养皿中，再加入 15 mL 左右冷却至 44～45 ℃的普通营养琼脂，水平沿同一方向旋转培养皿，使水样与琼脂充分混合。待琼脂凝固后，将培养皿倒置，于 37 ℃恒温培养 24 h，计数培养皿中的菌落形成数，即菌落数（CFU）。

2. 总大肠菌群数

（1）用无菌镊子夹取无菌的纤维滤膜边缘，将粗糙面向上，贴放在已灭菌滤器的滤床上，稳妥地固定好滤器。取一定量的待检水样（稀释或不稀释）注入滤器中，加盖，打开抽气阀门，在负压 0.05 兆帕下抽滤。

（2）抽滤完水样后，再抽气约 5 s，关上滤器阀门，取下滤器。用无菌镊子夹取滤膜边缘，移放在品红亚硫酸钠琼脂培养基培养皿上，滤膜截留细菌面向上。滤膜应与琼脂培养基完全紧贴，中间不能留有气泡，然后将培养皿倒置，放入 37 ℃恒温培养箱内培养 24 h。

（3）对在滤膜上生长的带有金属光泽的黑紫色大肠杆菌菌落进行计数，计算出水样中含有的总大肠杆菌群数（CFU/100 mL）。

$$总大肠菌群数 = \frac{滤膜上菌落数 \times 稀释倍数}{被检水样体积（毫升）}$$

3. 粪大肠菌群数

粪大肠菌群的测定与总大肠菌群基本相同，只是在恒温培养箱内培养的湿度有所不同，总大肠杆菌群的培养温度为 37 ℃，而粪大肠菌群的培养温度为 44 ℃，这是由粪大肠菌群主要来源于人和温血动物粪便的特性所决定的。

4. 余氯（需在水样采集后立即进行测定）

取水样 5 mL，放入 10 mL 试管中，滴加邻联甲苯胺溶液 3～5 滴，摇匀，静置 2～3 min。与氯含量标准颜色比色管进行比色对照，即可估测出余氯的含量（其中水温最好在 15～20 ℃）。

（四）消毒效果评价

卫生部颁布的我国《生活饮用水卫生规范》中规定:每毫升水中细菌菌落数不得超过 100CFU；在 100 mL 水中总大肠菌群不得检出；每 100 mL 水中粪大肠菌群同样不得检出；余氯在接触 30 min 后，应不低于 0.3 mg/L，集中式给水，除出厂水应符合上述要求外，管网末梢水中的余氯不低于 0.05 mg/L。

1. 细菌总数

水样中细菌总数虽不能直接说明水样中是否有病原微生物存在，但细菌总数的测定还是有意义的。因为，细菌总数的多少常与水的污染程度呈正相关，细菌总数越多，说明水体中有机物及分解产物的含量越多，从而可判定病原微生物污染情况。

2. 总大肠菌群数

大肠菌群是指一群 37 ℃，24 h 发酵乳糖，需氧或兼性厌氧的革兰氏阴性无芽孢杆菌。将带菌滤膜置于含有品红亚硫酸钠琼脂培养基上，经 37 ℃ 培养 24 h 后，呈现出金属光泽的黑紫色菌落。它不仅来自人和动物的粪便，也可来自植物和土壤。生活在自然环境中的大肠菌群，已适应了较低的环境温度，在 37 ℃ 的条件下可以生长，但将培养温度提高至 44 ℃，则不能生长。将在 37 ℃ 培养生长的大肠菌群，包括粪便内生长的大肠菌群在内，统称为总大肠菌群数。总大肠菌群数不仅可作为水质污染的指标，也是判断饮水消毒效果的重要指标。这是因为大肠菌群对各种消毒剂的耐受力，一般都比肠道致病菌高；霍乱弧菌、伤寒杆菌、痢疾杆菌等都比大肠菌群容易被杀灭。

3. 粪大肠菌群

在我国《生活饮用水卫生规范》中，特别新增加有关粪大肠菌群的卫生指标。由于粪大肠菌群来源于人和温血动物的粪便，所以，粪大肠菌群是判断水质是否受到粪便污染的一个重要指标。参照 1993 年世界卫生组织（WHO）颁布的《饮用水水质标准》，我国规定生活饮用水中每 100 mL 水样中不得检出粪大肠菌群。为了与植物和土壤等自然环境本身存在的大肠菌群区别，将培养温度提高到 44 ℃，仍能生长出带有金属光泽的黑紫色大肠杆菌菌落称为粪大肠菌群，由此可判断出污染物的来源。在人类粪便中，粪大肠菌群占总大肠菌群的 96.4%。所以，粪大肠菌群在卫生学上具有更大的意义。

4. 余氯

我国当前饮用水消毒绝大多数采用氯及其制剂进行消毒，要求氯和水接触 30 min 后，游离性余氯不应低于 0.3 mg/L。余氯对防止水的二次污染作用不大，但在输水管网内出现二次污染时，余氯易被耗尽，因此余氯可作为有无二次污染的指示信号。

三、物体表面消毒效果的评价

（一）微生物学指标

评价物体表面消毒效果的微生物学指标包括细菌总数及致病菌（如金黄色葡萄球菌、大肠杆菌和沙门氏菌等）。

（二）采样时间

在物体表面经过消毒之后进行采样，并在消毒前对同一物体附近表面采样作为对照样品，计算其杀灭率。

（三）采样及培养方法

1. 压印法

将营养琼脂倾入无菌培养皿内，并使琼脂培养基高出培养皿约 1~2 mm，待琼脂冷却后，将培养皿上的琼脂培养基直接压在被检物体的表面 10~20 s，然后盖好培养皿，37 ℃温箱中培养 48 h。观察结果，计数菌落数。

2. 棉拭子法

（1）消毒前采样：在被检物体采样面积小于 100 cm² 时，取全部物体表面；当采样面积大于 100 cm² 时，连续采集 4 个样品，面积合计为 100 cm×5 cm 的标准无菌规格板，放在被检物体表面，将无菌棉拭子在含有无菌生理盐水试管中浸湿，并在管壁上挤干，对无菌规格板框定的物体表面涂抹采样，来回均匀涂擦 10 次，并随之转动棉拭子。采样完毕后，将棉拭子放在装有一定量灭菌生理盐水的试管管口，剪去与手接触的部位，其余的棉拭子留在试管内，充分振荡混匀后立即送检。对于门把手等不规则物体表面，按实际面积用棉拭子直接涂擦采样。

（2）消毒后采样在消毒结束后，与在消毒前同一物体表面附近类似部位进行采样。采样液中含有与化学消毒剂相对应的中和剂，采样与消毒前一致。将消毒前后样本尽快送检，进行活菌培养计数以及相应致病菌与相关指标菌的分离与鉴定。

（四）检验方法

细菌总数检测采用菌落计数法，致病菌的检测主要检测金黄色葡萄球菌、大肠杆菌和沙门氏菌等。具体方法可参见相关的细菌检验鉴定手册。

（五）评价指标

1. 细菌总数

（1）小型物体表面结果计算，用细菌总数[菌落形成单位（CFU）/个]来表示。

$$细菌总数 = 平板上菌落平均数 \times 稀释倍数$$

（2）采样面积大于 100 cm² 物体表面结果计算，用细菌总数（CFU/cm²）表示。

$$细菌总数 = \frac{培养皿上菌落平均数 \times 稀释倍数}{采样面积}$$

2. 杀灭率

$$杀灭率 = \frac{消毒前菌落平均数 - 消毒后菌落平均数}{消毒前菌落平均数} \times 100\%$$

四、皮肤黏膜和手消毒效果的评价

（一）微生物学指标

评价皮肤黏膜和手消毒效果的微生物学指标包括细菌总数和一些致病菌（如金黄色葡萄球菌、乙型溶血性链球菌和沙门氏菌、大肠杆菌等）。

（二）采样时间

在浸泡或擦拭消毒之后立即采样，如果观察滞留消毒效果，可以设定不同的采样时间段，必要时可在消毒前采样作为对照，计算细菌的杀灭率。

1. 手的采样

被检者五指并拢，操作者将无菌棉拭子蘸灭菌生理盐水后挤干，在被检者指根到指尖来回涂擦 2 次（每只手涂擦面积约 30 cm²），并随之转动采样棉拭子，然后将棉拭子放于装有 10 mL 灭菌生理盐水的试管管口，用无菌剪刀剪去与手接触过的部分棉拭子，其余部分留在试管内。

2. 压印法采样

取事先制备好的营养琼脂培养皿，将消毒后的拇指或中、食指的掌面在培养皿的培养基表面轻轻按下指纹印即可，然后将培养皿置于 37 ℃ 温箱培养 24 ~ 48 h，观察有无细菌生长。

3. 皮肤黏膜采样

用 5 cm × 5 cm 的标准灭菌规格板，放在待检采样部位，用蘸有生理盐水的棉拭子在规格板内来回均匀涂擦 10 次，并随之转动棉拭子，然后将棉拭子放于装有无菌生理盐水的试管管口，剪掉与手接触部位后，余下的棉拭子留在试管内，进行检验；其中无法放置灭菌规格板的部位可直接用棉拭子涂抹取样。

4. 注意事项

如果消毒对象（手、皮肤、黏膜等）表面曾使用过化学物品（如消毒剂、清洁剂、化妆品等），则在生理盐水中应加入相应的中和剂。

（三）评价指标

1. 细菌总数

（1）方法：将采样管用力敲打 80 次，必要时做适当稀释，用无菌吸管取一定量（通常为 1 mL）的待检样品，加入灭菌培养皿内，另平行接种 2 块培养皿，加入已融化的 45 ℃ 左右的营养琼脂后，注意边倾注边摇匀，待琼脂冷却凝固后，倒置于 37 ℃ 温箱中培养 48 h，并计数菌落数。

（2）结果计算：细菌总数以 CFU/cm^2 计算，计算细菌总数和杀灭率。

2. 致病菌检验

参考有关的细菌检验鉴定手册。

【知识与技能检测】

1. 执行消毒计划时应该遵循哪些原则？
2. 试述消毒剂的选择依据。
3. 概述消毒剂的配伍禁忌。
4. 试述温度对消毒环境的影响。
5. 常见消毒剂的去除方法有哪些？

参 考 文 献

[1]　冯春霞，等. 家畜环境卫生. 北京：中国农业出版社，2001.

[2]　孙玲. 动物药品制剂. 北京：中国农业出版社，2002.

[3]　杨慧芳，周新民. 畜牧兽医综合技能. 北京：中国农业出版社，2003.

[4]　阎继业. 畜禽药物手册. 北京：金盾出版社，2007.

[5]　魏刚才，胡建和. 养殖场消毒指南. 北京：化学工业出版社，2011.

[6]　余锐萍. 养殖生产使用消毒技术. 北京：中国农业出版社，2004.

[7]　赵化民. 畜禽养殖场消毒指南. 北京：金盾出版社，2004.

[8]　杨增岐. 畜禽无公害防疫新技术. 北京：中国农业出版社，2003.

[9]　余锐萍. 动物产品卫生检验. 北京：中国农业大学出版社，2000.

[10]　黄琪琰. 淡水鱼病防治实用技术大全. 北京：中国农业出版社，2005.

[11]　张彦明. 兽医公共卫生. 北京：中国农业出版社，2003.